中华文化大博览丛书

精致典雅的
亭台楼阁

郭艳红 编著

中国出版集团　现代出版社

图书在版编目（CIP）数据

精致典雅的亭台楼阁 / 郭艳红编著. -- 北京：现代出版社，2017.8
　　ISBN 978-7-5143-6501-6

Ⅰ. ①精… Ⅱ. ①郭… Ⅲ. ①园林建筑－介绍－中国 Ⅳ. ①TU986.4

中国版本图书馆CIP数据核字(2017)第223447号

精致典雅的亭台楼阁

作　　者：	郭艳红
责任编辑：	李　鹏
出版发行：	现代出版社
通讯地址：	北京市定安门外安华里504号
邮政编码：	100011
电　　话：	010-64267325　64245264（传真）
网　　址：	www.1980xd.com
电子邮箱：	xiandai@vip.sina.com
印　　刷：	天津兴湘印务有限公司
字　　数：	380千字
开　　本：	710mm×1000mm　1/16
印　　张：	30
版　　次：	2018年5月第1版　2018年5月第1次印刷
书　　号：	ISBN 978-7-5143-6501-6
定　　价：	128.00元

版权所有，翻印必究；未经许可，不得转载

序 言 | 精致典雅的亭台楼阁

习近平总书记在党的十九大报告中指出："深入挖掘中华优秀传统文化蕴含的思想观念、人文精神、道德规范，结合时代要求继承创新，让中华文化展现出永久魅力和时代风采。"同时习总书记指出："中国特色社会主义文化，源自于中华民族五千多年文明历史所孕育的中华优秀传统文化，熔铸于党领导人民在革命、建设、改革中创造的革命文化和社会主义先进文化，植根于中国特色社会主义伟大实践。"

我国经过改革开放的历程，推进了民族振兴、国家富强、人民幸福的"中国梦"，推进了伟大复兴的历史进程。文化是立国之根，实现"中国梦"也是我国文化实现伟大复兴的过程，并最终体现在文化的发展繁荣。博大精深的中国优秀传统文化是我们在世界文化激荡中站稳脚跟的根基。中华文化源远流长，积淀着中华民族最深层的精神追求，代表着中华民族独特的精神标识，为中华民族生生不息、发展壮大提供了丰厚滋养。我们要认识中华文化的独特创造、价值理念、鲜明特色，增强文化自信和价值自信。

如今，我们正处在改革开放攻坚和经济发展的转型时期，面对世界各国形形色色的文化现象，面对各种眼花缭乱的现代传媒，我们要坚持文化自信，古为今用、洋为中用、推陈出新，有鉴别地加以对待，有扬弃地予以继承，传承和升华中华优秀传统文化，发展中国特色社会主义文化，增强国家文化软实力。

浩浩历史长河，熊熊文明薪火，中华文化源远流长，滚滚黄河、滔滔长江，是最直接的源头，这两大文化浪涛经过千百年冲刷洗礼和不断交流、融合以及沉淀，最终形成了求同存异、兼收并蓄的辉煌灿烂的中华文明，也是世界上唯一绵延不绝的古老文化，并始终充满生机与活力。

中华文化曾是东方文化摇篮，也是推动世界文明不断前行的动力之一。早在五百年前，中华文化的四大发明催生了欧洲文艺复兴运动和地理大发

现。中国四大发明先后传到西方，对于促进西方工业社会发展和形成，起到了重要作用。

中华文化的力量，已经深深熔铸到我们的生命力、创造力和凝聚力中，是我们民族的基因。中华民族的精神，业已深深植根于绵延数千年的优秀文化传统之中，是我们的精神家园。

总之，中国文化博大精深，是中华各族人民五千年来创造、传承下来的物质文明和精神文明的总和，其内容包罗万象，浩若星汉，具有很强的文化纵深，蕴含着丰富的宝藏。我们要实现中华文化的伟大复兴，首先要站在传统文化前沿，薪火相传，一脉相承，弘扬和发展五千年来优秀的、光明的、先进的、科学的、文明的和自豪的文化现象，融合古今中外一切文化精华，构建具有中国特色的现代民族文化，向世界和未来展示中华民族的文化力量、文化价值、文化形态与文化风采。

为此，在有关专家指导下，我们收集整理了大量古今资料和最新研究成果，特别编撰了本套大型书系。主要包括巧夺天工的古建杰作、承载历史的文化遗迹、人杰地灵的物华天宝、千年奇观的名胜古迹、天地精华的自然美景、淳朴浓郁的民风习俗、独具特色的语言文字、异彩纷呈的文学艺术、欢乐祥和的歌舞娱乐、生动感人的戏剧表演、辉煌灿烂的科技教育、修身养性的传统保健、至善至美的伦理道德、意蕴深邃的古老哲学、文明悠久的历史形态、群星闪耀的杰出人物等，充分显示了中华民族厚重的文化底蕴和强大的民族凝聚力，具有极强的系统性、广博性和规模性。

本套书系的特点是全景展现，纵横捭阖，内容采取讲故事的方式进行叙述，语言通俗，明白晓畅，图文并茂，形象直观，古风古韵，格调高雅，具有很强的可读性、欣赏性、知识性和延伸性，能够让广大读者全面触摸和感受中国文化的丰富内涵，增强中华儿女民族自尊心和文化自豪感，并能很好地继承和弘扬中国文化，创造具有中国特色的先进民族文化。

目 录

亭台情趣——迷人的典型精品古建

花苑庄阁——武灵丛台
因胡服骑射而建丛台　　004
扬名天下的丛台文化　　011
感人肺腑的丛台故事　　015

书法圣地——绍兴兰亭
饮酒赋诗的兰亭集会　　024
唯美意境的兰亭建筑　　034

海右古亭——济南历下亭
因诗而扬名的历下亭　　042
古韵犹存的名亭建筑　　051

天下第一亭——滁州醉翁亭
饮酒醉心的醉翁亭　　060
醉翁亭建筑群盛景　　066

古彭之胜——徐州放鹤亭
隐士多情怀的放鹤亭　　074
放鹤亭的迁建历史　　079
古老建筑的文化底蕴　　083

蓬莱之岛——杭州湖心亭
西湖盛景的美丽传说　　088
诗词扬名的湖心亭　　094

城市山林——北京陶然亭
清新秀丽的古代建筑　　108
陶然亭中的名人逸事　　119

经典亭台——长沙爱晚亭
饱含深意的爱晚亭　　128
诗词流芳为亭添光彩　　133

楼阁雅韵——神圣典雅的古建象征

登高胜地——永济鹳雀楼
北周因驻防建楼而盛于唐　　142
重建后的鹳雀楼再度辉煌　　153

诗文第一楼——绵阳越王楼
筑城安邦扬天威越王建楼　　162
越王楼为唐代时绵州胜景　　169
宋代以后越王楼几经重建　　178

登眺之所——嘉兴烟雨楼
烟雨楼因杜牧诗意而得名　　186
烟雨楼由湖畔迁至湖心岛上　　191
乾隆帝下江南多次登楼题诗　　200
清代中后期的重建和扩建　　213

修缮与再建之后的烟雨楼　　220

人间仙境——烟台蓬莱阁
　　古代三神山传说中的仙境　　228
　　宋代始建蓬莱阁建筑群　　231
　　明代蓬莱阁进入鼎盛期　　243
　　清代重建蓬莱阁建筑群　　248

雄镇海疆——越秀镇海楼
　　明代洪武年间始建镇海楼　　258
　　清代对镇海楼多次重修重建　　265

闽南名楼——福州镇海楼
　　明代为防御倭寇建镇海楼　　272
　　清代以后镇海楼屡毁屡建　　280

城南胜迹——贵阳甲秀楼
　　明万历年间始建甲秀楼　　288
　　清代时甲秀楼多次重建　　295

三大名楼——文人雅士的汇聚之所

千古名楼——岳阳楼
　　鲁肃为操练水军修建阅军楼　　308
　　神仙帮助木匠修建岳阳楼　　313
　　唐朝文人雅士齐赞岳阳楼　　325

　　北宋滕子京募捐重建楼阁　　337
　　历代官员对楼阁的维修　　344
　　重修以后的岳阳楼全貌　　351
　　楼阁上下的精美雕饰艺术　　361

湖北名楼——黄鹤楼
　　因神话传说而得名的楼阁　　368
　　三国时期军事活动的重地　　373
　　唐代诗人到楼阁题诗作赋　　376
　　宋代诗人留下著名诗词　　386
　　元明时期的楼阁和宝塔　　393
　　清代重建及后来的建筑布局　　398

江南名楼——滕王阁
　　唐高祖后代始建最早楼阁　　410
　　王勃为楼阁作千古名序　　421
　　唐时对楼阁的维修和诗赞　　431
　　宋代重建后进入全盛时期　　438
　　元代经历的两次修建　　444
　　明代经历的七次修建　　450
　　清代经历的十余次修建　　455
　　第二十九次重建后楼阁新貌　　459

精致典雅的
亭台楼阁

亭台情趣

迷人的典型精品古建

花苑庄阁 武灵丛台

丛台又称"武灵丛台",是古城邯郸的象征,位于河北省邯郸市中心丛台公园内。武灵丛台始建于战国赵武灵王时期,也就是公元前325年至公元前299年,是赵王检阅军队与观赏歌舞之地。

颜师古的《汉书注》记载,因楼榭台阁众多而"连聚非一",故名"丛台"。台上原有天桥、雪洞、花苑、妆阁诸景,结构严谨,装饰美妙,曾名扬列国。

有诗"天桥雪洞奇观曾扬名华夏,花苑庄阁诸景曾流传后世"赞美丛台。

因胡服骑射而建丛台

战国时期赵国赵武灵王即位时,赵国正处在国势衰落时期,就连中山国那样的小国也经常来侵扰。而在和一些大国的战争中,赵国常吃败仗,眼看着就要被别国兼并,赵武灵王心里非常着急。

由于赵国地处北边,经常与林胡、楼烦、东胡等北方游牧民族接触。有一次,赵武灵王发现胡人在军事服饰方面有一些特别的长处。

武灵丛台远景

他们都身穿短衣、长裤,作战时骑在马上,动作十分灵活。开弓射箭,运用自如,往来奔跑,迅速敏捷。

而赵国军队虽然武器精良,但是多为步兵

和兵车混合编制，加上官兵都身穿长袍，甲胄笨重，骑马很不方便。因此，在交战中常常处于不利地位。

有一天，赵武灵王对谋士楼缓说："北方游牧民族的骑兵来如飞鸟，去如绝弦，是快速反应部队，带着这样的部队驰骋疆场哪有不取胜的道理。我觉得咱们穿的服装，干活儿打仗，都不太方便，不如胡人短衣窄袖、脚穿皮靴子那样行动方便灵活。我打算仿照胡人的风俗，把服装改一改，你看怎么样？"

谋士楼烦听后很赞成赵武灵王的话。为了富国强兵，赵武灵王提出"着胡服，习骑射"的主张，决心取胡人之长补中原之短。

可是由于胡服骑射不但是一个军事改革措施，同时也是一个国家移风易俗的改革，是一次对传统观念的更新，在施行之初阻力很大，除了百姓接受有困难外，朝廷内的抵触情绪也很大。

公子成等人以"易古之道，逆人之心"为由，拒绝接受变法。

赵武灵王驳斥他们说："德才皆备的人做事都是根据实际情况而采取对策的，怎样有利于国家的昌盛

■ 赵武灵王的军事改革——胡服骑射

楼烦 古代北方部族名，精于骑射，是北狄的一支，在春秋之际建国。战国时期，列国间战争频仍，兼并之势愈演愈烈，楼烦国以其兵将强悍，善于骑射，始终立于不败之地，并对相邻的赵国构成极大威胁。至公元前127年，汉将卫青赶走楼烦王，在此置朔方郡。从此楼烦人消失在茫茫的草原中。

就怎样去做。只要对富国强兵有利，何必拘泥于古人的旧法。"

赵武灵王抱着以胡制胡，将西北少数民族纳入赵国版图的决心，冲破守旧势力的阻拦，毅然发布了"胡服骑射"的政令。

赵武灵王号令全国"着胡服，习骑射"，并带头穿着胡服去会见群臣。胡服在赵国军队中装备齐全后，赵武灵王就开始训练将士，让他们学着胡人的样子，骑马射箭，转战疆场，并结合围猎活动进行实战演习。

■ 武灵丛台前的丛台湖

公子成等人见赵武灵王动了真格的，心里很不是滋味儿，就在下面散布谣言说："赵武灵王平素就看着我们不顺眼，这是故意做出来羞辱我们。"

赵武灵王听到后，召集满朝文武大臣，当着他们的面用箭将门楼上的枕木射穿，并严厉地说："有谁胆敢再说阻挠变法的话，我的箭就穿过他的胸膛！"

公子成等人面面相觑，从此再也不敢妄发议论了。在赵武灵王的亲自带领下，国民的生产能力和军事能力大大提高，在与北方民族及中原诸侯的抗争中起了很大的作用。

为了检阅军队，赵武灵王建造了丛台。在胡服骑射、勤练兵马的情况下，终于使赵国成为战国七雄之一。后来打败了经常侵扰赵国的中山国，向北方开辟了上千里的疆域。

门楼 城门上的楼，或者府邸门上的楼。是富贵的象征，所谓"门第等次"即为此意，故名门豪宅的门楼建筑特别考究。门楼顶部有挑檐式建筑，门楣上有双面砖雕，一般刻有"紫气东来""竹苞松茂"的匾额。有些豪门大宅在大门左右各放一对石狮子或一对石鼓，有驱祟保安之意。

检阅军队的丛台，也成了赵武灵王观赏歌舞之地。据历史记载，丛台上有天桥、雪洞、妆阁、花苑诸景，规模宏大，结构奇特，装缀美妙，名扬列国。

"丛台"名称的来历，是因为当时许多台子连接垒列而成。在历史经典《汉书》中记载："连聚非一，故名丛台。"古人曾用"天桥接汉若长虹，雪洞迷离如银海"的诗句，描绘丛台的壮观。

至唐代，在丛台发生了一个极为感人的故事，那就是流传千古的"梅开二度"。

相传，山东济南府历城知县梅魁，在任10年，为官清正，"只吃民间一杯水，不要百姓半文钱"。

在他被晋升为吏部都给事以后，对奸相卢杞不仅不趋炎附势，而且敢于正面冲突，因而被奸相卢杞陷害，斩首于西郊。卢杞还假借圣意，捉拿梅魁全家。

梅魁的儿子梅良玉和他母亲只好弃家而逃，开始

《汉书》又称《前汉书》，由中国东汉时期的历史学家班固编撰。《汉书》是继《史记》之后中国古代又一部重要史书，与《史记》《后汉书》《三国志》并称为"前四史"。该书主要记述了上起公元前206年的西汉，下至公元23年新朝的王莽地皇年间，共230年的史事。

■ 邯郸武灵丛台顶上的据胜亭

■ 武灵丛台顶建筑

颠沛流离的生活。在朝为官的陈东初与梅魁结交甚密，终日寻梅魁之子不见。

陈东初有一个女儿，名为陈杏元。她种植了一棵梅花树，时当花期，正喷香吐艳。忽一日，无缘无故，那梅花树的枝子蔫了，花儿落了。

何故无风无雨花自残？陈杏元大惑不解。也在这一日，陈杏元的父亲差人送来一位书童。

这书童聪明伶俐，才貌超人，后来得知，他原是被奸臣残害的忠良知县梅魁之后，名叫梅良玉。原来，梅花自败是应在了他的身上。

这不禁使陈杏元内心里萌生了一种难以名状的感情。梅、陈两家是至交，两人从此以兄妹相称。

后来，陈东初索性将杏元许配给良玉。这一消息后被奸相卢杞得知。此时，正值北邦沙陀国南侵，大唐难以抵挡，便决定由美人去和亲。

卢杞为拆散陈梅的姻缘，他上奏唐皇，封杏元为御妹，外嫁沙陀王，以解边关之患。

> **知县** 古代官名。秦汉时期县令为一县的主官。唐代佐官代理县令为知县事。宋代常派遣朝官为县的长官，管理一县行政，称"知县事"，简称"知县"，如果当地驻有戍兵，并兼兵马都监或监押，兼管军事。元代县的主官改称县尹，明清时期以知县为一县的正式长官，正七品，俗称"七品芝麻官"。

邯郸当时是边陲要塞，凡去北邦的人，都要登临丛台，与亲人告别。尚未完婚的陈杏元与梅良玉，也含泪来到丛台之上，杏元要梅兄每年清明时，面北背南哭她一声，并交给良玉一支金钗说："见钗如见杏元。"良玉则表示今生不再娶。

陈杏元泪别梅良玉，凄凄惨惨地走出国境，在路经一处悬崖时，杏元闭眼纵身跳下，她神话般地被一位老妇人救走并收为义女。

真是无巧不成书，梅良玉自丛台与陈杏元离别后，改名穆荣，来到老妇人家做了账房先生。亲人相遇，分外爱慕。

转眼间，大比之年来临，良玉金榜题名。他上奏唐皇，参倒奸相卢杞，为父申了冤。唐皇赐婚，让他与义妹陈杏元喜结良缘。

就在他俩完婚之日，杏元家那棵老梅树又二度重

和亲 又可称"和蕃"，是指皇帝将自己或宗室的女儿以和亲公主的身份嫁给藩属国或地位较低的番邦，以示两国友好，是政治婚姻。古代和亲政策始于汉高祖刘邦，和亲从此以后发展成为对外政策，和亲之举不绝于书。中国著名的和亲公主文成公主出嫁吐蕃，成功缔造了当时唐代与吐蕃的友好关系。

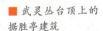
■ 武灵丛台顶上的据胜亭建筑

邯郸武陵丛台据圣亭门楣刻字

开，而且艳丽无比，满院飘香。人们为了纪念此事，还写了一首诗：

> 簇簇梅花数丈高，
> 天赐尔露天下曹。
> 狂风难抵神威力，
> 二度梅花万古少。

在后来的明代，人们在梅良玉和陈杏元分别的地方建造了"据胜亭"，其意是在防御上据此者胜。据胜亭圆拱门的门楣上有"夫妻南北兄妹沾襟"八个大字，在丛台下还有汉白玉雕像，讲的就是"梅开二度"的故事。

阅读链接

丛台"梅开二度"的故事在中国民间流传很广，在清代初年被编为章回小说《二度梅全传》。

这两个青年人的爱情故事交叉描绘，彼此辉映，构成了曲折复杂、引人入胜的故事情节，使整个作品变化多端，波澜起伏，不时陷入绝境，旋即绝处逢生，扣人心弦，感人肺腑，是一部可读性很强的小说。

后来京剧、豫剧、川剧、汉剧、湘剧等剧种都有这个剧目，尤其是"丛台别"一场戏，是剧中的重头戏。

扬名天下的丛台文化

丛台也成了文人墨客在邯郸游历的必经之地。历代名人学士来到丛台，游览怀古，留下了大量诗词笔墨，唐代大诗人李白、杜甫、白居易等，曾登楼远眺，成为古往今来的佳话。李白在丛台更是留下了"歌酣易水动，鼓震丛台倾"的名句。

■ 武灵丛台的美景

宋代诗人贺铸的《丛台歌》也非常有名，他写道：

人生物数不相待，攫颓故址秋风前。
武灵旧垅今安在，秃树无阴困樵采。
玉箫金镜未销沉，几见耕夫到城卖。
君不见丛台全盛时，绮罗成市游春晖。

在清代，丛台也引起了乾隆皇帝的兴趣。在1750年秋天，他登上丛台，亲笔写下七律《登丛台》：

传闻好事说丛台，
胜日登临霁景开。
丰岁人民多喜色，
高楼赋咏谢雄才。

武灵丛台的拱门

还有一首七古《邯郸行》：

初过邯郸城，因作邯郸行，
邯郸古来佳丽地，征歌选舞捂银筝。

这两首诗，前者歌颂赵武灵王的文治武功，描绘了丛台的巍峨景象。后者表现邯郸的民俗风物，述说邯郸出美女、多丝蚕、善习武的特点。

丛台在后来漫长的岁月中，经历

■ 武灵丛台建筑

了无数次天灾人祸的破坏，存留下来的是后来重建的。其中1750年建行宫于台上。

存留下来的丛台高26米，南、北皆有门。从南门拾级而上，东墙有"滏流东渐，紫气西来"八个大字。从北门沿着用砖和条石铺成的踏道，步步登高，跨过门槛儿，是迎门而立的碑刻，正面刻有清代乾隆皇帝的一首律诗《登丛台》，背面是他的七古《邯郸行》。

丛台的第一层是个院落。院内坐北朝南的亭屋叫"武灵馆"，西屋为"如意轩"，院中间有"回澜亭"，院内台壁上嵌有进士王韵泉和举人李少安分别画的"梅""兰"石碣。

丛台的二层坐北朝南的圆拱门门楣上，写有"武灵丛台"四个字。进圆拱门，是明嘉靖十三年始建亭于台上的据胜亭。

登上丛台极目远眺，西边的巍巍太行山层峦起伏，西南赵国都城遗址的赵王城蜿蜒的城墙隐约可

七古 古诗的一种。每篇句数不拘，每句七字。七古的典型风格是端正浑厚、庄重典雅，在明代文人吴讷编写的《文章辨体序说》中说："七言古诗贵乎句语浑雄，格调苍古。"

见，西北便是赵国的铸箭炉、梳妆楼和插箭岭的遗址。俯视台下，碧水清波，荷花飘香，垂柳倒影。

台西有湖，湖中有六角亭，名为"望诸榭"。相传很早以前湖中有个小土丘，丘上有个小庙，是早年间修建的乐毅庙。

乐毅是燕国"黄金台招贤"选中的大将。燕与齐两国有旧仇，此时齐又与秦争胜，诸侯都骇于齐愍王的骄暴，皆愿与燕联盟伐齐。于是燕昭王起兵，拜乐毅为上将军，赵惠文王也以相国印授乐毅。

乐毅于是并统赵、楚、韩、魏、燕五国之兵伐齐，在伐齐时，他一气攻下齐国70余座城池，几乎亡齐，后来燕国封乐毅为昌国君。

燕昭王的继任者燕惠王为太子时与乐毅即有矛盾，继位后疑忌乐毅，燕惠王中了齐国田单的反间计，召乐毅回燕都，阴谋杀害他。乐毅识破燕惠王的图谋，直回赵国，被赵王封为"望诸君"。

后来齐国名将田单与骑劫战，大破骑劫于即墨城下，追亡逐北，直迫于燕境，将被占领的齐城全部收复。燕惠王责备乐毅避亡到赵国，乐毅回致的《报遗燕惠王书》载于《史记》，成为历史名篇。

后人为了纪念这位政治家、军事家的功绩，专门为他在丛台湖旁边修建了"望诸榭"。

阅读链接

丛台因为乾隆皇帝的题诗而声名大噪。乾隆皇帝是清代第六位君主，他喜好旅游，不少名山大川、人文胜地都留下他的足迹。乾隆向慕风雅，喜书法、善诗文，每到一地，必亲笔书写，据说他一生所作诗文达1 300余篇、40 000余首。

1961年，著名历史学家郭沫若来到丛台，看到乾隆的题诗，不觉诗兴大发，提笔应和乾隆诗，写下七律："邯郸市内赵丛台，秋日登临曙色开。照黛妆楼遗废迹，射骑胡服思雄才。"如今，丛台公园门口悬挂的门匾，就是根据郭沫若的题字拼合而成的。

感人肺腑的丛台故事

丛台北侧有座七贤祠，是为纪念战国的韩厥、程婴、公孙杵臼、蔺相如、廉颇、李牧和赵奢而建立的。

这"七君子"的动人事迹，在《史记》等史书里均有记载。

其中"三忠"为救赵氏孤儿舍身忘命的动人事迹最为有名，"三忠"分别指的是韩厥、程婴和公孙杵臼。

事情发生在春秋时期的晋国。当时奸臣屠岸贾陷害忠诚正直的大夫赵盾，一夜之间，赵盾的儿子赵朔及其弟赵同、赵括、

武灵丛台北侧的七贤祠

■ 七贤祠内的"程婴救孤"故事壁画

赵婴齐等一族男女老幼共计300余人倒在血泊中。

仅有赵朔已有身孕的妻子庄姬，躲藏在宫中，因为是晋景公的姑姑，以公主的身份才得以幸免。

忠臣程婴深知赵家冤枉，以替庄姬公主医病为名，夜入深宫，待公主分娩后，将婴儿赵武藏在药箱内，逃出宫门。守将韩厥见程婴一腔正义，十分敬仰，放走程婴和赵武。

屠岸贾追查不到赵氏孤儿的下落，气急败坏，宣布要把全国半岁以内的婴儿全部杀光。

为了保全赵氏孤儿和晋国所有无辜的婴儿，程婴与赵朔的门客公孙杵臼商议，用假象瞒骗屠岸贾。

程婴含泪采取了调包之计，献出自己的亲生儿子，代替赵氏孤儿赵武，假说公孙杵臼抚养，隐藏的程婴的亲生幼儿是赵氏孤儿，然后由程婴亲自去向屠岸贾告发。就这样，程婴眼睁睁地看着亲生儿子和好友公孙杵臼死在乱刀之下。

韩厥 生卒年不详，他是春秋中期晋国卿大夫，始为赵氏家臣，后位列八卿之一，至晋悼公时，升任晋国执政。战国时期韩国的先祖。他一生侍奉晋灵公、晋成公、晋景公、晋厉公、晋悼公五朝，是优秀而又稳健的政治家，公忠体国的贤臣，英勇善战的骁将。

为了迷惑屠岸贾，公孙杵臼当着众人的面，大骂程婴忘恩负义，程婴也佯装气恼，骂公孙杵臼不识时务，自取灭亡。两个忠臣的表演让屠岸贾信以为真，赵武才得以生存下来。

程婴身负"忘恩负义、出卖朋友、残害忠良"的"骂名"，和赵氏孤儿赵武来到了深山中隐居起来。他含辛茹苦，终于把赵武培养成一个顶天立地、文武双全的青年。在大将韩厥的帮助下，里应外合，灭掉了奸臣屠岸贾，赵氏冤情大白于天下。

救孤老臣程婴，认为心愿已了，遂自刎而死。赵武悲痛欲绝，为程婴服孝三年。

赵武广结善缘，广开言路，又几经升迁，他励精图治，苦心经营，在创立赵氏基业的同时，并最终建立了赵国。

后世为纪念韩厥、公孙杵臼、程婴，把他们供奉于邯郸丛台公园七贤祠的首位，从右向左依次是韩厥、公孙杵臼和程婴。

还有秉公执法的赵奢。在公元前271年，赵奢担任当时赵国管理朝廷税务的要职。在赵国都城邯郸

> **赵武** 春秋时晋国卿大夫，政治家，外交家，为国鞠躬尽瘁的贤臣。其名称"赵武"，世人尊称其"赵孟"，史称"赵文子"，赵盾之孙，赵朔之子，晋成公外孙。春秋中期晋国六卿，赵氏宗主，赵氏复兴的奠基人，后升任正卿，执掌国政，力主和睦诸侯，终促成晋楚弭兵之盟。

■ 邯郸七贤祠内的程婴塑像 生卒年不详，主要活动在晋景公时期。他是春秋时晋国义士。他用自己的孩子代替了赵氏孤儿，并背着卖友恶名，忍辱偷生，将赵氏孤儿养大成人，最终为赵氏家族洗清冤屈。程婴和公孙杵臼的事迹，被后世广为传诵，并且编成戏剧，出现在舞台上，甚至流传到海外异邦。他们那种舍己救人、矢志不渝的精神，一直为世人所钦敬。

■ 邯郸七贤祠内的赵奢塑像 生卒年不详，他是战国时期东方六国的八大名将之一。赵奢有丰富的军事思想，他汲取了孙武、孙膑的军事思想，有较高的军事造诣。赵奢作为良将，还有着高尚的品格，从不徇私举荐、任命官员。他和廉颇、蔺相如、李牧被称为"赵国四贤"。

城里，赵王的弟弟平原君开了9家大型店铺，分别由其9个管家负责，这9个管家倚仗权势，偷税逃税，暴力抗拒缴纳朝廷税款。

赵奢听闻此事，为了维护税法的尊严，冒着被杀、罢官的危险，依据当时的法律，果断地处死了这9个暴力抗税的管家。

这个举动可把平原君惹火了，气势汹汹地找赵奢算账，扬言非要杀死赵奢不可。

赵奢镇定自如，据理力争："你是赵国国内受人敬重的权贵，如果任凭你家藐视税法，那么朝廷法律的力量就会被削弱。朝廷法律的力量被削弱了，那么朝廷的实力就会被削弱。朝廷的实力如果被削弱了，那么周边的其他国就会虎视眈眈，趁机侵犯中国，到时候，赵国没有了，你还有什么富贵荣华？以你平原君所处的地位，如果能奉公守法，上下才能团结一致，上下团结一致了，朝廷才能强大，朝廷强大了，政权才能稳定。"

平原君被赵奢的这一番大义凛然的话给镇住了，要知道如果杀了赵奢，那就是与国家为敌，那就是亡国的举动。

廉颇（前327—前243），山西太原人。战国末期赵国的名将，与白起、王翦、李牧并称"战国四大名将"。廉颇对国家赤胆忠心，不畏生死，自身宽宏大量，心地纯净，被后人誉为"德圣""武神""国栋"。

平原君顿时怒气全消,内心十分惭愧,悄悄地走了。赵奢看到平原君走了,也吓出一身冷汗,这是冒着生命危险来秉公执法、不徇私情。赵奢的勤政很快使赵国财务充实,国泰民安,赵国一跃成为春秋战国烽火时期的七雄之一。

另外,在赵国为官的蔺相如和廉颇也非常有名。

战国时期,赵王得到了一块楚国原先丢失的名贵宝玉,名叫"和氏璧"。这件事情让秦惠王知道了,他就派使者对赵王说,自己愿意用15座城池来换"和氏璧"。

赵王派蔺相如出使秦国。蔺相如只身携"和氏璧",充当赵使入秦,并以他的大智大勇完璧归赵,取得了胜利。

这时,秦王欲与赵王在渑池会盟言和,赵王非常害怕,不愿前往。廉颇和蔺相如商量,认为赵王应该前往,以显示赵国的坚强和赵王的果敢。

赵王与蔺相如同往,廉颇相送。

分别时廉颇对赵王说:"大王这次行期不过30天,若30天不还,请立太子为王,以断绝秦国要挟赵国的希望。"

廉颇的大将风度与周密安排,为赵王大壮行色。再加上蔺相如渑池会上不卑不亢地与秦王周旋,毫不示弱地回击了秦王施展的种种手段,不仅为赵国挽回

■蔺相如(前329—前259),战国时期赵国上卿,是赵国宦官头目缪贤的家臣,著名的政治家、外交家。根据《史记·廉颇蔺相如列传》记载,他的生平最重要的事迹有"完璧归赵""渑池之会"与"将相和"。

■ 邯郸七贤祠内赵国四贤事迹壁画

了声誉，而且对秦王和群臣产生了震慑。最终赵王平安归来。

渑池之会后，赵王认为蔺相如功大，就拜他为上卿，职位比大将军廉颇高了。

廉颇很不服气，他对别人说："我廉颇攻无不克，战无不胜，立下许多大功。他蔺相如有什么能耐，就靠一张嘴，反而爬到我头上去了。我碰见他，得给他个下不来台！"

这话传到了蔺相如耳中，蔺相如就请病假不上朝，免得跟廉颇见面。

有一天，蔺相如坐车出去，远远看见廉颇骑着高头大马过来了，他赶紧叫车夫把车往回赶。蔺相如手下的人可看不顺眼了，有人说："蔺相如怕廉颇像老鼠见了猫似的，为什么要怕他呢！"

上卿 古代官名。春秋时期，周朝及诸侯国都有卿，是高级长官，分为上卿、中卿和下卿。战国时作为爵位的称谓，一般授予劳苦功高的大臣或贵族。相当于宰相的位置，并且得到王侯、皇帝的青睐。

蔺相如对他们说："诸位，廉将军和秦惠王比，谁厉害？"

有人说："当然秦惠王厉害！"

蔺相如说："秦惠王我都不怕，会怕廉将军吗？大家知道，秦惠王不敢进攻我们赵国，就因为武有廉颇，文有蔺相如。如果我们俩闹不和，就会削弱赵国的力量，秦国必然乘机来打我们。我所以避着廉将军，为的是我们赵国啊！"

蔺相如的话传到了廉颇耳中，廉颇静下心来想了想，觉得自己为了争一口气，就不顾朝廷的利益，真不应该。于是，他脱下战袍，背上荆条，到蔺相如门前请罪。

蔺相如见廉颇来负荆请罪，连忙出来迎接。从此两人结为刎颈之交，生死与共。

在丛台的七贤祠内还有一位赵国名将，那就是李牧。在赵惠文王时期，赵国北方的匈奴军事力量逐渐强大，常常在赵国边境抢掠，于是赵惠文王派李牧防御匈奴。李牧在边关采取积极防御策略，但从不迎战。

同时，他加紧训练兵士，提高边防军的战斗力。由于李牧数年不出战，匈奴认为李牧胆怯，赵王也对李牧不满，于是派人替换了李牧。

结果新将贸然出击，折损颇多。赵王只得再度任用李牧。李牧回到北方经营数年，边防军兵强马壮，已经有了很强的战斗力。

邯郸七贤祠前的琉璃狮子

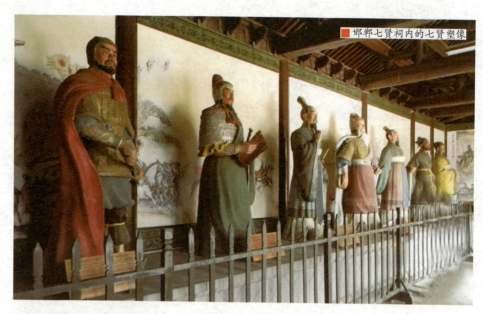

■ 邯郸七贤祠内的七贤塑像

李牧认为时机成熟，让百姓出城放牧，引匈奴来犯。于是匈奴大举进攻，却遭到李牧伏兵的左右夹击，损失10万骑兵，大败而归。此后匈奴元气大伤，数十年不敢再度来犯赵境。

七贤祠入口是阁楼式建筑，敞开的朱红大门透露出祠内的庄严。祠堂门口还有两处铜色狮雕，祠内便是七贤的彩塑，一字排开，供人敬仰。这七贤是赵国的骄傲，也是邯郸的骄傲。

阅读链接

在七贤祠西面是碑林长廊，名曰"邯郸碑林"，长廊内有历代书法家碑刻数十方，艺术价值颇高。

其中"韩魏公墓志铭"碑是1973年在邯郸大名县万堤农场挖掘出来的，是中国已出土的唐代墓志铭中最大的一个。

该墓志铭为青石材质，方形，边长1.96米，厚0.53米。顶部镌有"唐故魏博节度使检校太尉兼中书令赠太师庐江何公墓志铭"篆文。四坡面为"四灵"浮雕以及怪兽头像。

后来，邯郸人在1993年为它建了六角亭，并加罩了玻璃，对其进行保护。

书法圣地 绍兴兰亭

兰亭是东晋著名书法家王羲之的寄居处,位于浙江绍兴西南的兰渚山下。

兰亭这一带崇山峻岭,茂林修竹,又有清流激湍,映带左右,是山阴路上的风景佳丽之处。

相传春秋时越王勾践曾在此植兰花,汉代时设驿亭,故名"兰亭"。

353年,东晋大书法家王羲之邀请了41位文人雅士在兰亭举行了曲水流觞的盛会,并写下了被誉为"天下第一行书"的《兰亭集序》,王羲之被尊为"书圣",兰亭也因此成为书法圣地。

饮酒赋诗的兰亭集会

《兰亭集序》碑文

春秋时期,浙江绍兴兰渚山下有一条小溪,当时的越王勾践,为了麻痹吴王夫差相信他不再企图复国,他便屈身在这条小溪旁,开垦滩地,种植兰花。

勾践的兰花种得很不错,兰花一开使得小溪两边花香飘飘,于是人们就叫这条小河为兰溪。后来有人在兰溪边修了一座亭子,并取名叫兰亭。后来兰亭成了东晋大书法家王羲之的寄居处。

魏晋时,每年农历的三月初三,人们都要到水边嬉游,并且雅致地称为"上巳修禊"。这

■ 绍兴兰亭风景

天,人们聚集在水边举行祭祀仪式,用水洗涤污垢灾晦,以求驱除不祥。这个风俗起自汉代,到了晋朝以后逐渐演变成文人墨客踏青游春、饮酒赋诗的游戏。

353年,在会稽当太守的王羲之邀请朝廷官员谢安、谢万、孙绰等人及亲友41人,来到兰亭集会。

这天,王羲之一行在兰溪岸边,尽情地享受着惠风和畅的自然风光。一行人乘着雅兴,聚集在兰亭下的兰溪旁,目睹秀水青山,耳闻微澜轻风。他们围坐在弯弯曲曲的兰溪之畔,将盛有酒的觞置于水中,任其顺水漂流,酒杯漂到谁的面前,谁便要饮酒赋诗,作不出诗者罚酒三杯,以此为娱乐。

这样的活动被大家赋予了一个美丽的名字"曲水流觞"。后来,为了纪念"曲水流觞"这一活动而专门在兰亭旁修建了流觞亭。

酒杯被放入流水之中,第一个在名士曹华的面前

修禊 源于古老的巫医传统,是中国古代的一种祭祀民俗,目的是驱除不祥,祈求大自然风调雨顺,不祥、污秽之物事远离百姓,保证百姓的安康生活。后来演变成中国古代诗人雅聚的经典范式,其中以发生在东晋会稽山阴的兰亭修禊和清代扬州的虹桥修禊最为著名。

■ 兰亭内的石桥

停下了。曹华看着面前的酒杯，哈哈一笑，吟道：

愿与达人游，解结遨濠梁。
狂吟任所适，浪流无何乡。

曹华吟完后，顺手将酒杯向前一推，酒杯向不远处的名士曹茂之漂去。曹茂之看到酒杯向自己漂来，抬头看看朋友，抖抖衣袖吟道：

时来谁不怀，寄散山林间。
尚想方外宾，迢迢有余闲。

曹茂之吟完之后，笑着向周围人问道："可过否？"

"可过，可过。"在一片称赞声中，曹茂之将酒杯向水流中央推去。酒杯在水流的推动下，晃晃悠悠漂动着，来到了华茂与恒伟两位名士之间。华茂轻轻抖动手中的短剑，将酒杯引到自己面前，对着恒

伟歉意地说道:"恒兄,小弟先来了。"随即吟道:

> 林荣其郁,浪激其隈。
> 泛泛轻觞,载欣载怀。

说完之后,华茂收回短剑,酒杯顺着水流漂到恒伟面前,华茂看向恒伟,说:"恒兄,酒尚温。"

恒伟哈哈大笑,开口道:"华兄,恐怕要让你失望了,听我的!"吟道:

> 主人虽无怀,应物贵有尚。
> 宣尼遨沂津,萧然心神王。
> 数子各言志,曾生发清唱。
> 今我欣斯游,愠情亦暂畅。

恒伟与华茂两人不远处,坐着另外一位才子,名叫孙绰。孙绰不甘落后,对两人说道:"且将觞交与小弟。"

■ 兰亭美景

■ 兰亭古镇里的映月桥

酒杯在流水中被恒伟轻轻一拨，漂到孙绰面前。孙绰不等酒杯临近，看着王献之，口中吟道：

流风拂枉渚，停云荫九皋。
莺语吟修竹，游鳞戏澜涛。
携笔落云藻，微言剖纤毫。
时珍岂不甘，忘味在闻韶。

> **王献之**（344—386），字子敬，小字官奴。曾官至吴兴太守、中书令，世称"王大令"。同其父并称"二王"，羲之称"大王"，献之称"小王"。书法众体皆精，尤以行草著名，敢于创新，不为其父所囿，为魏晋以来的今楷、今草做出了卓越贡献，被誉为"小圣"。

转瞬之间，酒杯划过孙绰面前，向王献之而去。王献之是王羲之的第七个儿子，此时年仅10岁，他看着忽忽悠悠漂过来的酒杯，心里变得慌乱起来，绞尽脑汁也无法作出诗词来。王献之在众人的笑声中抬头看着父亲，他发现父亲脸上也带着微笑。

王献之红着脸在众人的笑声中，被满满地罚酒三大杯。喝完之后，游戏重新开始。由王献之重新开局，酒杯再一次进入流水之中，缓缓向下游流去。

王家子弟纷纷献诗助兴，引得众人一阵羡慕，赞叹"琅琊王家"真是人才辈出。

酒杯漂出王家子弟范围，来到名士魏滂面前。魏滂看着酒杯刚刚漂过的地方，伸手将身边的酒杯端起，满饮一杯后抬头仰天吟道：

> 三春陶和气，万物齐一欢。
> 明后欣时丰，驾言映清澜。
> 亹亹德音畅，萧萧遗世难。
> 望岩愧脱屣，临川谢揭竿。

酒杯尚未离开，魏滂身边的郄昙也满饮一杯，开口吟道：

> 温风起东谷，和气振柔条。
> 端坐兴远想，薄言游近郊。

兰亭内的王羲之显彰碑

■ 绍兴兰亭风光

精致典雅的亭台楼阁

此时，一位温文儒雅的男子手指两个犯规的同伴儿，嬉笑道："汝二人，犯规。罚汝等今日不可饮酒。"在众人大笑中，酒杯流到此人面前。郗昙看向此人，说道："谢安石可是有绝句。请讲便罢，何必打趣我等二人。"

谢安石就是东晋宰相谢安。谢安听到郗昙的话后开口吟道：

> 相与欣佳节，率尔同褰裳。
> 薄云罗阳景，微风翼轻航。
> 醇醑陶丹府，兀若游羲唐。
> 万殊混一理，安复觉彭殇。

接着，谢万、谢绎、徐丰之、虞说、庾友、庾蕴、袁峤之等名士也纷纷吟了诗。最后，大家把目光同时聚集在王羲之的身上，纷纷说道："逸少，今日诗赋尚缺一序，不如由你来作，如何？"

谢安（320—385），字安石，生于陈郡阳夏，即今河南太康。东晋政治家、军事家，官至宰相。他成功挫败桓温篡位，并且作为东晋一方的总指挥，面对前秦的侵略，在淝水之战中以八万兵力打败了号称百万的前秦军队，致使前秦一蹶不振，为东晋赢得几十年的安静和平。

王羲之端起身边酒杯，满饮三杯，而后站起身来，他在溪水旁边感受着河面上微风的吹拂，感觉到心中一阵激动，于是铺好纸张，提笔疾书，作了一序。

代谢鳞次，忽焉以周。欣此暮春，和气载柔。咏彼舞雩，异世同流。乃携齐契，散怀一丘。悠悠大象运，轮转无停际。陶化非吾因，去来非吾制。宗统竟安在，即顺理自泰。有心未能悟，适足缠利害。未若任所遇，逍遥良辰会。三春启群品，寄畅在所因。仰望碧天际，俯盘绿水滨。寥朗无厓观，寓目理自陈。大矣造化功，万殊莫不均。群籁虽参差，适我无非新。猗与二三子，莫匪齐所托。造真探玄根，涉世若过客。前识非所期，虚室是我宅，远想千载外。何必谢囊昔，相与无相与。形骸自脱落，鉴明去尘垢。止则鄙吝生，体之固未易。三觞解天刑，方寸无停主，矜伐将自平。虽无丝与竹，玄泉有清声。虽无啸与歌，咏言有余馨。取乐在一朝，寄之齐千龄。合散固其常，修短定无始。造新不暂

兰亭内的御碑亭

■ 绍兴兰亭里的墨华亭

停,一往不再起。于今为神奇,信宿同尘滓。谁能无此慨,散之在推理。言立同不朽,河清非所俟。

后来,王羲之将即兴之作加以整理修饰、润色,完整地记述了聚会的盛况。也就是被后来唐代书法家褚遂良评为"天下第一行书"的王羲之书法代表作《兰亭集序》。

《兰亭集序》记述了他与当朝众多达官显贵、文人墨客雅集兰亭、上巳修禊的壮观景象,抒发了他对人之生死、修短随化的感叹。

崇山峻岭之下,茂林修竹之边,乘带酒意,挥毫泼墨,为众人诗赋草成序文,文章清新优美,书法遒健飘逸,被历代书界奉为极品。

宋代书法大家米芾称其为"中国行书第一帖"。王羲之被尊为书圣,兰亭也因此成为书法圣地。可

行书 汉字字体的一种。是在楷书的基础上发展起来,介于楷书、草书之间的一种字体,是为了弥补楷书的书写速度太慢和草书的难以辨认而产生的。"行"是"行走"的意思,因此它不像草书那样潦草,也不像楷书那样端正。

以说，兰亭之所以这么有名，也是跟《兰亭集序》分不开的。

王羲之被人们誉为"书圣"。他7岁开始学习书法，每天坐在池子边练字，送走黄昏，迎来黎明，不知用完了多少墨水，写烂了多少笔头。每天练完字他就兰亭旁的池水中洗笔，天长日久竟将一池水都洗成了墨色，这就是后来传说中的墨池。

王羲之爱鹅，因此，他在兰亭池边建了一座三角形的碑亭，碑亭旁立石碑一块，刻有"鹅池"两字。提起这块石碑，还有一个传说呢！

绍兴兰亭"鹅池"碑

有一天，王羲之正在写"鹅池"两字。刚写完"鹅"字时，忽然有大臣拿着圣旨来到。王羲之只好停下来出去接旨。

在一旁看到父亲写字的王献之，看见父亲只写了一个"鹅"字，就顺手提笔一挥，接着写了一个"池"字。两个字是如此相似，如此和谐，一碑两字，父子合璧，成了千古佳话。

阅读链接

关于《兰亭集序》的下落还有另外一个说法。

在乾陵一带的民间传闻中，有《兰亭集序》早已经陪葬武则天一说。

因为据史书记载，《兰亭集序》在唐太宗遗诏里说是要枕在他脑袋下边。也就是说，这件宝贝应该在昭陵，也就是唐太宗的陵墓里。可是，五代耀州刺史温韬把昭陵盗了，但在他写的出土宝物清单上，却并没有《兰亭集序》。从而人们推测《兰亭集序》藏在乾陵，也就是武则天的陵墓里面。

唯美意境的兰亭建筑

兰亭因为东晋大书法家王羲之在此邀友雅集修禊而传名，享誉古今，其原址也因为自然灾害或周边建设问题而几经兴废变迁。

399年，会稽内史王羲之的次子王凝之把兰渚山下的兰亭移到了鉴湖中。他也曾经参加了父亲王羲之主持的兰亭聚会。

405年，东晋司空何无忌任会稽内史，把兰亭建到了会稽山巅上。

在唐代，太宗崇王，诗人文士，慕名书圣，往访兰亭，使古址焕发生机。兰亭迎来了它又一个辉煌时代。

兰亭雅集中的即席赋诗，在王羲之举办时采用的是自由式，吟什么、怎么吟全由吟诗者自己决定。后来，大部分兰亭雅集都延续了这一做法。

绍兴兰亭碑亭

■ 绍兴兰亭碑亭

769年，唐代文士鲍防、严维、吕渭等35人聚会兰亭，则采用联句式，即每人吟诗一句，再由首唱者收结的做法赋诗，并传为佳话。

到了宋代，由于朝廷重视，在兰亭旧址附近先后修建了临池亭、王右军祠、王逸少书堂等建筑，使书法圣地更趋热闹。

1036年，越州加州堂大兰亭举行了修禊盛会，凭吊了书圣。北宋后期，兰亭又从会稽山北迁至会稽山中的天章寺。元代时，在兰亭修禊处办了兰亭书院。1548年，绍兴知府沈启将兰亭从天章寺内移于石壁山下，重新修建了兰亭、墨池和鹅池。后又经过清代的重修，始具后来人们所见到的规模。

1661年至1722年，就在兰亭内增建了兰亭碑亭、御碑亭、临池18缸、王右军祠等建筑。

自入口步入兰亭，穿过一条修篁夹道的石砌小径，迎面是一泓碧水，即为鹅池。鹅池池水清碧，数只白鹅嬉戏水面，池左旁是一座式样特别的石质三角

司空 古代官名。西周始置，位次三公，与六卿相当，与司马、司寇、司士、司徒并称"五官"，掌水利、营建之事，金文皆作司工。春秋战国时期沿置。汉代本无此官，成帝时改御史大夫为大司空，但职掌与周代的司空不同。

■ 绍兴兰亭内的流觞亭

形鹅池碑亭。旁边的"鹅池"石碑的石头采自东湖，碑高1.93米，宽0.86米，厚0.28米。

兰亭里面的流觞亭面阔三间，四面有围廊，上有匾额"流觞亭"，这三个大字是清代江夏知府李树堂题的，旁边对联为：

此地似曾游，想当年列坐流觞未尝无我；
仙缘难逆料，问异日重来修禊能否逢君。

流觞亭内陈列着《兰亭修葺图》和《曲水流觞图》。亭背面还另悬由后来清代湘潭人杨恩澍所书的当年参加雅集盛事之一的一代文宗孙绰所作的《兰亭后序》全文。流觞亭前是一条"之"字形的曲水，中间有一块木化石，上面刻着"曲水流觞"四个字。

跨过鹅池上的三折石板桥，步入卵石铺成的竹荫

太守 原为战国时代郡守的尊称。西汉景帝时，郡守改称为太守，是一郡最高行政长官。历代沿置不改。到了南北朝时，新增州渐多。郡之辖境相对缩小，郡守的权被州刺史所夺，州郡区别不大，至隋初遂存州废郡，以州刺史代郡守之任。此后太守不再是正式官名，仅用作刺史或知府的别称。明清则专称知府。

小径，迎面是兰亭碑亭。兰亭碑亭是兰亭的标志性建筑，被人们称为"小兰亭"。始建于1695年，亭呈四方形，背面临水。面积约27平方米，砖石结构，为单檐歇山顶建筑，显得古朴典雅。

碑上的"兰亭"两字，为康熙皇帝御笔所书。后来被人砸成4块，修复后，人们都喜欢用手去摸这通残碑，碑已被摸得非常光滑，所以又称"君民碑"。

小兰亭西侧为"乐池"，临池有一草亭，称"俯仰亭"。池中有竹排、小舟，池西有茶室供人休憩。

流觞亭北方有可视为兰亭中心之幽美的八角形"御碑亭"，建在高一层的石台上。亭中立一巨碑，正面刻有康熙临摹的《兰亭集序》全文，背面刻有乾隆帝亲笔诗文：《兰亭即事》七律诗。亭后有稍微高起的山冈，风景十分优美。祖孙两代皇帝同书一碑，所以又称"祖孙碑"。

歇山顶 歇山式屋顶，宋朝称九脊殿、曹殿或厦两头造，清朝改今称，又名九脊顶。为中国古建筑屋顶样式之一，在规格上仅次于庑殿顶。歇山顶共有9条屋脊，即一条正脊、4条垂脊和4条戗脊，因此又称九脊顶。由于其正脊两端到屋檐处中间折断了一次，分为垂脊和戗脊，好像"歇"了一歇，故名歇山顶。

绍兴兰亭内的俯仰亭

祠堂 又称"宗祠",是供奉祖先神主,进行祭祀的场所,被视为宗族的象征。宗庙制度产生于周代。后来宋代朱熹提倡建立家族祠堂。在清代,祠堂已遍及全国城乡各个家族。祠堂是族权与神权交织的中心。

临池十八缸是由十八缸、习字坪、太字碑组成。这是根据"王献之十八缸临池学书,王羲之点大成太"这一典故而来。

相传王献之练了三缸水后就不想练了,认为已经写得很不错,有些骄傲。

有一次他写了一些字拿去给父亲看,王羲之看后觉得写得还不好,特别是其中的一个"大"字,上紧下松,一撇一捺结构太松。于是随手点了一点,变成了"太"字,说"拿给你母亲去看吧"!

王羲之夫人看了后,说:"吾儿练了三缸水,唯有一点像羲之。"

王献之听后非常惭愧,知道自己的差距,于是刻苦练习书法,练完了十八缸水,长大后也成为著名的书法家,与王羲之并称"二王"。

■ 绍兴兰亭内的御碑亭

■ 清代增建的临池十八缸

流觞亭左边是王右军祠，是纪念王羲之的祠堂。王羲之当时任右将军、会稽内史，因此人们常称他为"王右军"。

王右军祠始建于1698年，总面积756平方米，飞檐回廊，古朴深沉。祠大门上端悬挂"王右军祠"木质匾额。最近处是一大厅，中柱、边柱分别有联。步入大厅，上悬一块"尽得风流"木匾。画像旁是沙孟海先生撰写的对联，写道：

毕生寄迹在山水
列坐放言无古今

大厅内左、右两旁各置两块木质阴雕挂屏，内容为康熙皇帝所临《兰亭集序》。

1751年，乾隆皇帝还亲临兰亭，挥毫赋诗，使兰

挂屏 是贴在有框的木板上或镶嵌在镜框里供悬挂用的屏条。清初出现挂屏，多代替画轴悬挂在墙壁上，成为纯装饰性的品类。它一般成对或成套使用，如四扇一组称四扇屏，八扇一组称八扇屏，也有中间挂一中堂，两边各挂一扇对联的。这种陈设形式，雍、乾两朝更是风行一时，在宫廷中皇帝和后妃们的寝宫内，几乎处处可见。

亭受到中国古代最高的礼赞。

后来，人们在王右军祠内建了一座"墨华亭"。

兰亭本身就是非常宝贵的园林杰作，而且是历史文化内涵非常丰富的地方。兰亭处处成景，处处幽雅，成为中国四大名亭之一。

只可惜在后来一次自然灾害中，兰亭内很多建筑被毁，但在国家有关部门组织力量对兰亭进行修复后，书法圣地又现往日风姿。

王右军祠内景

又一次修复后的兰亭，融秀美的山水风光、雅致的园林景观、独享的书坛盛名、丰厚的历史文化积淀于一体，以"景幽、事雅、文妙、书绝"四大特色而享誉海内外，是中国一处重要的名胜古迹，名列中国四大名亭之一。

阅读链接

兰亭之所以那么有名，和王羲之的《兰亭集序》是分不开的。《兰亭集序》具有极高的艺术价值，这不仅体现在它精妙绝伦的笔墨技巧和章法布白的完整性上，而且体现在与作者融为一体的文化与情感表达的深刻性上。

《兰亭集序》具备了书法作为艺术作品，从书家与书作、内容和形式的全部因素。在魏晋时期玄学和士人清议、品藻人物以及两汉时期儒家经学崩溃的思想文化背景下，作为"天下第一行书"的《兰亭集序》，彻底摆脱了几千年书法附庸于文字、服务于装饰的伪艺术地位，从而成为表现人格个性、诗意情怀以及人文价值选择的经典之作。

海右古亭 济南历下亭

历下亭巍立于山东济南大明湖中最大的湖中岛上，岛面积约4 160平方米，整个岛上绿柳环合，花木扶疏，亭台轩廊错落有致，修竹芳卉点缀其间，为古时历城八景之一。

历下亭原名"客亭"，原位于济南五龙潭处，至唐代迁至大明湖，因其南临历山，即千佛山，故名"历下亭"，也称"古历亭"。后来，历下亭因唐代诗人杜甫登临而名扬天下，成为济南名亭之一，为闻名遐迩的海右古亭。

因诗而扬名的历下亭

北魏时期，在山东济南五龙潭处有一亭，称"客亭"，是官府为接迎宾客而建造的。745年，齐州司马李之芳将客亭迁至大明湖水域，改名"历下亭"。

恰在此时，在齐鲁漫游的杜甫从兖州、泰山一带北上，来到了济南。杜甫来到济南，立刻成了李之芳的嘉宾。

■ 大明湖上的历下亭

■ 济南历下亭大门

杜甫来到济南的消息不胫而走,很快传至北海,即后来的山东益都。时任北海太守的李邕坐不住了,连日赶往济南与杜甫会面。

李邕到达济南后,立时在历下亭设摆宴席,宴请了杜甫和李之芳。当时李邕68岁,早已名满天下,而杜甫此时才是个33岁的后生。

李邕、杜甫、李之芳在座,可能还有许多齐州的知名人士出来作陪。李邕与杜甫把酒长谈,论诗论史,也谈及了杜甫的祖父杜审言,这让杜甫十分感激。在这次欢宴中,杜甫即席赋《陪李北海宴历下亭》诗一首:

东藩驻皂盖,北渚凌清河。
海右此亭古,济南名士多。

司马 古代官名。殷商时期始置,与司徒、司空、司士、司寇并称为"五官",主掌军政和军赋,春秋、战国沿置。汉武帝时置大司马,作为大将军的加号,后亦加于骠骑将军,后汉单独设置,皆开府。隋唐以后为兵部尚书的别称。

云山已发兴，玉佩仍当歌。
修竹不受暑，交流空涌波。
蕴真惬所欲，落日将如何。
贵贱俱物役，从公难重过。

鲍叔牙（约前723—前644），也称"鲍叔""鲍子"。春秋时期齐国大夫，自青年时即与管仲结交，知管仲贤。公子小白继承君位之后，管仲被囚车运送回国。鲍叔牙推荐管仲当上了宰相，被时人誉为"管鲍之交""鲍子遗风"。

诗中第一句叙述李邕驻临济南，设宴历下亭；第二句说明了历下亭古老的历史。当时方位以西为右，以东为左，济南在大海之西，故称"海右"。

因济南有过鲍叔牙、邹衍、伏生、房玄龄等大批历史名人，又因当时在场的有济南士绅蹇处士等人，所以称赞名士多。

接下来诗句描述的是亭内外景物和宴饮的情趣，以及对日落将席散，盛情难却的感慨。李杜宴饮赋诗历下亭使这"海右"古亭从此声名远扬，而"海右此亭古，济南名士多"一联，千百年来更成了济南的骄

■ 济南大明湖南门的牌坊

■ 历下亭建筑群

傲。清代文人龚易图曾撰有一则名联：

> 李北海亦豪哉，杯酒相邀，顿教历下此亭，千古入诗人歌咏；
>
> 杜少陵已往矣，湖山如旧，试问济南过客，有谁继名士风流？

此联可以形容李邕、杜甫等人那次历下亭雅集的诗风流韵。

至唐代末期，历下亭逐渐废圮。北宋时期又重建历下亭，重建的历下亭位置在大明湖南岸州衙宅后。

之后历下亭又几经兴废变迁，在明代末期，历下亭完全被毁了。但是从杜甫登临历下亭的那一刻起，历下亭已由单纯的亭子变成了一个意蕴丰富的文化符号，这也是历代文人如此看重历下亭的原因。

明代末期济南诗人刘敕在《历下亭》中写道：

邹衍 战国时期阴阳家学派创始者与代表人物，战国末期齐国人。主要学说是"五德终始说"和"大九州说"，又是稷下学宫著名学者，因他"尽言天事"，当时人们称他"谈天衍"，又称"邹子"。

喻成龙 汉军正蓝旗人，奉天人。曾任安徽建德县知县，历池州府知府、江西临江府知府、山东按察使、布政使、太常寺卿、大理寺卿和刑部右侍郎。著有《塞上集》《九华山志》12卷，《西江草》1卷。

"不见此亭当日古，却逢名士一时多。"概括出其中的深意。明代诗人张鹤鸣在诗中也写道："海内名亭都不见，令人却忆少陵诗。"

这两首诗都显示出历下亭虽然已经毁坏，但是文人学士追忆昔日盛宴，遥想李、杜诗酒酬答，心中仍有难以泯灭的情结。

1693年，山东盐运使李光祖和山东按察使喻成龙在大明湖中岛上重建历下亭。重建历下亭的工程刚刚竣工，清代著名小说家蒲松龄应山东按察使喻成龙的邀请来济南做客。

在喻成龙的盛情邀请之下，蒲松龄作了《重建古历亭》一诗，诗中借古喻今，追忆了盛唐时期李邕、杜甫的历下亭盛会，表达了他对重建历下新亭的感慨。诗中写道：

■ 蒲松龄故居里的雕像

■ 大明湖湖心岛上的历下亭碑刻

大明湖上一徘徊，两岸垂杨荫绿苔。
大雅不随芳草没，新亭仍旁碧柳开。
雨余水涨双堤远，风起荷香四面来。
遥羡当年贤太守，少陵佳宴得追陪。

1694年，喻成龙授命任安徽巡抚，离开济南时，蒲松龄又作了《古历亭》诗相赠。蒲松龄抚今追昔，借用"白雪清风"和"青莲旧谱"之典故，对诗坛的振兴寄予了热切的厚望：

历亭湖水绕高城，胜地新开爽气生。
晓岸烟消孤殿出，夕阳霞照远波明。
谁知白雪清风渺，犹待青莲旧谱兴。
万事盛衰俱前数，百年佳迹两迁更。

蒲松龄（1640—1715），字留仙，一字剑臣，别号柳泉居士，世称聊斋先生，自称异史氏。生于山东省淄博市淄川区洪山镇蒲家庄。他创作的文言文短篇小说集《聊斋志异》，被世人称为"孤愤之书"，郭沫若评价说："写鬼写妖高人一等，刺贪刺虐入骨三分。"有人称蒲松龄是"世界短篇小说之王"。

赋 由楚辞衍化而来，是以"铺采摛文，体物写志"为手段，以"颂美"和"讽喻"为目的的一种有韵文体。它多用铺陈叙事的手法，赋必须押韵，这是赋区别于其他文体的一个主要特征。赋起于战国，盛于两汉。

新建的历下亭使蒲松龄振奋不已，赋诗言犹未尽，于是又以他那如椽的大笔洋洋洒洒写了千余言的长赋《古历亭赋》。该赋开篇一段写道：

任轩四望，俯瞰长渠；顺水一航，直通高殿。笼笼树色，近环薜荔之墙；泛泛溪津，遥接芙蓉之苑。入眭清冷，狎鸥与野鹭兼飞；聒耳哜嘈，禽语共蝉声相乱。金梭织绵，唼呷蒲藻之乡；桂揖张筵，客与芦荻之岸。蒹葭挹露，翠生波而将流；荷芰连天，香随风而不断。蝶迷春草，疑谢氏之池塘；竹荫花斋，类王家之庭院。

在这篇长赋中，蒲松龄对重建后的历下亭景色和

■ 大明湖竹韵桥

■ 大明湖湖心岛

亭上观赏到的湖中美景做了逼真的描绘,并追忆了历下亭"再衰再盛"的历史,赞颂喻成龙、李兴祖修复历下亭,重现了往日辉煌。

历下亭名声越来越大,后来乾隆皇帝下江南的时候,也来到了历下亭。

据说,济南最有名的历下亭酒还跟乾隆皇帝来历下亭有着千丝万缕的关系。

传说,济南很早就有酿酒历史,因为济南泉水好,所以酿的酒也十分香甜,可惜济南的佳酿一直也没个响亮的名字。

有一次,清代乾隆皇帝下江南,途经济南,在历下亭休息,济南府的大小官员都去觐见,并奉上没有命名的济南佳酿。

皇帝饮后龙颜大悦,连声说:"好酒好酒,赛过皇家御品!"

乾隆皇帝询问官员:"如此佳酿,叫何名字?"

众人不敢对答,因为这种酒还没有名字,大家也

江南 历史上江南是一个文教发达、美丽富庶的地区,它反映了古代人民对美好生活的向往,是人们心目中的世外桃源。从古至今"江南"一直是个不断变化、富有伸缩性的地域概念。江南,意为长江之南面。在古代,江南往往代表着繁荣发达的文化教育和美丽富庶的水乡景象,区域大致为长江中下游南岸的地区。

不敢告诉皇上这酒没名字，但是也不好胡乱编造名字糊弄皇上。于是只见一官员回禀："万岁，还请万岁给此酒赐名！"

于是，太监们备好笔墨，乾隆皇帝看亭题字，御笔亲题"历下亭"三个大字，从此这种酒便名为"历下亭"了，并且有诗为证：

飘香四溢泉城水，
皇家御品历下亭。

从此以后，历下亭更是名扬天下。关于乾隆皇帝游历下亭还有一个传说。

据说，当时历下亭周围景致非常美丽，湖中遍是荷花、芦苇，在这湖心小岛上品茗小憩，欣赏湖光水色有一种悠闲四溢的感觉。每到夏季，青蛙的鸣叫声不绝于耳，但是后来所有的青蛙都不叫了。

传说是因为当年乾隆来到岛上，听到青蛙的鸣叫声，心里特别烦躁，遂下圣旨让青蛙停止鸣叫，岛上青蛙似乎也畏惧龙言，从那以后再也不敢放肆鸣叫了。

阅读链接

据历史记载，在历下亭，李邕和杜甫还曾评论诗文，从"初唐四杰"谈至"文章四有"。

李邕佩服杨炯的诗文写得雄壮，不满意李峤的辞藻华美，称赞杜甫祖父杜审言的《和李大夫嗣真奉使存抚河东》声律和谐，气势不凡，是一首杰作。

他对杜甫的才学和理想给予了赞誉，并大加鼓励。而杜甫对李邕的多才和耿直非常敬佩，两人通过交流友情更加深厚。因此，两人的事迹也在历下亭传为佳话。

古韵犹存的名亭建筑

随着时间的推移，历下亭也渐渐破败了，至1859年云南布政使陈弼夫、云南藩司陈景亮和清代书法家何绍基一同再次重修了历下亭，这便是存留下来的历下亭了。

存留下来的历下亭位于大明湖中岛屿的中央，八柱矗立，红柱青

历下亭岛景致

吻兽 又名鸱尾、鸱吻，一般被认为是龙生九子中的儿子之一，平生好吞，即殿脊的兽头之形。在中国古代建筑中，"五脊六兽"只有官家才能拥有。泥土烧制而成的小兽，被请到皇宫、庙宇和达官贵族的屋顶上。由于它喜欢东张西望，经常被安排在建筑物的屋脊上，做张口吞脊状，并有一剑以固定之。

瓦，斗拱承托，八角重檐，檐角飞翘，攒尖宝顶，亭脊饰有吻兽。亭身通透，亭下四周有木制坐栏，亭内有石雕莲花桌凳，以供游人休憩，二层檐下悬挂清代乾隆皇帝所书匾额"历下亭"红底金字。

亭西有厅堂面阔三间，绕以回廊，红柱青瓦，四面出厦，飞檐翘角。轩西为宽阔的湖面，若值晴空万里，则天蓝蓝，水蓝蓝，湖天一色，莹如碧玉，故名"蔚蓝轩"。

亭北有大厅五间，硬山出厦，花雕扇扉，称"名士轩"。名士轩是历代文人雅士宴集之地。"名士轩"三字匾额为清代末期书法家朱庆元书，轩前有楹联，写道：

杨柳春风万方极乐
芙蕖秋月一片大明

■ 大明湖历下亭西侧的蔚蓝轩

名士轩坐北朝南，五间房屋大小，屋顶匾额上的"名士轩"几个字却颇有讲究，仔细看来"名"和"士"两字分别多了一点。

■ 大明湖历下亭北侧的名士轩

这并不是笔误，而是1911年春朱庆元书写的时候故意为之，他是把美好的祝愿通过诙谐的书法表现出来，寓意是希望济南的名士多一点、再多一点。

轩内西壁嵌唐代天宝年间北海太守、大书法家李邕和大诗人杜甫的线描石刻画像，及自秦汉时期至清代末期祖籍济南的15位名士的石刻画像。

东壁嵌有清代诗人、书法家何绍基题写的《历下亭》诗碑，记述了他的好友陈弼夫重修历下亭的经过和他在山东看到的灾荒景况。

历下亭之南是大门，大门两侧是东西长廊。长廊东端是"临湖阁"，北墙嵌有1859年陈弼夫撰，何绍基书的《重修历下亭记》石碣。

何绍基（1799—1873），清代晚期诗人、画家、书法家，通经史。他的书法初学颜真卿，又融汉魏而自成一家，尤长草书。有《惜道味斋经说》《东洲草堂诗·文钞》《说文段注驳正》等留世。

长廊西端是"藕香品茗厅",面阔三间,飞檐出厦。大门楹联是杜甫诗句:

海右此亭古,
济南名士多。

此联为何绍基手书,何绍基是清代著名的书法家。名人诗句,名人书法,荟萃成联,与历下亭相得益彰,平添明湖俊色。关于何绍基手书这副对联,还有一个故事。

据说何绍基晚年已是才名卓著,并且他为人谦逊,只一点不好,就是嗜酒,谁知就因这嗜酒,招了难堪。

那天傍晚,何绍基与好友汇聚大明湖,一番游览,遂至历下亭欢宴。当时秋风轻拂,四面莲荷映月,说不尽的诗情画意。

佳境美酒,众人畅饮,何绍基不久就醉了,酒多失态,竟放言:"当今之世,若问诗家、书家,舍我其谁?"

大明湖荷香茶社

■ 大明湖内的茶亭

好友们见何绍基醉了,便应道:"何公文采飞扬,世人皆知,可谓不见古人。"

何绍基闻听大喜,起身离席,逐人而揖:"承夸,承夸……"

谁知平白踩空,跌了个跟头,众人慌忙扶起何绍基,却见他腿不能立,显然伤得不轻。

何绍基回府后,逐渐清醒,从随从口中知自己酒后失言,真是惭愧万分,又因腿痛难忍,到了夜半方才睡着。在睡梦中,何绍基见到一个士子,头戴纶巾,自称杜甫,笑道:"痛乎?"

接着又问:"既见古人乎?"

何绍基大惊,猛然醒来,发现天已经亮了。他试着起身,竟然发现腿痛已经好了,好像不曾受伤一样。这时他又想起了昨夜的梦,大为诧异,暗想:"昨日一跌,想是诗圣怪而警之。酒后失态,轻狂起祸,实乃自取其丑。"

纶巾 冠名。古代用青色丝带做的头巾,一说配有青色丝带的头巾。相传为三国时诸葛亮所创,又称"诸葛巾"。后被视作儒将的装束。明代王圻的《三才图会·衣服·诸葛巾》记载:诸葛巾,此名纶巾,诸葛武侯尝服纶巾,执羽扇,指挥军事,正此巾也。因其人而名之。

> **石碑** 把功绩勒于石土，以传后世的一种石刻。一般以文字为其主要部分，上有螭首，下有龟趺。大约在周代，碑便在宫廷和宗庙中出现，但此时的碑与后来的碑功能不同。此时宫廷中的碑是用来根据它在阳光中投下的影子位置变化推算时间的；宗庙中的碑则是作为拴系祭祀用的牲畜的石柱子。

何绍基懊悔不已，想起当年杜甫曾在历下亭作诗《陪李北海宴历下亭》，遂抽出"海右此亭古，济南名士多"句书丹成碑，命人精工嵌刻于历下亭前的回廊。事后，何绍基亲自来到亭前焚香祭拜杜甫，并且把酒也戒了。

何绍基在历下亭写下杜甫的诗句后，感慨不已，留下一联：

山左称有古历亭，坐览一带幽燕之盛；
当今谁是名下士？不觉三叹感慨而兴。

在历下亭的门上悬有红底金字"海右古亭"匾一方。大门东侧有石碑横卧，上刻"历下亭"三个字，是清代乾隆皇帝亲笔手书。

■ 大明湖美景

大门西侧有御碑亭，红柱青瓦，四方尖顶，与西游廊相连，亭内立有1748年乾隆皇帝撰书的《大明湖题》诗碑。

历下亭东南侧，有古柳一棵，枝干胸径1米多，均已枯朽，却又枯木重生，于枝干外皮处萌生嫩枝，迎风拂动，别有情趣。

整个历下亭岛，亭台轩廊，错落有致，修竹芳卉，点缀其间。夏日翠柳笼烟，碧波轻舟，秋日金风送爽，荷花飘香，它吸引着无数文

历下亭正面

人骚客登临,并留下笔墨。其中有一对联,写得十分优美:

有鹤松皆古

无花地亦香

这是一副姓名无考的对联,上联说历下亭鹤舞古松,环境古朴幽雅;下联说此地不需要以香花来增添芬芳,赞颂景色优美。

还有一副无名氏的长联,将历下亭写得如诗如画:

风雨送新凉,看一派柳浪竹烟,空翠染成摩诘画;
湖山开晚霁,爱十里红情绿意,泠香飞上浣花诗。

柳枝摇曳,翠竹含烟,雨幕中的景色多像王维的名画。而雨后的风光,红花更艳,绿树更绿,特别是在夕照中的历下亭好似五代诗人韦庄的诗一样动人。方萱年先生从动、静两方面来写历下亭：

独上高楼，是山色湖光胜处；
谁家画舫，正清歌美酒良时。

作者独自登楼望远，千佛山山色、大明湖湖光尽收眼底，这是静景。不知是谁坐船在湖中穿行，喝着美酒，听着清歌，呈现一幅流动的画面。联语高下相映，动静相对，将历下亭的美写得恰到好处。

历下亭中不仅对联美妙，还有许多诗词。清代著名诗人黄景仁在游历下亭后，写下了《游历下亭》：

城外青山城里湖，七桥风月一亭孤。
秋云拂镜荒蒲芡，水气销烟冷画图。
邕甫名游谁可继？颍杭胜迹未全输。
酒船只旁鸥边舣，携被重来兴有无？

无论是诗词还是对联，都为历下亭增色不少，使历下亭渐渐成为济南的一颗闪耀的明珠。

阅读链接

历下亭早在北魏时期地理学家郦道元来济南考察水系时，就曾被这样描述："其水北为大明湖，西即大明寺，寺东北两面侧湖，此水便成净池也。池上有客亭，左右楸桐负日，俯仰目对鱼鸟，极望水木明瑟，可谓濠梁之性，物我无违矣。"

文中的"客亭"便指历下亭。后来，被郦道元称为"客亭"的无名小亭，因杜甫的登临而出名，成为一时名胜。

天下第一亭 滁州醉翁亭

醉翁亭坐落于安徽省滁州西南琅琊山麓,宋代大散文家欧阳修写的传世之作《醉翁亭记》写的就是此亭,是安徽省著名古迹之一。

醉翁亭小巧独特,具有江南亭台特色。它紧靠峻峭的山壁,飞檐凌空挑出,具有江南园林特色。

醉翁亭一带的建筑,布局紧凑别致,总面积虽不到1 000平方米,但有九处互不相同的景致,人称"醉翁九景"。醉翁亭与北京陶然亭、长沙爱晚亭、杭州湖心亭并称为"中国四大名亭"。

饮酒醉心的醉翁亭

据传北宋年间,在安徽省琅琊山宝应寺的方丈叫智仙。他每天除了烧香拜佛,便在庙前摆3个茶水摊,向过路的樵夫、猎人供给茶水。这一带人们都称赞智仙方丈心地善良。

有一天,有位两鬓斑白的老人从此路过,喝了几杯茶后,便称赞起智仙方丈来了,并记得智仙方丈供应茶水,已经是九年九个月,外加九天了。

■ 安徽琅琊山山门

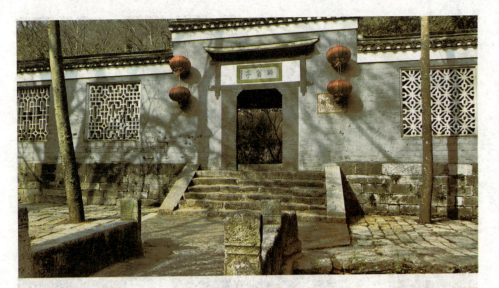

■ 安徽琅琊山上的醉翁亭正门

这位老人告诉智仙方丈,他每天都要上山砍柴,经常在一块秀丽的地方歇息,那里风景美,来往过路的人也很多,就是缺少一个茶摊。

智仙方丈一听,忙请老人领路,前去看看。两人到了那里,智仙一看,果然是个好地方,林木茂盛,泉水清澈,风景秀丽。智仙方丈决定在此设个茶摊。

两人正说话,忽然天色大变,下起了瓢泼大雨。老人叹口气说:"要是在这里修个亭子就好了。"

老人本是顺口一说,没承想,智仙方丈却将此话记在心头。没过几天,就在这里修了个亭子。亭子修好了,但始终起不出个好名字让两人都满意。时间一长,两人渐渐把给亭子起名字的事忘了。

后来,欧阳修到滁州当知州。他为官清正,体察民情,这里的百姓过着太平生活。他经常到琅琊山,与智仙方丈交往较深。

智仙方丈邀请欧阳修为亭子起个名字。欧阳修说:"我来到滁州,能与民同乐,真使我心醉。我看

方丈 原为道教固有的称谓,佛教传入中国后借用这一俗称。佛寺住持的居处称为"方丈",也称"堂头""正堂"。这是方丈一词的狭义。广义的方丈除指住持居处外,还包括其附属设施如寝室、茶堂、衣钵寮等。

■ 安徽琅琊山上的醉翁亭

就叫它'醉翁亭'吧!"

从那以后,欧阳修常同朋友到亭中游乐饮酒,欧阳修善于饮酒,基本上来个朋友就找借口喝酒,一喝就非得喝多了。天天喝酒喝得晕晕乎乎的,自己岁数又最大,于是欧阳修自号"醉翁",并写下传世之作《醉翁亭记》。

《醉翁亭记》影响深远,千古传诵,醉翁亭也因此而闻名遐迩,被誉为"天下第一亭"。欧阳修还为此亭亲笔题写了"醉翁亭"匾额。

醉翁亭玉立于琅琊山林之中,灰瓦红木柱,别有一番风致。由于木料易腐朽,所以建筑大师们就在木材上涂漆和桐油,以保护木质,同时增加美观,使之实用、坚固与美观相结合,所以醉翁亭的柱子都是大红色,在山林中十分醒目。

此外,醉翁亭的梁架等处还有绘制的彩画。亭下

匾额 中国独特的民俗文化精品,古建筑的必然组成部分,相当于古建筑的眼睛。它把古老文化流传中的辞赋诗文、书法篆刻、建筑艺术融为一体,集字、印、雕、色的大成,并且雕饰各种龙凤、花卉、图案花纹,有的镶嵌珠玉,极尽华丽之能事,是中华文化园地中的一朵奇葩。

木质阴影部分，用绿色的冷色，这样就更强调了阳光的温暖和阴影的阴凉，形成一种悦目的对比。这种色调在夏天使人产生一种清凉感。

醉翁亭采用木柱、木梁构成房屋的框架，屋顶与房檐的重量通过梁架传递到立柱上，这是中国传统建筑的特点，只用几根柱子撑起整个建筑，使其形成一种"亭亭玉立"的形象。

这种构件既有支承荷载梁架的作用，又有装饰作用；既有很好的实际功用，又可以使亭子在不同气候条件下，满足各种功能要求。如通风，使其成为歇脚乘凉的好场地；还可以借景，坐在亭下，亭子周边的山林风光尽入眼中。

醉翁亭的屋顶如鸟翼伸展的檐角造型，使整个醉翁亭给人以轻巧欲飞之感。这种美在本质上是时间进程的流动美，在个体建筑物上表现出来，显出线的艺术特征，形成微翘的飞檐。

这种飞檐使本应沉重地向下压的房顶，反而随着线的曲折，显出向上挺举的飞动轻快，宽厚的台基使整个醉翁亭体现出一种轻巧协调、舒适实用、节奏鲜明的感觉。

醉翁亭中后来立有欧阳修的塑像，其神态安详。亭旁有一巨石，上刻圆底篆体"醉翁亭"三个字。在亭前有九曲流觞，流水不腐。

离亭不远，有泉水从地下溢出，泉眼旁用石块砌成方池，水入池中，然后汇入山溪。水池1米见方，池深0.7米左右。池上有清代知州王赐魁立的"让泉"两字碑刻。

这里的"让"通"酿"，据《墨子·经说下》："无让者酒，

醉翁亭旁的"醉翁亭"刻石

琅琊山上的醉翁亭

未让始也,不可让也。"张纯一集解:"'未让'、'不可让'二让字,吴汝纶读为酿也。"

泉水温度终年变化不大,泉水"甘如醍醐,莹如玻璃",所以又被称为"玻璃泉"。出亭西,有欧公手植的"欧梅",千年古树高达10多米,枝头万梅竞放,树下落红护花。

亭后最高处有一高台,曰"玄帝宫",登台环视,但见亭前群山涌翠,横叶眼底。亭后林涛起伏,飞传耳际,犹如置身画中。

欧阳修任滁州太守期间,还在醉翁亭不远处修建了丰乐亭。丰乐亭面对峰峦峡谷,傍倚涧水潺流,古木参天,山花遍地,风景秀丽。关于丰乐亭的兴建,欧阳修在《与韩忠献王书》中告诉友人:

> 偶得一泉于滁州城之西南丰山之谷中,水味甘冷,因爱其山势回换,构小亭于泉侧。

文中称自己发现一眼泉水,泉水清洌,而且所在的丰山十分秀美,所以在泉的旁边建造了一个小亭子,将泉取名为"丰乐泉",亭取名为"丰乐亭"。"丰乐亭"取"岁物丰成""与民同乐"之意。

欧阳修为此还写下了《醉翁亭记》的姐妹篇《丰乐亭记》，以《丰乐亭游春》一诗记载与民同乐之盛况。诗中写道：

红树青山日欲斜，长郊草色绿无涯。
游人不管春将老，来往亭前踏落花。

丰乐亭前有山门，亭后有厅堂，还有九贤祠、保丰堂等，四周筑以围墙。丰乐亭内有苏东坡书刻的《丰乐亭记》石碑、吴道子画的《观自在菩萨》石雕像，保丰堂内有明代滁州判官尹梦璧所作的《滁州十二景诗》碑刻，这些都是中国古代文化艺术的珍品。可惜，后来由于丰乐亭周边建设，使这里不能供人游览。

自从欧阳修写下《醉翁亭记》和《丰乐亭记》后，琅琊山声名鹊起，文人墨客、达官显贵纷纷前来探幽访古，题诗刻石。

北宋太常博士沈遵也慕名来到了醉翁亭，观赏之余，创作了琴曲《醉翁吟》，欧阳修亲为配词。

数年之后，欧阳修和沈遵重逢，沈遵操琴弹《醉翁吟》，琴声勾起了欧公对当年在亭间游饮往事的追忆，欧阳修还作诗《赠沈遵》。

阅读链接

关于醉翁亭的姊妹亭丰乐亭的建筑，还有一个小故事。

据说欧阳修在家中宴客，遣仆去醉翁亭前酿泉取水沏茶。不意仆在归途中跌倒，水尽流失，遂就近在丰山取来泉水。可是欧阳修一尝便知不是酿泉之水，仆从只好以实相告。

欧阳修当即偕客去丰山，见这里不但泉好，风景也美，于是在此疏泉筑池，辟地建亭。

醉翁亭建筑群盛景

醉翁亭初建时只有一座亭子,北宋末年,知州唐俗在其旁建同醉亭。在醉翁亭的北面有三间劈山而筑的瓦房,隐在绿树之中,肃穆典雅,这就是"二贤堂",初建于1095年,这是为纪念欧阳修和王禹偁两位知府而建的。

醉翁亭内的二贤堂

■ 欧阳修（1007—1072），喜欢以"庐陵欧阳修"自居。世称"欧阳文忠公"，北宋时期卓越的政治家、文学家和史学家。与韩愈、柳宗元、王安石、苏洵、苏轼、苏辙、曾巩合称"唐宋八大家"。后人又将其与韩愈、柳宗元和苏轼合称"千古文章四大家"。

所谓二贤者，欧阳修和王禹偁是也。欧阳修自不待言，王禹偁，宋初文学家，一生刚直敢言。滁州历史上曾属淮南国，欧、王两人都曾在滁州做过太守，故有此名句。

在二贤堂前有一副对联：

驻节淮南关心民瘼
留芳江表济世文章

原堂已毁，存留下来的二贤堂为后来重建。堂内有两联，一是：

谪往黄冈执周易焚香默坐岂消遣乎
贬来滁上辟丰山酌酒述文非独乐也

二是：

醒来欲少胸无累
醉后心闲梦亦清

王禹偁（954—1001），北宋时期白体诗人、散文家。为北宋时期诗文革新运动的先驱，文学韩愈、柳宗元，诗崇杜甫、白居易，多是反映社会现实，风格清新平易。词仅存一首，反映了作者积极用世的政治抱负，格调清新旷远，著有《小畜集》。

这两副对联既表达了人们对两任太守皆因关心国

篆刻 比喻精心书写或过分修饰文字及雕刻印章。因印章多用篆文刻成，故称篆刻。篆刻是一门与书法密切结合的传统艺术，迄今为止已有3700多年的历史，历经了十余个朝代。又称玺印、印或印章等。印章是一种实用艺术品。

事而被贬谪滁州的愤愤不平，又表达了他们对两位知府诗文教化、与民同乐精神的敬佩之情。

宋代末年，滁州人为了纪念欧阳修，特在琅琊山坡上修建一亭，亭为六柱六角，名曰"六一亭"。不过，原亭早毁，人们见到的是后来重建的。亭旁有摩崖一块，上刻隶书"六一亭"，系陆鹤题书。

在明代，醉翁亭周围的建筑开始兴盛，当时房屋已建到"数百柱"，布局紧凑，亭台小巧，具有江南园林特色。有古梅亭、九曲流觞、意在亭、方池、宝宋斋、影香亭等。

古梅在醉翁亭院北，相传此梅是欧阳修所手植，世称"欧梅"。不过此梅早已枯死，后来人们看到的是明人补植的。

■ 位于意在亭前的九曲流觞

古梅虽经百年风霜雨雪，仍然枝苗叶茂，清香不绝。这株古梅品种稀有，花期不抢蜡梅之先，也不与春梅争艳，独伴杏花开放，人们称为"古梅"。

1425年，南京太仆寺卿赵次进在古梅前凿石引水，建造方池，池内因有泉眼，池水终年不涸。后来待御邵梅墩为了赏梅，在池中建造一亭，名为"见梅亭"。

1535年，滁州判官张明道为观赏古梅花在古梅北又建

■ 醉翁亭北侧的古梅亭

了一座"梅瑞堂",内有张榕瑞等咏梅诗碑刻两块。后来,有位书法家在堂后面的崖壁上题"古梅亭"篆刻一方,梅瑞堂也随之改名为"古梅亭"。

后来,人们还在古梅亭旁边建了览余台和怡亭,都是赏梅的好地方,并且由于角度不同,映入眼帘的梅姿也就各异。

1561年,滁州太仆寺少卿毛鹏建造了"皆春亭"。1603年,滁州知州卢洪夏在皆春亭四周凿石引水,仿照东晋书圣王羲之《兰亭集序》中的场景建造了"曲水流觞",供人们戏水饮酒。

卢洪夏还重修了皆春亭,并将其改名为"意在亭",取"醉翁之意不在酒,在乎山水之间也"之意。亭以四根栋木为柱,亭角飞檐,呈飞腾之状。亭两边对联题为:

酒洌泉香招客饮
山光水色入樽来

王羲之(303—361),字逸少,号澹斋,人称"王右军""王会稽"。生于晋代山东琅琊,即今山东省临沂市。东晋书法家,有"书圣"之称。其子王献之书法也佳,世人合称为"二王"。代表作品有《兰亭集序》等。其书法的章法、结构、笔法为后世效法,影响深远。

■ 醉翁亭西侧的宝宋斋

1622年,明代南太仆寺少卿冯若愚在醉翁亭西侧建造宝宋斋,也称"碑亭"。屋内立有苏轼手书《醉翁亭记》碑刻两块四面。斋东侧外檐下嵌有明冯若愚的《宝宋斋记》和明代《重修醉翁亭记》碑。

《醉翁亭记》初刻于1041年,因其字小刻浅难以久传,又于1091年由欧阳修门生、北宋大诗人苏东坡改书大字重刻。

文章与书法相得益彰,后人称为"欧文苏字,珠联璧合",视为宋代留下的稀世珍品,与琅琊寺中吴道子所画的《观自在菩萨》石雕像,同为难得的古代文化瑰宝。

明代崇祯年间,也就是1628年至1644年,滁人为了纪念明代南太仆寺少卿冯若愚及其子冯元飚修建"宝宋斋"保护了"欧文苏字"碑一事,特地为其建造了冯公祠。冯公祠为三间瓦平房,后损毁。人们见到的是后来在原址上重新修建的。

1685年,滁州知州王赐魁因坐在见梅亭中能看见

吴道子(约680—759),唐代画家,画史界尊称其为吴生,又名道玄。初为民间画工,年轻时即有画名。以擅长绘画被召入宫廷,历任供奉、内教博士。曾随张旭、贺知章学习书法。擅长佛道、神鬼、人物、山水、鸟兽、草木、楼阁等,尤精于佛道、人物,擅长壁画创作。

亭北古梅的倒影，又能闻到梅花的香味，所以把此亭改名为"影香亭"。取宋代诗人林逋的《山园小梅》诗中"疏影横斜水清浅，暗香浮动月黄昏"句意。

影香亭从池外入亭内有小桥相连，小桥用条石铺架，人们可倚栏观池中古梅倒影，闻亭外古梅芳香。影香亭两边对联题为：

疏影横斜水清浅
暗香浮动月黄昏

在清代，人们在醉翁亭院西侧建有"醒园"一处，平房七间，毁于战火。后来，人们在其废墟上建亭一座，竖立4块复制宝宋斋书苏轼手书的《醉翁亭记》碑刻。

太仆寺 古代官名，始置于春秋时期。秦汉时期沿袭，为九卿之一。掌皇帝的舆马和马政。王莽一度更名为"太御"，南北朝时期不常置。北齐始称"太仆寺卿"，历代沿置不革，清代废止。太仆寺最高长官为太仆寺卿，属官有太仆寺少卿两人、太仆寺丞四人、太仆寺员外郎、太仆寺主事、太仆寺主簿等。

■ 醉翁亭内的影香亭

醒园西侧的解醒阁

醒园西北角还一座有宫殿式建筑"解醒阁"。出醒园南门,有一亭,名为"洗心亭"。其四角坐地,一面背山,三面有门,门额为弧券形。亭内四方形,上顶半球形穹窿。

登上古梅亭内的览余台,可以瞭望六亭,即意在亭、影香亭、古梅亭、怡亭、碑亭、洗心亭以及两边"醒园"景色。俯瞰醉翁亭全景,小巧玲珑,曲折幽深,九院七亭,亭中有亭,亭水同映,松柏常青。

阅读链接

醉翁亭位于安徽省滁州西南琅琊山麓,琅琊山古称"摩陀岭",相传西晋时琅琊王司马佩率兵伐吴驻跸于此,故后人改名为"琅琊山"。

琅琊山不甚高,但清幽秀美,四季皆景。山中沟壑幽深,林木葱郁,花草遍野,鸟鸣不绝,琅琊榆亭亭如盖。

山中还有唐代所建琅琊寺、宋代所建醉翁亭和丰乐亭等古建筑群,以及唐宋时期以来摩崖碑刻几百处,其中唐代吴道子绘《观自在菩萨》石雕像和宋代苏东坡书《醉翁亭记》《丰乐亭记》碑刻,历代书法名家书写的《醉翁亭记》。碑刻与山中古道、古亭、古建筑相得益彰。

古彭之胜

徐州放鹤亭

放鹤亭位于江苏省徐州云龙山之巅,为彭城隐士张天骥于1078年所建。张天骥自号"云龙山人",苏轼任徐州知州时同其结为好友。

张天骥养了两只仙鹤,他每天清晨在此亭放飞仙鹤,亭因此而得名"放鹤亭"。

1078年秋,苏轼写了《放鹤亭记》,除描绘了云龙山变幻莫测的迷人景色外,还称赞了张天骥的隐居生活,塑造了一个超凡出群的隐士形象,而云龙山和放鹤亭也因此闻名于世。

隐士多情怀的放鹤亭

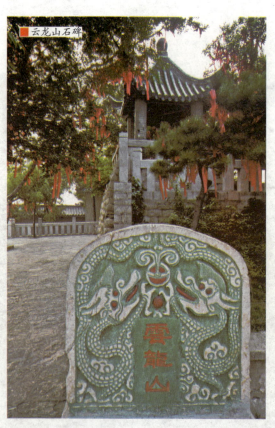
云龙山石碑

放鹤亭位于江苏省徐州云龙山之巅,为彭城隐士张天骥所建。张天骥是北宋人,自号云龙山人,又称"张山人",满腹才华,却不愿意做官,醉心于道家修身养性之术,隐居徐州云龙山西麓黄茅冈,以躬耕自资,奉养父母。

张天骥养了两只鹤,天天以训鹤为事。1078年,张天骥在云龙山顶建一亭,他每天清晨在此亭放飞仙鹤,因此而得名"放鹤亭"。

苏轼早年曾受道家思想熏陶。他从小在家乡四川眉山市跟着眉山天庆观北极院道士张易简学习过3年。成年之后，道、佛、儒三家思想对苏轼几乎有同样的吸引力。

苏轼仕途坎坷，政治上屡遭挫折，更助长了他放达不羁的性格。因此，他与张天骥感情十分融洽。苏轼在徐州写的大量诗歌中，张天骥的名字频频出现。

1078年秋，苏轼为张天骥写了《放鹤亭记》，除描绘了云龙山变幻莫测的迷人景色外，还称赞了张天骥的隐居生活，塑造了一个超凡出群的隐士形象，而云龙山和放鹤亭也因此闻名于世。

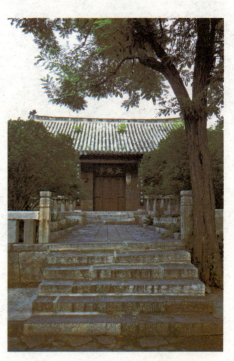

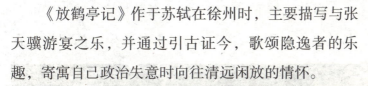
■ 彭城放鹤亭

《放鹤亭记》作于苏轼在徐州时，主要描写与张天骥游宴之乐，并通过引古证今，歌颂隐逸者的乐趣，寄寓自己政治失意时向往清远闲放的情怀。

文章写景，却特征突出；叙事简明，却清晰有致，引用典故能切中当今，用活泼的对答歌咏方式抒情达意，显得轻松自由，读来饶有兴味。

其中，《放鹤亭记》中第三段最为有名：

山人忻然而笑曰："有是哉！"乃作放鹤、招鹤之歌曰："鹤飞去兮西山之缺，高翔而下览兮，择所适。翻然敛翼，宛将集

典故 原指旧制、旧例，也是汉代掌管礼乐制度等史实者的官名。后来一种常见的意义是指关于历史人物、典章制度等的故事或传说。典故这个名称，由来已久。最早可追溯到汉朝，《后汉书·东平宪王苍传》中记载："亲屈至尊，降礼下臣，每赐宴见，辄兴席改容，中宫亲拜，事过典故。"

隐士 就是隐居不仕之士。首先是"士",即知识分子。不仕,不出名,终身在乡村为农民,或遁迹江湖经商,或居于岩穴砍柴。历代都有无数隐居的人,他们才华横溢,名声在外,却基于种种原因无意仕途,归隐山野,即使有朝廷的诏令,也有很多贤者对此无动于衷。而这些隐士在中国的历史上都留下美名,陶渊明就是最著名的一位。

兮,忽何所见,矫然而复击。独终日于涧谷之间兮,啄苍苔而履白石。鹤归来兮,东山之阴。其下有人兮,黄冠草履,葛衣而鼓琴。躬耕而食兮,其余以汝饱。归来归来兮,西山不可以久留。"

第三段叙述隐者和国君在生活情趣上迥然不同。隐士不但可以养鹤,还可以传名,甚至纵酒,国君却不然。这篇文章,妙在气势纵横,自然清畅,完全是作者性情的流露。

放鹤亭并不算是名胜,却因这篇文章的关系,也同时流传下来。

鹤,乃古代贤士也。古有北宋隐逸诗人林逋"梅妻鹤子"之美谈,再有张天骥隐居之不仕之名。放鹤的实际意思是招贤纳士。

在苏轼笔下,张山人的形象是做了艺术加工的,苏轼借这一形象寄寓自己追求隐逸生活的理想。在

■ 彭城《放鹤亭记》石刻

《放鹤亭记》最后的"放鹤"和"招鹤"两歌中，这点表现得相当清楚。

张天骥是这样超凡拔俗，飘飘欲仙，有如闲云野鹤，过着比"南面而君"逍遥自在的快活日子。

这正是苏轼在《放鹤亭记》全文中所要表达的主题思想。这"放鹤""招鹤"两歌音韵和谐，抒情婉转，为全文增添光彩，因而千古传诵。因之，云龙山上既有放鹤亭，又有招鹤亭。

后来，苏轼常常带着宾客和僚吏到放鹤亭来饮酒。张天骥"提壶劝酒"，也"惯作酒伴"，苏轼屡次大醉而归。苏轼在诗中描述了这种情景：

■ 放鹤亭前的《招鹤歌》碑刻

万木锁云龙，天留于戴公。路迷山向背，人在滇西东。荞麦余春雪，樱桃落晚风。入城都不记，归路醉眼中。

这首诗不仅是苏轼在张天骥这里畅表心情的自白，也是在放鹤亭中看到的云龙山美妙景色的写照。

至明代，因为放鹤亭的名声日益增大，有很多文人雅士都对放鹤亭进行了赞美。

林逋（967—1028），他刻苦好学，通晓经史百家。性格孤高自好，喜恬淡，勿趋荣利，后隐居杭州西湖，结庐孤山。常驾小舟遍游西湖诸寺庙，与高僧诗友相往还。每逢客至，叫门童子纵鹤放飞，林逋见鹤必棹舟归来。作诗随就随弃，从不留存。宋仁宗赐谥"和靖先生"。

明代的进士乔宇写过《放鹤亭》一诗，诗中写道：

川原雨过烟花绕，
殿阁风回竹树凉。
笑指云龙山下路，
放歌无措醉华觞。

明代的另一位进士许成名，也写过一首关于《放鹤亭》的诗：

黄茅人去冈犹在，
白鹤亭空事已遥。
我欲凌风登绝顶，
平林漠漠草萧萧。

放鹤亭正是因为经过诸多诗人、画家的游历，再加上他们所留下的墨宝，而变得越加有名了。

阅读链接

放鹤亭的建造者张天骥38岁时尚未娶妻。苏轼愿为张山人做媒，替他找个合适女子，但张山人婉辞谢绝。

张天骥表示要坚持"不如学养生，一气服千息"的道家独身生活，就这样张天骥便在放鹤亭一直过着"梅妻鹤子"的生活。由此，也可见张山人醉心于"修身养性"之术。

苏轼和张天骥的友谊保持很久，十二年后，也就是1089年，苏轼任杭州知府时，张天骥还不远千里到杭州去看望他。苏轼热情款待这位老友住了十天，才赠诗话别。

放鹤亭的迁建历史

在明代,放鹤亭屡坍屡修,存留下来的放鹤亭位于云龙山顶。但是据资料显示,张天骥所建的放鹤亭原是在云龙山脚下。苏轼在《放

云龙山放鹤亭匾额

张天骥故址

鹤亭记》中写道：

  熙宁十年秋，彭城大水，云龙山人张君之草堂，水及其半扉。明年春，水落，迁于故居之东，东山之麓。升高而望，得异境焉，作亭于其上。

这几句话告诉我们张天骥居处遭水患，大水之后，张氏新草堂建成，并建造了亭子，而这个亭子就是放鹤亭了。在张天骥的新草堂建成后，苏轼再去拜访，又有诗写道：

  鱼龙随水落，猿鹤喜君还。
  旧隐丘墟外，新堂紫翠间。

作者自注："张故居为大水所坏，新卜此室故居之东。"可见张天骥故居原在村外地势较低处，故而洪水暴涨，才会"水及其半扉，摧而坏之"。

并且文中说道，张天骥故居是在山麓，麓是山脚的意思，也就是说张天骥的草堂原来是在山脚下的，后来迁到了紫翠间。

但是紫翠间也并不是山顶，在苏轼《送蜀人张师厚赴殿试二首》中写道："云龙山下试春衣，放鹤亭前送落晖。"可见最初张天骥故居所建的放鹤亭并不在山顶上，而是在云龙山下。

清代初期魏裔介《云龙山》诗也明确指出："云龙山下茅亭址。"关于放鹤亭的具体位置，北宋词人贺铸在《庆湖遗老诗集》卷二的《游云龙张山人居·序》中说得非常明白：

> 云龙山距彭城郭南三里，郡人张天骥圣途筑亭于西麓。元丰初，郡守眉山苏公屡登，燕于此亭下。畜二鹤，因以放鹤名亭，复为之记。亭下有小屋，曰苏斋，壁间榜眉山所留二诗及画大枯株，亦公醉笔也。亭上一径至山腹，有石如砻治者，公复题三十许字，记戊午仲冬雪后与二三子携惠山泉烹风团此岩下，张即镌之。

这些都表明，张天骥所建的放鹤亭是位于云龙山脚下的。大致是在明代，放鹤亭迁建到山巅。

据明代地方志《徐州志》记载："唐昭宗时，朱全忠遣子友裕，败徐州节度使时溥军于石佛山前，即此有兴化寺。有井去地七百余尺，或云泉可愈疾，积久堙塞。成化间，太监高瑛淘之泉出，今复堙。"

1487年完成的《重修石佛寺碑》记载："有井在山顶，弃而不食者累年，发其瓦砾，甘美如初。"

可见，在1487年，还没有"饮

云龙山上的饮鹤泉

鹤泉"这个名称。但是至明代嘉靖年间,放鹤亭已经建在山巅最高处了。1547年,状元李春芳有绝句二首:

> 归来正及李花时,为访仙踪去马迟。
> 更上龙岗最高处,五运霏霭凤凰池。

> 放鹤亭前水泠泠,放鹤亭上云晶晶。
> 千古水云常自在,红尘扰扰笑浮生。

从诗中可见,这时放鹤亭和饮鹤泉都已齐备了。所以推测,放鹤亭是在明代移至山顶的。

清代乾隆时期,乾隆皇帝多次驻跸在云龙山下行宫,屡登云龙山,还兴致勃勃地为放鹤亭、饮鹤泉等题字留诗。

也正是因为乾隆皇帝的认可,云龙山顶的放鹤亭更加被世人所接受,放鹤亭的美名也由此传扬开来。

阅读链接

据说徐州苏轼研究会理事李世明先生处保存的《吴友如真迹人物画谱》中,有一幅落款1893年的《放鹤亭图》。

据说在这幅画中放鹤亭是一间多级斗拱的亭子,屹立在峻岭之间。张山人倚在栏杆上,两只鹤已经放出,翱翔远飞,亭边有一童子做欢呼状。画中题款是:"山人有二鹤,甚驯而善飞。光绪癸巳小春月上浣写于海上飞影阁,友如。"

吴友如是苏州人,一生在上海作画,他主办的《点石斋画报》闻名遐迩。他曾经被邀赴京为宫廷作画,可能在来往途中路过徐州,踏访过云龙山放鹤亭,这幅画是他依据苏轼和贺铸等诗作意境发挥艺术想象的创作。

古老建筑的文化底蕴

存留下来的放鹤亭位于云龙山顶的院落中,院门前标注"张山人故居",在院落里有一座双檐建筑,注名"放鹤亭"三个字。

在放鹤亭西侧,为饮鹤泉,饮鹤泉原名石佛井,旧方志记载:"饮鹤泉一名石佛井,深七丈余。"后来人们为其凿作一井,四方环绕石栏,颇为美观,取名"饮鹤泉"。

此井为穿凿岩石而成,根据文献可知,饮鹤泉井深将近26米,并且据推测此井与山上的北魏石佛系同一时代凿成。

早在北宋地理名著《太平寰宇记》中就有关于饮鹤泉的记载:

有井在石佛山顶,方一丈二

■ 云龙山上的招鹤亭

尺,深三里,自然液水,虽雨旱无增减。或云饮之可愈疾。时有云气出其中,去地七百余尺。

这些记述中有夸张之处,但也指明饮鹤泉的特点:"饮之可愈疾""时有云气出其中"。

1623年,户部分司主事张璇对饮鹤泉重新疏浚,并立碑于井南,碑上为其亲笔手书"饮鹤泉",并在上端冠以"古迹"两字。上款为"天启癸亥仲冬吉旦",下款署"古部张璇重浚"。

饮鹤泉以其井深、水质甘美而闻名遐迩,井中之水为洞内岩缝渗漏而来,关于其来历有好几个传说。其中有关徐州义士刺恶龙的传说最为有名。

古时有条恶龙,被徐州一义士刺死。恶龙坠地后,变为云龙山,被刺中的咽喉处,即成"饮鹤泉"。

户部 古代官署名,为掌管户籍财经的机关,六部之一,长官为户部尚书,曾称"地官""大司徒""计相""大司农"等。户部尚书是掌管全国土地、赋税、户籍、军需、俸禄、粮饷、财政收支的大臣,明代为正二品,清代为从一品。

这个惊心动魄的传说，表现出徐州人不畏邪恶、敢于自卫的精神，但是不能视为饮鹤泉的真正成因。

1895年，又疏浚一次，也有碑记写道："不五丈而得泉，甚甘。"从这两段文字记载，再联想到苏轼《游张山人园》的诗句"闻道君家好井水、归轩乞得满瓶回"，可以想见饮鹤泉的水质是清纯甘美的。

后来饮鹤泉因瓦石而堵塞干涸。后来虽再次进行了疏导，但并没有再来水了，甚为可惜。

距放鹤亭南20米，饮鹤泉南10多米处，还有一座建在高耸之处的小亭——招鹤亭，因《放鹤亭记》有招鹤之歌而得名。

招鹤亭为砖木结构，小巧玲珑，檐角欲飞，是登高远眺的好地方。放鹤亭、饮鹤泉和招鹤亭这3座古迹有着密切的关系。至1872年，徐海道、吴世熊重建了放鹤亭。

放鹤亭院西北角有一座凉亭，西南角有一间门窗玲珑的小轩。这原是"御碑亭"，内曾立有乾隆皇帝的《游云龙山作》诗碑。

在清代，乾隆皇帝曾4次来徐州，几乎每次必登云龙山，而且一定要留下一些"御制诗"和标榜风雅的"御书"。留存下来的乾隆为云龙山书写的碑刻已移到

> **鹤** 在中国历史上被公认为一等的文禽，它与生长在高山丘陵中的松树毫无缘分。但是由于鹤寿命长达五六十年，人们常把它和松树绘在一起，作为长寿的象征。在中国古代的传说中，仙鹤都是作为仙人的坐骑而出现的，可见仙鹤在国人心中的印象是相当有分量的。

■ 云龙山上放鹤亭院西北角的御碑亭

■ 招鹤亭

放鹤亭后的碑廊里。

后来,因多年战乱导致放鹤亭被毁了,存留下来的是后来重建的,重建后的放鹤亭彩栋丹楹,焕然一新。

自云龙山北门拾级登达第三节山顶,半月形院门门额上有1906年徐州知府田庚书写的"张山人故址"五个隶书大字。

走进院门,有平坦开阔、铺有甬道的四方庭院,其东侧便是放鹤亭,飞檐丹楹,宽敞明亮。亭南北长约12米,东西深近5米,前有平台,周环游廊,十分优雅。

原来悬挂的乾隆所书"放鹤亭"匾额,改用苏轼笔迹,重新制匾,高悬其上,这样更加富有历史感。放鹤亭内窗明几净,四壁悬挂名家书画,清爽雅静。

阅读链接

关于放鹤亭的饮鹤泉还有另外一个传说。

传说饮鹤泉的建造是一位皇帝为了断"龙命"。传说汉代之后的某朝某代,有个皇帝出游到了云龙山。站在山顶皇帝放眼望去,发现云龙山好似一条巨龙俯卧。

在古代,龙代表天子,即皇帝。这位皇帝看到此景认为,此处是一个孕育真龙天子的地方。他生怕徐州再出天子抢夺自己的皇位,于是就令人在云龙山的"龙头"处凿一井,以断"龙命"。

蓬莱之岛 杭州湖心亭

湖心亭位于浙江杭州西湖中央,是中国四大名亭之一。在宋元时期曾有湖心寺。明代有知府孙孟建振鹭亭,后改清喜阁,是湖心亭的前身。在湖心亭极目远眺,湖光尽收眼底,群山如列翠屏,在西湖十八景中称为"湖心平眺"。

湖心亭不仅是亭名,也是岛名。湖心亭小于三潭印月,大于阮公墩。它们合称"蓬莱三岛",湖心亭为"蓬莱",三潭印月为"瀛洲",阮公墩为"方丈"。环岛皆水,环水皆山,置身湖心亭,确有身处"世外桃源"之感。

西湖盛景的美丽传说

相传在很久以前，天上的玉龙和金凤在银河边的仙岛上找到了一块白玉，他们一起琢磨了许多年，白玉就变成了一颗璀璨的明珠。这颗宝珠的珠光照到哪里，哪里的树木就常青，百花就盛开。

谁知，这颗宝珠被王母娘娘发现后，就派天兵天将把宝珠抢走了，玉龙和金凤赶去索珠，王母不肯，于是就发生了争抢，王母的手

■ 湖心亭上的残雪

■ 湖心亭旁的阮公墩

蓬莱之岛

一松，明珠就降落到人间，变成了波光粼粼的西湖。

玉龙和金凤舍不得明珠，下凡变成玉龙山和凤凰山，永远守护着西湖。他们的眼泪则变成了湖中的3座小岛，人们把这3座岛分别取名为"湖心亭""三潭印月""阮公墩"，又称为"蓬莱三岛"。

传说渤海外有3座神山，分别是蓬莱、瀛洲和方丈。在道家经典《列子》中记载："渤海之东有五山焉，一曰岱舆，二曰员峤，三曰方壶，四曰瀛洲，五曰蓬莱。"

据说当时蓬莱岛原来共有5座，那另外两座哪里去了呢？关于消失的两座山，还有一个故事。

住在那里的人都是神仙圣人一类，一天一夜就能飞过去又飞回来的人，数不胜数。但5座山的根部并不相连，经常跟随潮水的波浪上下移动，不能有一刻稳定。

《列子》古代道家的一本书名。《列子》又名"冲虚经"，是道家重要典籍。《列子》全书共记载民间故事寓言、神话传说等134则，题材广泛，有些颇富教育意义。是中国古代思想文化史上著名的典籍，属于诸家学派著作。它还是一部智慧之书，它能开启人们的心智，给人以启示，给人以智慧。

■ 湖心亭美景

占卜 意指用龟壳、铜钱、竹签、纸牌或星象等手段和征兆来推断未来的吉凶祸福的迷信手法。原始民族对于事物的发展缺乏足够的认识，因而借由自然界的征兆来指示行动。但自然征兆并不常见，必须以人为的方式加以考验，占卜的方法便随之应运而生。

神仙和圣人们都讨厌此事，便报告了天帝。天帝担心这5座山流到最西边去，使众多的神仙与圣人失去居住的地方，于是命令禹强行指挥15只大鳌抬起脑袋把这5座山顶住。分为三班，60 000年一换。

这5座山才开始稳定下来不再流动，但是龙伯之国有个巨人，抬起脚没走几步就到了这5座山所在的地方，一钩就钓上了6只大鳌，合起来背上就回到了他们的国家，然后烧着大鳌的骨头来占卜吉凶。

于是岱舆和员峤两山便沉入了大海，所以就剩下3座山了。

人们把西湖中的3座岛分别命名为"蓬莱三岛"，湖心亭为"蓬莱"，三潭印月为"瀛洲"，阮公墩为"方丈"。

至宋元时期，人们在蓬莱岛上建造了湖心寺，后倾圮。在后来清代地方志《西湖志》中就有记载："亭在全湖中心，旧有湖心寺，寺外三塔，明孝宗时，寺与塔俱毁。"

1552年，知府孙孟在湖心寺的旧址上盖了振鹭亭，后改用琉璃瓦，亭角悬挂铜铃，风起时，铃声悠悠，一时成为湖上闹处，改名清禧阁，但不久被风雨所倾。

据明代钱塘知县聂心汤的《县志》记载："湖心寺外三塔，其中塔、南塔并废，乃即北塔基建亭，名湖心亭。复于旧寺基重建德生堂，以放生之所。"

1573年至1619年，又进行重建，清禧阁改名"太虚一点"，因亭居于外西湖中央小岛上，故又称"湖心亭"。亭为岛名，岛为亭名。

清雍正年间，重修湖心亭后，又在上层增添楼阁，新造两间堂屋，屋后是临水长廊。康熙亲临岛上题亭额"静观万类"，题楼额"天然图画"，又写下一副楹联"波涌湖光远，山催水色深"。

后迭经变故，亭阁颓圮，又几成荒岛。

存留下来的湖心亭建造于孤山之南、"三潭印月"的北面。湖心亭选址极为恰当，四面临水，花树掩映，衬托着飞檐翘角的黄色琉璃瓦屋顶，这种色彩上的对比显得更加突出。

岛与建筑结合自然，湖心亭与"三潭印月"、阮公墩三岛如同神话中海上3座仙山一样鼎立湖心。

湖心亭建筑

在湖心亭上又有历代文人留下"一片清光浮水国,十分明月到湖心"等写景写情的楹联佳作,更增湖心亭的美好意境,游人于亭内眺望全湖时,山光水色,着实迷人。

湖心亭为楼式建筑,四面环水,登楼四望,不仅湖水荡漾,而且四面群山如屏风林立。亭的西面为西湖的南高峰和北高峰,景色十分壮观。

游人登此楼观景,称为"湖心平眺",是清代西湖十八景之一。

昔人有诗写道:

百遍清游未拟还,孤亭好在水云间。
停阑四面空明里,一面城头三面山。

湖心亭南便是"三潭印月"。"三潭印月"的3个石塔为宋代苏东坡任杭州知府时所建。一登岸,迎面而来的便是先贤祠和一座小巧玲珑的三角亭,以及与三角亭遥相呼应的四角"百寿亭"。

这些亭与桥既构成了"三潭印月"水面的空间分割,又增加了空间景观层次,成为不可或缺的景观建筑。

■ 西湖"三潭印月"碑亭

绿树掩映的"我心相印亭"以及"三潭印月"碑亭,都为构成"三潭印月"的景观、空间艺术层次起到了重要作用,而"我心相印亭"因有"不必言说,彼此意会"的寓意,更增"三潭印月"的情趣。

"三潭印月"与湖心亭相互呼应形成对景,更加增添了游人在湖心亭眺望的美景。

阅读链接

湖心亭所在的瀛洲岛泥土松软,不宜建造过多建筑,荒芜了百余年。直至1982年,为开发旅游资源,在这面积5 600多平方米的岛上,增添1 000多吨泥土,周围块石加固,基建240多平方米,建造了"忆芸亭""云水居""环碧小筑"等,后又开辟垂钓区,形成了一个颇具特色的"绿树花丛藏竹舍"的水上园林。

后来人们在湖心亭上举办仿古游,更加受人们欢迎。夏秋之夜的岛上,身着古装的侍女敬茶,古琴伴奏,轻歌曼舞,洋溢着古人生活情趣的气氛,游者乐在其中。

诗词扬名的湖心亭

湖心亭初建时，曾有这样一副对联：

亭立湖心，俨西子载扁舟，雅称雨奇晴好；
席开水面，恍苏公游赤壁，偏宜月白风清。

■ 湖心亭上的石桥

■ 湖心亭景观

"雨奇晴好",用苏东坡《饮湖上初晴后雨》中"水光潋滟晴方好,山色空蒙雨亦奇"的句意。"席开水面"形容湖面如席之平广,十分形象。"月白风清"用苏东坡《前赤壁赋》中"月白风清,如此良夜何"的句意。

此联把湖心亭比作"西子载扁舟""苏公游赤壁",使人遐想联翩,产生一种动感。

自从宋代诗人苏东坡别出心裁地把西湖比作古代美女西施以来,从此西湖就有了"西子湖"的美称。而此联又把湖心亭比作西子泛舟湖上的扁舟,可谓佳喻巧思。

明朝嘉靖年间郑烨撰的楹联,描绘了此地景色:

台榭漫芳塘,柳浪莲房,曲曲层层皆入画;
烟霞笼别墅,莺歌蛙鼓,晴晴雨雨总宜人。

西施 本名施夷光,春秋末期人物,天生丽质。西施也与南威并称"威施",均是美女的代称。"闭月羞花之貌,沉鱼落雁之容"中的"沉鱼",讲的是西施浣纱的经典传说。西施与王昭君、貂蝉、杨玉环并称为中国古代四大美女,其中西施居首。

蓬莱之岛 杭州湖心亭

精致典雅的亭台楼阁

■ 湖心亭长廊

这是一副清雅秀逸的名胜风景对联。它把湖心亭这一弥漫在蒙蒙春雨中的名胜，展现在人们的眼前。亭旁堤岸上的柳树在春风吹拂下，如波浪一样，起伏不断，和湖中的莲荷相辉映，雨后乍晴的西湖各种建筑物，在烟霞里显得格外清幽壮观。莲荷相映，莺歌蛙鸣，动静结合，给湖心亭以勃勃生机。

联中叠字运用十分巧妙，"曲曲层层"惟妙惟肖地写出了湖心亭周围的亭台楼阁、绿柳莲房，"晴晴雨雨"展示了晴、雨天气的西湖景色。

湖心亭清禧阁上旧时有一副胡来朝撰写的楹联，是一篇充满现实主义的作品：

四季笙歌，尚有穷民悲月夜；
六桥花柳，浑无隙地种桑麻。

> **胡来朝**（1561—1627），清代四大名宦之一。1598年中进士，初任陕西延安府司理，后补任浙江杭州司理，又擢吏部文选司郎中，累升都察院右佥都御史。1617年曾出资为赞皇县增修学宫，县民为纪念他，在县孔庙中为其立祠。

经过文人的游历,还有这些优秀楹联的传名,湖心亭越加出名了。明末清初的时候,明代末期大文学家张岱来到了湖心亭,写下了著名篇章《湖心亭看雪》,从此湖心亭更是名扬天下。

《湖心亭看雪》选自《陶庵梦忆》,文中写道:

> 崇祯五年十二月,余住西湖。大雪三日,湖中人鸟声俱绝。
>
> 是日更定矣,余拏一小舟,拥毳衣炉火,独往湖心亭看雪。雾凇沆砀,天与云与山与水,上下一白。湖上影子,唯长堤一痕、湖心亭一点、与余舟一芥,舟中人两三粒而已。
>
> 到亭上,有两人铺毡对坐,一童子烧酒炉正沸。见余大喜曰:"湖中焉得更有

《陶庵梦忆》 是明代散文家张岱所著,也是张岱传世作品中最著名的一部。该书将种种世相展现在人们面前,如茶楼酒肆、说书演戏、斗鸡养鸟、放灯迎神以及山水风景、工艺书画等,构成了明代社会生活的一幅风俗画卷,因此也被研究明代物质文化的学者视为重要文献。

■ 湖心亭景观

西湖湖心亭牌坊

此人!"拉余同饮。余强饮三大白而别。问其姓氏,是金陵人,客此。

及下船,舟子喃喃曰:"莫说相公痴,更有痴似相公者!"

明代晚期小品在中国散文史上虽然不如先秦诸子或唐宋八大家那样引人注目,但是也占有一席之地。它如开放在深山石隙间的一丛幽兰,疏花续蕊,迎风吐馨,虽无灼灼之艳,但自有一段清高拔俗的风韵。

第一句:"崇祯五年十二月,余住西湖。"从冷冷的冬天能更加突出湖心亭的雪极其美丽。开头两句点明时间、地点。

"十二月",正当隆冬多雪之时,"余住西湖",则点明作者所居邻西湖。这开头的两句,却从时、地两个方面不着痕迹地引出下文的大雪和湖上看雪。

第二句:"大雪三日,湖中人鸟声俱绝。"紧承开头,只此两句，大雪封湖之状就令人可想，读来如觉寒气逼人。

　　作者妙在不从视觉写大雪，而通过听觉来写，"湖中人鸟声俱绝"，写出大雪后一片静寂，湖山封冻，人、鸟都瑟缩着不敢外出，寒噤得不敢作声，连空气也仿佛冻结了。

　　一个"绝"字，传出冰天雪地、万籁无声的森然寒意。这是高度的写意手法，巧妙地从人的听觉和心理感受上画出了大雪的威严。

　　它使我们联想起唐代柳宗元那首有名的诗《江雪》："千山鸟飞绝，万径人踪灭。孤舟蓑笠翁，独钓寒江雪。"

　　柳宗元这幅"江天大雪图"是从视觉着眼的，江天茫茫，"人鸟无踪"，独有一个"钓雪"的渔翁。

　　张岱笔下则是"人鸟无声"，但这无声正是人的听觉感受，因而无声中仍有人在。柳诗仅20字，最后

> 柳宗元（773—819），唐代杰出诗人、哲学家、儒学家乃至成就卓著的政治家，唐宋八大家之一。著名作品有《永州八记》等600多篇，经后人辑为30卷，名为《柳河东集》。柳宗元与韩愈同为唐代中期古文运动的领导人物，并称"韩柳"。在中国古代文化史上，其诗、文成就均极为突出。

湖心亭名胜景观

■ 湖心亭里的长廊

精致典雅的亭台楼阁

张岱（1597—1679），明末清初文学家、史学家。精于茶艺鉴赏，爱繁华，好山水，晓音乐、戏曲，其最擅长散文，著有《琅嬛文集》《陶庵梦忆》《西湖梦寻》《三不朽图赞》和《夜航船》等。

才点出一个"雪"字，可谓因果溯因，构思奇绝。

张岱则写"大雪三日"而致"湖中人鸟声俱绝"，可谓由因见果。两者机杼不同，却同样达到写景传神的艺术效果。

如果说《江雪》中的"千山鸟飞绝，万径人踪灭"是为了渲染和衬托寒江独钓的渔翁，那么张岱则为下文有人冒寒看雪作为映照。

第三句："是日更定矣，余拏一小舟，拥毳衣炉火，独往湖心亭看雪。""是日"者，"大雪三日"后，祁寒之日也；"更定"者，凌晨时分，寒气倍增之时也。

"拥毳衣炉火"一句，则以御寒之物反衬寒气砭骨。

试想，在"人鸟声俱绝"的冰天雪地里，竟有人夜深出门，"独往湖心亭看雪"，这是一种何等迥绝流俗的孤怀雅兴啊！"独往湖心亭看雪"的"独"

字,正不妨与"独钓寒江雪"的"独"字互参。

在这里,作者那种独抱冰雪之操守和孤高自赏的情调,不是溢于言外了吗?他之所以要夜深独往,大约是既不欲人见,又不欲见人。那么,这种孤寂的情怀中,不也蕴含着避世的幽愤吗?

然后,作者以空灵之笔来写湖中雪景:"雾凇沆砀,天与云与山与水,上下一白。湖上影子,唯长堤一痕、湖心亭一点、与余舟一芥,舟中人两三粒而已。"

这真是一幅水墨山水画的湖山夜雪图!"雾凇沆砀"是形容湖上雪光水气,一片弥漫。"天与云与山与水,上下一白",叠用三个"与"字,生动地写出了天空、云层、湖水之间白茫茫浑然难辨的景象。

作者先总写一句,犹如摄取一个"上下皆白"的全景,从看雪来说,符合第一眼的总感觉、总印象。

接着变换视角,化为一个个诗意盎然的特写镜头——"长堤一痕、湖心亭一点、余舟一芥,舟中人

> **山水画** 中国的山水画简称"山水",以山川自然景观为主要描写对象。形成于魏晋南北朝时期,但尚未从人物画中完全分离。隋唐时始独立,五代、北宋时趋于成熟,成为中国画的重要画科。传统上按画法风格分为青绿山水、金碧山水、水墨山水、浅绛山水、小青绿山水、没骨山水等。

■ 湖心亭上的石桥

湖心亭建筑

两三粒"等。这是简约的画,梦幻的诗,给人一种似有若无、依稀恍惚之感。

作者对数量词的锤炼功夫,不得不使我们惊叹。"上下一白"之"一"字,是状其混茫难辨,使人唯觉其大。而"一痕、一点、一芥"之"一"字,则是状其依稀可辨,使人唯觉其小。

真可谓着"一"字而境界出矣。同时,由"长堤一痕"到"湖心亭一点",到"余舟一芥",到"舟中人两三粒",镜头则是从小而更小,直至微乎其微。

这"痕、点、芥、粒"等词,一个小似一个,写出视线的移动,景物的变化,使人觉得天造地设,生定在那儿,丝毫也撼动它不得。这一段是写景,却又不止于写景。

从这个混沌一片的冰雪世界中,可以感受到作者那种人生天地间茫茫如"太仓米"的深沉感慨。

最后一句:"及下船,舟子喃喃曰:'莫说相公痴,更有痴似相公者!'"

前人论词,有点、染之说,这个尾声,可谓融点、染于一体。借舟子之口,点出一个"痴"字,又以相公之"痴"与"痴似相公者"相比较、相浸染,把一个"痴"字写透。

所谓"痴似相公",并非减损相公之"痴",而是以同调来映衬相公之"痴"。"喃喃"两字,形容舟子自言自语、大惑不解之状,如闻其声,如见其人。这种地方,也正是作者的得意处和感慨处。

文情荡漾,余味无穷。痴字表明特有的感受,来展示他钟情山水,淡泊孤寂的独特个性。

《湖心亭看雪》以精练的笔墨,记述了作者湖心亭看雪的经过,描绘了所看到的幽静深远、洁白广阔的雪景图,表达他幽远脱俗的闲情雅致。

《湖心亭看雪》的作者张岱出身官僚家庭,但是他一生未做官。他是明代晚期散文作家中成就较高的"殿军",他写的这篇《湖心亭看雪》使得湖心亭更加有名了。

在湖心亭极目远眺,湖光尽收眼底,群山如列翠屏,在西湖北岸宝石山上,是著名的宝石流霞。

■杭州西湖宝石山

■ 湖心亭上的青山如罄亭

宝石山初名"石姥山",曾称"保俶山""保所山""石甑山""巨石山""古塔山"等。山体属火成岩中的凝灰岩和流纹岩,阳光映照,其色泽似翡翠玛瑙,山上奇石荟萃,有倚云石、屯霞石、凤翔石、落星石等。

当朝阳的红光洒在宝石山上,小石块仿佛是熠熠闪光的宝石,备受人们喜爱,被称为"宝石流霞"。

在湖心亭中,还有清帝乾隆在亭上题过匾额"静观万类",以及楹联"波涌湖光远,山催水色深"。岛南又有"虫二"两个字石碑。

据说这两字也是乾隆帝御笔,是将繁体字中的"风月"两字的外边部分去掉,取"风月无边"的意思。1726年,乾隆帝御书"光澈中边"额。

在清代,湖心亭中也引来了诸多文人,其中有几副楹联非常精妙。

乾隆 清高宗爱新觉罗·弘历的年号,弘历是清朝第六位皇帝,定都北京后第四位皇帝,乾隆寓意"天道昌隆"。在位60年,退位后当了3年太上皇,实际掌握最高权力长达63年,是中国历史上执政时间最长、年寿最高的皇帝,他为发展清朝康乾盛世局面做出了重要贡献,确为一代有为之君。

有清代按察使金安清来湖心亭写的楹联：

> 春水绿浮珠一颗
> 夕阳红湿地三弓

按察使 古代官名，由宋代提点刑狱演变而来。唐代初期仿汉代刺史制设立，隶属各省总督、巡抚，为正三品官，主要任务是赴各道巡察，考核吏治。清末改称提法使，简称臬司。

联语写的是站在西湖堤上眺望湖心亭的景致。上联用比喻手法，把亭比作浮在粼粼绿波上面的一颗明珠。下联写湖心亭在夕阳中的景色。红湿——贴切地描绘出夕阳映湖，湖亭倒影给人的视觉和触觉形象。

联语色彩鲜明，对仗工整，也是难得的佳作。在湖心亭赏景，还能够看到美丽的平湖秋月景色。平湖秋月也是历代文人所描摹的景色。

清代晚期文学家黄文中在游西湖时，就对平湖秋月的美景写下了楹联：

> 鱼戏平湖穿远岫
> 雁鸣秋月写长天

■ 湖心亭上的"光华复旦"牌坊

■湖心亭局部景观

平湖秋月，在西湖白堤西端，明代是龙王祠，清代康熙年间改建为御书楼，并在楼前水面建平台，楼侧有"平湖秋月"碑亭。每至皓月当空的秋夜，"一色湖光万顷秋"，充满了诗情画意。

首句描写群鱼在平湖里嬉戏跳跃，好像在湖中的峰峦之中穿行。然后作者把笔锋从水面忽转天空，群雁在秋月下飞行鸣叫，排成"人"字形，好像在长天之中写字。鱼跃雁飞，好一派活泼的景象。

一个"穿"字，一个"写"字，凸显动感与生机。上下联在同一位置上嵌进了"平湖""秋月"，与所塑造的意境浑然一体，非常妥帖自然。

阅读链接

在湖心亭远眺，还能够看到三潭印月。三潭印月岛是西湖中最大的岛屿，风景秀丽，景色清幽。

在岛南湖中建有3座石塔，相传为苏东坡在杭疏浚西湖时所创设，存留下来的石塔为明代重建。有趣的是塔腹中空，球面体上排列着5个等距离圆洞，若在月明之夜，洞口糊上薄纸，塔中点燃灯光，洞形映入湖面，呈现许多月亮，真月和假月其影确实难分，夜景十分迷人，故得名"三潭印月"。

城市山林

北京陶然亭

陶然亭位于北京西城区东南隅，建筑于1695年，是当时监督窑厂的工部郎中江藻建造，取诗人白居易"更待菊黄家酿熟，与君一醉一陶然"之意，取名陶然亭，是中国四大名亭之一。

陶然亭三面临湖，东与中央岛揽翠亭对景，北与窑台隔湖相望，西与精巧的云绘楼、清音阁相望。湖面轻舟荡漾，莲花朵朵，微风拂面，令人神情陶然。

清新秀丽的古代建筑

北京地区，在唐代曾为"幽州"。自938年幽州成为辽"南京"以来，金、元、明、清等均在此建都。都市建设必然需要大量砖瓦，于是便在城郊就近设窑烧制。

从1553年起，增建永定门一线的北京南城城墙，将黑窑厂圈入南城。由于筑城取土及多年的制砖用土，这一带形成了许多深坑，历年

北京陶然亭内的"陶然亭"石刻

■ 陶然亭匾额

积蓄雨水,逐渐演变为有野鸭芦苇、坡垅高下、蒲渚参差的风景区,被冠以"野凫潭"的雅称。东南隅的黑龙潭,也成为皇家举行求雨仪式的固定场所。

在野凫潭畔高坡上有一座古刹——慈悲庵,始建于元代,又称观音庵。关于慈悲庵的记载,最早在清代,1633年,重修慈悲庵时,后来任工部尚书的宛平人田种玉撰写了《重修黑窑厂观音庵碑记》,其中称:

> 观音庵者,普门大寺香火院也,创于元,沿于明……

该碑后来被毁,这也是关于慈悲庵创设年代最为直接的记录。在元、明两代,关于慈悲庵的文献记载却几乎是一片空白。

1694年,工部郎中江藻奉命监督黑窑厂。他在闲暇之余常来野凫潭畔高坡上的慈悲庵观览。因喜爱此处清幽雅致的环境,他于第二年在慈悲庵西侧建了一

观音 又叫作观世音菩萨、观自在菩萨、光世音菩萨等。他相貌端庄慈祥,经常手持净瓶杨柳,传说他具有无量的智慧和神通,常普救人间疾苦。当人们遇到灾难时,只要念其名号,他便前往救度,所以称观世音。观世音菩萨在佛教诸菩萨中,位居各大菩萨之首,是中国百姓最崇奉的菩萨,影响最大。

苏式彩画 源于江南苏杭地区民间传统做法，故名，俗称"苏州片"。一般用于园林中的小型建筑，如亭、台、廊、榭以及四合院住宅、垂花门的额枋上。苏式彩画是一大类彩画的总称，它有相对固定的格式，主要特征是在开间中部形成包袱构图或枋心构图，在包袱、枋心中均画各种不同题材的画面，如山水、人物、花卉、走兽等，成为装饰的突出部分。

座小亭，取白居易诗句"更待菊黄家酿熟，共君一醉一陶然"的意境，将此亭命名为"陶然亭"。

江藻建亭十年以后，他的哥哥江蘩做了官，在1704年将小亭拆掉，改建成南北砌筑山墙、东西两面通透的"敞轩"。

康熙年间，黑窑厂管理机构撤销，砖窑交窑户承包之后，陶然亭一带成了文人雅士们饮酒赋诗、观花赏月的聚会场所。查慎行、纪晓岚、龚自珍、张之洞、谭嗣同、秋瑾等许多名人都曾到过这里。

慈悲庵西侧的三间敞轩便是陶然亭。陶然亭面阔三间，进深一间半，面积约90平方米。亭上有苏式彩画，屋内梁栋饰有山水花鸟彩画，两根大梁上绘有《彩菊》《八仙过海》《太白醉酒》和《刘海戏金蟾》等彩画。

陶然亭上有江藻亲笔提写的"陶然亭"三字匾

■ 陶然亭牌匾

■ 北京慈悲庵内的题字

额。在东向门柱上悬联：

> 似闻陶令开三径
> 来与弥陀共一龛

此联是林则徐书写。在山门内檐下悬挂写有"陶然"两字的金字木匾，此匾为江藻遗墨。亭间分别悬挂两副楹联，一副写道：

> 慧眼光中，开半亩红莲碧沼；
> 烟花象外，坐一堂白月清风。

另一副写道：

> 烟藏古寺无人到
> 榻倚深堂有月来

■ 陶然亭内景

此联是清代书法家翁方纲所撰，清代慈悲庵的住持僧静明请光绪皇帝的老师翁同龢重写。

在亭的南北墙上有4通石刻：一是江藻撰写的《陶然吟》引并跋；二是清代布政司参政江皋撰写的《陶然亭记》；三是清代思想家谭嗣同所著的《城南思旧铭》并序；四是《陶然亭小集》，这是清代文学家王昶写的《邀同竹君编修陶然亭小集》，此诗是王昶作于1775年。

陶然亭建成后，江藻常邀请一些文人墨客、同僚好友到陶然亭上饮宴、赋诗。

慈悲庵在清代经修缮、扩建成为后来人们看到的规模。其总面积为2 700平方米，建筑总面积800余平方米。庵内主要建筑有山门、观音殿、准提殿、文昌阁、陶然亭以及南厅五间、西厅三间、北厅六间等。

在慈悲庵山门石额上刻有"古刹慈悲禅林"六字，山门向东，整个建筑布局严谨，瑰丽庄重。

经幢 幢，原是中国古代仪仗中的旌幡，是在竿上加丝织物做成，又称幢幡。由于印度佛的传入，特别是唐代中期佛教密宗的传入，将佛经或佛像先书写在丝织的幢幡上，为保持经久不毁，后来改书写为石刻在石柱上，因为刻的主要是《陀罗尼经》，所以称为经幢。

进入慈悲庵山门,迎山门有影壁,其后有1131年遗留下的金代石塔形经幢,幢身为八角柱体,八面间错刻有4尊佛像和4段梵、汉两种文字的经文。这4段经文分别为观音菩萨甘露陀罗尼、净法界陀罗尼、智炬如来心破地狱陀罗尼,有一面刻有的年月款式尚依稀可见,只见天会九年几字。

南侧为准提殿,面阔三间,供奉准提等3位菩萨和多尊佛像、祭器、供具等,可惜这些物品后来均被毁后,该殿改为"陶然亭奇石展室"。

殿额题:

准提宝殿

殿联题:

法雨慈云,众生受福;
金轮宝盖,两戒长明。

> **影壁** 也称"照壁",古称"萧墙",是中国传统建筑中用于遮挡视线的墙壁。影壁也有其功能上的作用,那就是遮挡住外人的视线,即使大门敞开,外人也看不到宅内。影壁还可以烘托气氛,增加住宅气势。影壁可位于大门内,也可位于大门外,前者称为内影壁,后者称为外影壁。

城市山林 北京陶然亭

■ 慈悲庵山门

文昌帝君 为民间和道教尊奉的掌管士人功名禄位之神。文昌本为星名，也称"文曲星"或"文星"，古时认为是主持文运功名的星宿。其成为民间和道教所信奉的文昌帝君，与梓潼神和张亚子有关，故又称"梓潼帝君"。

额与联均为1880年由岭南潘衍所题。在殿前西侧，还存有后来袁浚以魏碑体的大字书写的"陶然亭"碑石。

观音殿是慈悲庵的主殿，坐北朝南，与准提殿相对。两殿同处慈悲庵之轴线上，规格体制虽相仿，但观音殿之殿基较比提殿殿基高出0.6米左右，并有殿廊，因而更为宏伟壮观。屋顶脊兽，有狮、麒麟、海马等，显得庄严肃穆。

道光二十八年，殿额为：

大自在

康熙四十三年，殿额改为：

自在可观

慈悲庵文昌阁

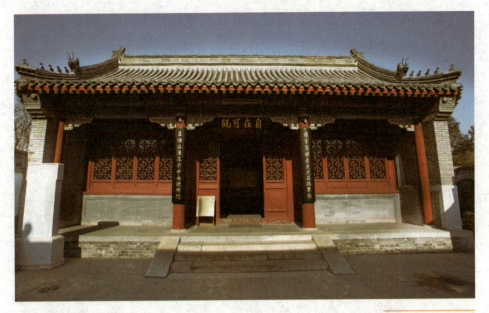

■ 慈悲庵观音殿

楹联题：

莲宇苔茏，去天尺五临韦曲；
芦塘淼漫，在水中央认补陀。

殿内有大乘佛教阿弥陀佛、大势王菩萨、观音菩萨的藤胎泥像和一些小型神像、佛像，另有一方文彭镌刻的《兰亭序》石观。

殿前东侧原有田种玉于1663年撰书的《重修黑窑厂观音庵记》石碑，廊下西侧原有步青云于撰书的《重修黑窑厂慈悲院记》石碑。

文昌阁坐北朝南，面阔三间，约8.1米，进深一间约4.4米。高约10米，总建筑面积为83平方米。阁前有一小方亭。楼上朝南一面有廊，可凭栏眺望。

文昌阁内祀奉的是文昌帝君和魁星，这两位神祇主宰文运兴衰和功名禄位，受读书人崇敬。

魁星 是中国神话中所说的主宰文章兴衰的神，即文昌帝君。旧时很多地方都有魁星楼、魁星阁等建筑物。由于魁星掌主文运，深受读书人的崇拜。因"魁"又有"鬼"抢"斗"之意，故魁星又被形象地化成一副张牙舞爪的形象。魁星还是中国古代星宿名称。

文昌阁前有座"慈智大德佛顶尊胜陀罗尼幢",建于1099年,幢高2.52米,八角柱体,八面均有用汉文和音译梵文刻的经文。

湖心岛上还有锦秋墩、燕头山,与陶然亭呈鼎足之势。锦秋墩顶有锦秋亭,其地为花仙祠遗址。陶然亭南山麓有"玫瑰山",燕头山顶有揽翠亭,与锦秋亭和陶然亭形成对景。

对于锦秋墩,在晚清作家魏秀仁所作《花月痕》里对陶然亭锦秋墩有详尽的描述:

> 京师繁华靡丽,甲于天下。独城之东南有一锦秋墩,上有亭,名陶然亭,百年前水部郎江藻所建。
>
> 四围远眺,数十里城池村落,尽在目前,别有潇洒出尘之致。
>
> 亭左近花神庙,绵竹为墙,亦有小亭。亭外孤坟三尺,春时葬花于此,或传某校书埋玉之所。

后来,人们将陶然亭辟为公园,将原来中南海内乾隆时代的宫廷建筑云绘楼、清音阁迁来此处,与慈悲庵内的陶然亭比邻而居、隔水

北京云绘楼景致

■ 陶然亭清音阁

相对，成为一道亮丽的风景线。

在葫芦岛西南，与陶然亭隔水相望，有座妩媚多姿且精巧的双层楼阁，它就是云绘楼和清音阁。云绘楼坐西向东，三层，楼北清音阁坐南朝北，阁上下与云绘楼相通，有门叫"印月"。

双层的彩画游廊向北面和东面伸出，各自连接着一座复式凉亭，而这两座复式的凉亭，又紧紧连接在一起，彼此独立而面向不同的方向，但又珠联璧合，浑然一体，是这组建筑最显著的风格。

这座具有江南风格的小巧建筑，雕塑彩绘全部保存原来的形式与装饰，精巧大方，别具一格，山水之间有亭、台、楼、阁的点缀，更加清新秀丽。

后来云绘楼因施工需要拆除，但又因这组建筑结构和风格独具特色，所以把这组建筑完整地迁建到陶然亭的西湖南岸。

雕塑 是造型艺术的一种，又称雕刻，是雕、刻、塑三种创制方法的总称。指用各种材料创造出具有一定空间的可视、可触的艺术形象，借以反映社会生活，表达艺术家的审美感受、审美情感、审美理想的艺术。在原始社会末期，居住在黄河和长江流域的原始人，就已经开始制作泥塑和陶塑了。

陶然亭景区的澄光亭

在陶然亭西南山下建澄光亭，亭北山下为常青轩。在陶然亭望湖观山，最为相宜。

陶然亭周围，还有许多著名的历史胜迹。西北有龙树寺，寺内有蒹葭簃、天倪阁、看山楼和抱冰堂等建筑，名流常于此游憩。

东南有黑龙潭、龙王亭、哪吒庙、刺梅园、祖园，西南有风氏园，正北有窑台，东北有香冢、鹦鹉冢等。

> **阅读链接**
>
> 在陶然亭的四周，还有仿建的中国各地的名亭，它们都位于陶然公园中的华夏名亭园。
>
> 在1985年修建的华夏名亭园是陶然亭公园的"园中之园"，这是精选国内名亭仿建而成的。
>
> 其中有湖南汨罗纪念战国时期楚国伟大诗人屈原的独醒亭，有浙江绍兴纪念晋代大书法家王羲之的兰亭和鹅池碑亭，有四川成都纪念唐代诗人杜甫的少陵草堂碑亭，有江苏无锡纪念唐代文学家陆羽的二泉亭，有江西九江纪念唐代诗人白居易的浸月亭，还有安徽滁州纪念北宋文学家欧阳修的醉翁亭。

陶然亭中的名人逸事

陶然亭建成后，江藻常邀请一些文人墨客、同僚好友到陶然亭上饮宴、赋诗，这里变成了文人墨客的"红尘中清净世界"，故陶然亭是文人雅集的地方，因此留下的诗文很多。

其中清代礼部主事龚自珍在陶然亭上留下过很多诗文。文昌阁位于陶然亭不远处，文昌帝是主管教育和考试的神仙，因此成了清代学子聚集之处。

在清代，每三年举行一次由皇帝主持的科举考试，全国的举子云集京城，大多住在南城一带的会馆中，有人在考试前来这里祷告上苍，向文昌帝顶礼膜拜，以求成全他们获取功名的愿望，考试后，还要来这里聚会。

考上了，开怀畅饮，

陶然亭内一角

■ 陶然亭的对联

以示庆贺；没考上的，内心郁闷，也不免在陶然亭上追悔叹息。

据说，清代杰出的政治家、思想家龚自珍在27岁时，进京赶考，会试落第，在仲秋的暮霭中登上陶然亭。他凭栏远眺昏暗落日笼罩的京城，耳听四面荒野中过往行人的匆匆脚步，内心的压抑和苍茫的景色令他百感交集，遂挥笔赋诗于陶然亭壁上，诗中写道：

楼阁参差未上灯，菰芦深处有人行。
凭君且莫登高望，忽忽中原暮霭生。

这首诗也表现出当时龚自珍失落的心情。

在陶然亭还有一副绝对，受到诸多文人墨客的赞叹，是清代政治家张之洞在陶然亭与朋友聚会的时候，无意中出现的对联：

> 龚自珍（1792—1841），清代思想家、文学家及改良主义的先驱者。曾任内阁中书、宗人府主事和礼部主事等官职。48岁辞官南归，次年暴卒于江苏丹阳的云阳书院。他的诗文主张"更法""改图"，洋溢着爱国热情，被柳亚子誉为"三百年来第一流"。著有《定盦文集》，著名诗作《己亥杂诗》共收315首。

陶然亭

张之洞

当时张之洞做京官,有一次,他在陶然亭请几位朋友吃饭。席间,张之洞忽然问道:"陶然亭三个字,该用什么来对?"

过了一会儿,就见客人们交头接耳,在下边偷偷地笑,还不断地往他脸上看。

张之洞莫名其妙,又问道:"诸位到底对的是什么?"

其中有一位站起来说道:"恐怕只有您的大名才对得好。"

张之洞听了,也大笑起来。原来这是一副无情对,"陶然亭"对"张之洞"。

> 张之洞(1837—1909),号香涛、香岩,又号壹公、无竞居士,晚年自号抱冰。清代洋务派代表人物之一,他提出的"中学为体,西学为用",是对洋务派和早期改良派基本纲领的一个总结和概括。张之洞与曾国藩、李鸿章、左宗棠并称晚清"四大名臣"。

■ 陶然亭内的"独醒亭"

■ 陶然亭内的"谪仙亭"

从字面上讲,陶张为姓,然之为虚词,亭洞为景物名词,对得极为工整。而意义上一为地名,一为人名,上下联之间是"无情",即无关联的。

这个对联便在陶然亭广为流传,为陶然亭增色不少。在清代,来到陶然亭游历的还有民族英雄林则徐,他在陶然亭写下了一副非常有名的对联:

似闻陶令开三径

来与弥陀共一龛

此联为流水对,上下文意一贯。

上联:"陶令",东晋时期诗人陶渊明,曾任彭泽知县。"三径",陶渊明的《归去来辞》中有"三

东晋 朝代名,是由西晋皇室后裔司马睿在南方建立起来的朝廷。当时因少数民族内迁,建都洛阳的西晋灭亡,琅琊王司马睿在建康即位,即晋元帝,史称"东晋"。东晋与北方的十六国并存,这一历史时期又称"东晋十六国"。

径就荒，松菊犹存"句，这里指隐居。

下联："弥陀"，梵语"阿弥陀佛"的简称，此处泛指佛像。"龛"，供奉神像的石室或柜子，这里指佛门。

联语用陶令之典兼指陶然亭之陶，并以陶渊明淡泊的田园生活，来形容陶然亭的幽静，表示其心与古人相通，表现了作者对隐居生活的向往。联语也可看作作者心声的流露。

清代著名的大学士翁方纲也曾来到陶然亭并题词写了对联：

大学士 中国古代官职。唐代曾置昭文馆、集贤殿和崇贤馆大学士，后皆由宰相兼领。宋代初期，沿唐代体制，宰相分兼昭文馆、集贤殿大学士，其后又置观文殿、贤政殿大学士。明代废止宰相设置内阁制，内中官员皆称"大学士"。明清时期又称为"中堂"。

烟笼古寺无人到
树倚深堂有月来

联语描绘寺之"静"。烟笼，指烟雾笼罩。上联写白天的清静，古寺被烟雾笼罩，无人到此；下联叙述夜晚的安谧，深堂处于树林之中，只有明月照映进来。

以"无人"与"有月"的对比描写，显现了庵堂幽深绝世的风貌，蕴含着超凡脱俗的韵味。

作者是当时的达官显宦，过惯了锦衣玉食的生活，但对世俗的尘嚣，也感腻烦，发现城内竟有这"无人""有月"的古寺，真像进入世外桃源。联语表达了他向往隐居生活的

■ 谪仙亭雪景

> **秋瑾**（1875—1907），原名秋闺瑾，字璇卿，号旦吾，乳名玉姑，东渡后改名瑾，字竞雄，自称"鉴湖女侠"，笔名秋千，曾用笔名白萍。清代末期女思想家，提倡男女平等，常以花木兰、秦良玉自喻，性情豪侠，习文练武。

心情。还有清末大学士江峰青也曾在陶然亭留下佳作，他写道：

果然城市有山林，除却故乡无此好；
难得酒杯浇块垒，酿成危局待谁支。

此联看似随意写来，却是匠心独运，诚属陶然亭对联中之佳作。上联快人快语，概述了陶然亭幽深的园林特色，点明其在都市中的脱俗之处。

"果然"两字，语气十分肯定，说明此亭久负盛名，名副其实。作者为安徽婺源人，故乡即指此。

下联写人，亦即作者在亭中的活动。把酒赏景，本为悦心惬意之美事，作者却在借酒浇愁。

"块垒"，比喻胸中郁结不平之气。"难得"，说明作者公务之烦冗。结句表面写酒后的醉态，其实是一语双关，寓意明显。

"危局"，酒醉不能自持之貌，故要人扶持。

■ 陶然亭公园内的兰亭后堂

■ 陶然亭公园内的醉翁亭

"支",犹扶持。此联也表现了作者想报效国家、有所作为的一片苦心。

另外,清末文学家秋瑾在前往日本留学前,曾在陶然亭与家人话别。

1902年,秋瑾之夫王廷钧赴京就任户部主事,秋瑾随夫而行。王廷钧的近邻为户部郎中廉泉宅。廉泉宅思想维新,在京开设文明书局,并与日本人合办东文学社,颇有影响。

廉泉宅之妻吴芝瑛系桐城派文学大家吴汝纶的侄女,工诗文,善书法。秋瑾与吴芝瑛一见如故,结为义姐妹。秋瑾在吴家阅读了许多新学书刊,吴芝瑛还引荐秋瑾参加"上层妇女谈话会",使性格伉爽若须眉的秋瑾大开眼界,胆识俱增。

后来,吴又积极赞助秋瑾前往日本留学。离国之日,吴芝瑛邀请众女友在陶然亭为秋瑾饯行。席间,

郎中 官名,即帝王侍从官的通称。其职责原为护卫、陪从,随时建议,备顾问及差遣。战国始有,秦汉治置。后世遂以侍郎、郎中、员外郎为各部要职。郎中作为医生的称呼始自宋代,尊称医生为郎中是南方方言,由唐末五代后官衔泛滥所致。

陶然亭里的百坡亭

吴芝瑛挥毫作联，写道：

> 驹隙光阴，聚无一载；
> 风流云散，天各一方。

这副对联不但表现出了众人的离愁别绪，也为陶然亭增添了一抹淡淡的忧伤，使得这个古代名亭更加具有韵味了。

阅读链接

在陶然亭公园中，还有一个辽代经幢，名为"故慈智大德佛顶尊胜大悲陀罗尼幢"。

辽代经幢建于1099年，位于陶然亭公园慈悲庵内文昌阁前，是为了纪念慈智和尚而建的，幢身上刻的是慈智和尚的生平事迹。慈智和尚姓魏名震，在辽道宗耶律洪基年间进宫讲过法，并赐予"紫衣慈智"的称号。

1964年，当代著名历史学家郭沫若来到陶然亭时说："辽幢很有历史价值，它是测定金中都城址位置的重要坐标，同时还是北京历史上的一处重要水准点。"

经典亭台

长沙爱晚亭

　　爱晚亭位于湖南省岳麓山下的清风峡中,始建于1792年,因清风峡遍植古枫而取名"红叶亭"。后来根据杜牧的《山行》,改名为"爱晚亭"。

　　爱晚亭与醉翁亭、湖心亭、陶然亭并称"中国四大名亭"。亭形为重檐八柱,琉璃碧瓦,亭角飞翘,自远处观之似凌空欲飞状。内为丹漆圆柱,外檐四石柱为花岗岩,亭中彩绘藻井。

饱含深意的爱晚亭

在湖南省有座岳麓山。岳麓山荟萃了湘楚文化的精华,名胜古迹众多,集儒释道为一体,而且植物资源丰富。在这座美丽的岳麓山下有一个始建于宋代的书院,名为岳麓书院。岳麓书院内保存了大量的碑匾文物,闻名于世,是一个深刻具有湖湘文化内涵的书院。

湖南岳麓书院大门

■ 枫林掩映中的爱晚亭

1792年，岳麓书院山长罗典在岳麓山后清风峡的小山上建造了一座亭子。亭子八柱重檐，顶部覆盖绿色琉璃瓦，攒尖宝顶，亭角飞翘，自远处观之似凌空欲飞状。内柱为红色木柱，外柱的四石柱为花岗石方柱，天花彩绘藻井，东、西两面亭楣悬以红底鎏金"爱晚亭"额。

过去，清风峡遍布古枫，每到深秋，满峡火红，故将亭子取名为"红叶亭"，也称"爱枫亭"。

后由湖广总督毕沅，根据唐代诗人杜牧的《山行》中"远上寒山石径斜，白云生处有人家。停车坐爱枫林晚，霜叶红于二月花"的诗句，改名"爱晚亭"。

但是，在民间关于爱晚亭的由来，还有另外一个传说呢！

亭子建成后不久，江南年轻才子袁枚曾专程来岳麓书院拜访山长罗典，但罗典这时已经名满天下了，根本不屑于见这样的后起之秀，袁枚知道了，倒不生

彩绘 在中国自古有之，被称为丹青，常用于中国传统建筑上绘制的装饰画。中国建筑彩绘的运用和发明可以追溯到两千多年前的春秋时代。它自隋唐开始大范围运用，到了清朝进入鼎盛时期，清朝的建筑物大部分都覆盖了精美复杂的彩绘。

> **袁枚**（1716—1797），清代诗人、散文家，字子才，号简斋。1793年中进士，历任溧水、江宁等县知县，有政绩。40岁时即告归。在江宁小仓山下筑随园，吟咏其中。广收诗弟子，女弟子尤众。袁枚是乾嘉时期代表诗人之一，与赵翼、蒋士铨合称"乾隆三大家"。

气，也不言语，转身就上了山。

袁枚到了清风峡，只见这里三面环山，枫叶红得像火，中间开阔处有座亭子，石柱子，琉璃瓦，飞檐高挑。亭子的匾额上写着"红叶亭"三个大字，柱子上刻了一副对联：

山径晚红舒，五百夭桃新种得；

峡云深翠滴，一双驯鹤待笼来。

袁枚看了对联，不住点头，望望匾额，好像想说什么，又没说出口来。他离开了清风峡，参拜了麓山寺，观赏了白鹤泉，登上了云麓宫，才尽兴下山。

在岳麓山上，袁才子诗兴大发，见一景就题一诗，唯独到了这红叶亭，他只抄录了杜牧的《山行》诗，把后两句抄成了"停车坐枫林，霜叶红于二月花"，故意漏了"爱、晚"两字。

罗典听说后，也跟着上了山，一路上，他见袁枚的诗，才华横溢，不禁赞不绝口。

到了红叶亭，一见这两句，罗典一下子全明白了，心想：这首诗独独漏了"爱晚"两字，这是在变着法儿说我不爱护晚辈呀。罗典顿时心生惭愧，就把这亭子改成了"爱晚亭"。

从此以后，罗典再也不傲慢了。每有文人上山，不管自己喜不喜欢，熟不

■ 雪后爱晚亭

■ 冬日里的爱晚亭景象

熟悉，总是客客气气地接进书院，热情相待。

不过传说归传说，据史料考究，真正给爱晚亭改名的是当时的湖广总督毕沅。

毕沅那时正任湖广总督，常到岳麓山的爱晚亭一带游览。毕沅与罗典有多年的交谊，后来毕沅在一次游览岳麓山的时候将亭子改名为"爱晚亭"。

在罗典的《次石琢堂学使留题书院诗韵二首即以送别》诗后有一条自注："山中红叶甚盛，山麓有亭，毕秋帆制军名曰'爱晚'纪以诗。"

这个自注也充分说明了毕沅才是真正给亭子改名的人。爱晚亭具有浓厚的悲秋情怀，也正是因为如此，才借着杜牧的《山行》这首诗取名"爱晚亭"。杜牧的《山行》诗写道：

远上寒山石径斜，
白云生处有人家。

毕沅（1730—1797），清代官员、学者，字秋帆。1760年中进士，廷试第一，状元及第，授翰林院编修。病逝后，赠太子太保，赐祭葬。毕沅经史自小学金石地理之学，无所不通，续司马光书，成《续资治通鉴》，又有《传经表》《经典辨正》《灵岩山人诗文集》等。

> 停车坐爱枫林晚,
> 霜叶红于二月花。

关于"霜叶红于二月花"一句,清代诗人俞陛云在《诗境浅说续编》中写道:

> 诗人之咏及红叶者多矣,如"林间暖酒烧红叶""红树青山好放船"等句,尤脍炙诗坛,播诸图画。
>
> 唯杜牧诗专赏其色之艳,谓胜于春花。当风劲霜严之际,独绚秋光,红黄绀紫,诸色咸备,笼山络野,春花无此大观,宜司勋特赏于艳李秾桃外也。

悲秋是中国文学史上的一个传统主题,红叶簇拥下的爱晚亭也有悲秋之美,所以此亭取《山行》命名"爱晚亭"正是合适,更加衬托爱晚亭秋季的美景。

杜牧写这首诗时正在南方当官,诗中的山正是今天的岳麓山,因为"停车坐爱枫林晚"这句诗,才有了今天岳麓山上的爱晚亭。

阅读链接

据说原爱晚亭上罗典撰写的对联是:"忽讶艳红输,五百夭桃新种得;好将丛翠点,一双驯鹤待笼来。"这个对联在1911年经岳麓书院学监程颂万改成:"山径晚红舒,五百夭桃新种得;峡云深翠滴,一双驯鹤待笼来。"

当时,岳麓书院山长罗典的学识才情和资历名望,其实并不是很高,所以程氏毅然改之。改后的对联更加贴切了。

诗词流芳为亭添光彩

就建筑而言,爱晚亭在中国亭台建筑中,影响也非常深远,堪称亭台之中的经典建筑。对于爱晚亭,可以用一个字来形容它,就是"古"。爱晚亭既有古形,又具古意,兼擅古趣。

爱晚亭是一座典型的中国古典园林式亭子,它按重檐四披攒尖顶建造,重檐即两套顶,这使整个亭子显得十分有气势和稳重。四披即采用4条斜边,向中心凝聚成一点而形成的顶棚结构就叫作"攒尖顶"了。

攒尖顶使得整个亭子有一种向心的凝聚力,这种凝聚力是中国古代传统文化中重"中庸"、重"立身"、重"大一统"等儒家思想的体现,也是中国传统文化的表现形式。

从外面看来,爱晚亭整体稳重却

■ 雪后的爱晚亭

藻井 中国传统建筑中室内顶棚的独特装饰部分。一般做成向上隆起的井状，有方形、多边形或圆形凹面，周围饰以各种花藻井纹、雕刻和彩绘。多用在宫殿、寺庙中的宝座、佛坛上方最重要的部位。古人穴居时，常在穴洞顶部开洞以纳光、通风、上下出入。出现房屋后，仍保留这一形式。其外形像个凹进的井，"井"加上藻文饰样，所以称为"藻井"。

■ 爱晚亭正面

不显笨重，这是为什么呢？原来我们的古人在建造爱晚亭的时候，想到了一个十分巧妙的构思。

沿4条脊往檐角看去，可以发现檐角向上飞翘的，像一只展翅欲飞的鸟，使得亭子有了一种轻巧、活泼、飘逸的感觉。

再加上爱晚亭的丹柱、碧瓦、白玉护栏和彩绘藻井，无一不反映这座百年名亭的古朴之美。

爱晚亭三面环山，东向开阔，有平地纵横10余丈，亭子立于中央。紫翠青葱，流泉不断。亭前有池塘，桃柳成行。四周皆枫林，深秋时红叶满山。

再来谈谈它的古意。中国古建筑都很注重风水，也就是譬究阴阳五行，这在爱晚亭上也有体现。

爱晚亭背靠岳麓山主峰碧虚峰，左、右各有一条山脊蜿蜒而下，前则遥望滔滔湘水。这种地势正符合中国古代传统的四相布局，即左青龙，右白虎，后玄武，前朱雀。

而且这里三面环山，林木茂盛，属木。小溪盘绕，半亩方塘，属水。亭子坐西面东，尽得朝晖，属火。亭子高踞土丘之上，奇石横陈，属土。

"金木水火土"五行中只缺"金"了，于是亭子涂以丹漆，便五行齐备，大吉大利了。

另外，爱晚亭还是一座饱经磨难的亭子。过去，这里满目疮痍，罗典建爱晚亭的时候是下大气力进行了修整的,他疏浚水道,移花栽木,才使爱晚亭焕发出勃勃生机。

后来,爱晚亭又屡毁屡修,屡修屡毁,直至新中国成立后,才得到全面的修复。爱晚亭现已成为古城长沙的标志性建筑。

在古代众多的亭子中,有的因前人借"亭"抒情,留下名篇,有的更因诗得名,成为名胜,至今仍被人传诵。而爱晚亭不但是建筑上璀璨夺目的珠玑,而且历代文人雅士题写在亭柱上的楹联也是一朵玲珑别致的艺术之花,使人增趣,给人解颐,也为这些亭子锦上添花。

■ 爱晚亭雪景

爱晚亭有许多名联佳对,结构精美,韵味深远,其雅致、完美的语言,其奇巧、谐趣的构思,其动情、惊人的魅力,其丰富、深远的意境,让人赏读之后口齿含香,如痴如醉。

亭前的石柱上有这样一副对联:

山径晚红舒,五百夭桃新种得;
峡云深翠滴,一双驯鹤待笼来。

这副妙联是清代宣统时期湖南程颂万任岳麓书院学监,将原山长罗典所题的爱晚亭对联改成这样的。从字面上来看,上联描写了山径向晚,新桃成林,桃花盛开,红艳的山花与晚霞相互辉映。

四相 又叫"四象",四象在中国传统文化中指青龙、白虎、朱雀、玄武,分别代表左右前后或者东西南北四个方向,源于古代的星宿信仰。在二十八宿中,四象用来划分天上的星星,也称"四神""四灵"。四象在春秋《易传》的天文阴阳学说中,是指四季天然气象。

下联写的是亭侧为清风峡，枫林红遍，不远处为白鹤泉，故有驯鹤待笼。

后来，罗典的门生欧阳厚均当山长，又题了一副对联：

红雨径中，记侍扶鸠会此地；
白云深处，欲招驯鹤待何年。

正是因为这些诗文，爱晚亭的名声渐渐大了起来，吸引了无数文人雅士来爱晚亭游览，并且写下了很多美妙的诗句。清代学者欧阳厚基的七律《岳麓爱晚亭》就非常有名，他写道：

一亭幽绝费平章，峡口清风赠晚凉。
前度桃花斗红紫，今来枫叶染丹黄。

> **罗典**（1719—1808），1747年乡试第一，1751年殿试二甲第一名，选庶吉士，授编修官。1782年被聘为岳麓书院院长，历任27年。罗典学识渊博，才高气正，治学严谨，育才有方，深得学生喜爱。经过他的教育，出现了一大批人才，其中以陶澍、欧阳厚均等尤为出众。

■ 爱晚亭景观

饶将春色输秋色，迎过朝阳送夕阳。
此地四时可乘兴，待谁招鹤共翱翔？

■ 爱晚亭匾额

诗中"一亭幽绝费平章"，开篇即点明题目并领起全篇。"一亭"照应题目中之"爱晚亭""幽绝"，为爱晚亭及其周围的景色定位，恰到好处，一字不移。"平章"者，即品评也，虽然对绝佳的风物不易评说，但是全诗都是作者诗化的评论品赏。

据明代《岳麓志》记载："当溽暑时，清风徐至，人多休憩。"爱晚亭在清风峡口，"峡口清风赠晚凉"切地切景，而拟人化的"赠"字生动新鲜。

"前度桃花斗红紫，今来枫叶染丹黄"，颔联两句分写春之桃花秋之枫叶，"红紫"与"丹黄"两个表颜色的词分别缀于句尾，色彩鲜明，炫人眼目。

爱晚亭前的池塘边有桃树数株，诗人以"斗"来形容春来时盛开的桃花。

七律 即七言律诗，律诗的一种，是中国近体诗的一种，格律严密。发源于南朝齐永明时沈约等讲究声律、对偶的新体诗，至初唐沈佺期、宋之问时正式定型，成熟于盛唐时期。律诗要求诗句字数整齐划一，律诗由八句组成，七字句的称七言律诗。

绿荫中的爱晚亭

红枫如火，唐代诗人刘禹锡早就说过"自古逢秋悲寂寥，我言秋日胜春朝"了，杜牧也早就说过"霜叶红于二月花"。

而此诗颈联的创造性，在于歌咏秋光之美时，上、下两句分而赏则是珠圆玉润的"句中对"，即"春色"对"秋色"，"朝阳"对"夕阳"，合而咏之则是唱叹有情的"流水对"。而在颔、颈两联中，"斗、染、输、送"四个动词在同一位置的运用，可见诗心之妙。

欧阳厚基为权沅州府学教谕，终桂东县学教谕，毕生"传道授业解惑"，不以功名或诗名鸣世，但是他的文采非常出众，爱晚亭也因他写的这首诗而更加有名了。

从爱晚亭后右侧，穿过枫林桥，有一座供游人憩息的小亭，亭中央放置一张立方体石桌，上有"二南诗刻"，即宋代张木式写的《青枫峡诗》和清代钱澧写的《九日岳麓山诗》。

> **阅读链接**
>
> 1952年，湖南大学拨专款重修爱晚亭。
>
> 当时的湖南大学校长李达还专门函请毛泽东题写亭名，毛泽东欣然提笔写下"爱晚亭"三个字，存留下来的爱晚亭的亭楹上有红底鎏金的"爱晚亭"匾额。
>
> 亭内悬挂的《沁园春·长沙》诗词匾，也是毛泽东手迹，笔走龙蛇，更使古亭流光溢彩。

精致典雅的
亭台楼阁

楼阁雅韵

神圣典雅的古建象征

登高胜地 永济鹳雀楼

鹳雀楼位于山西永济蒲州古城西面的黄河东岸，蒲州古城城南，始建于北周，为军事建筑，原名"云栖楼"。后因有一种名为"鹳雀"的鸟类经常群居栖息于高楼之上，"云栖楼"又被称为"鹳雀楼"。

鹳雀楼的楼体壮观，结构奇巧，加之地理位置优势、风景秀丽，后来唐代著名诗人王之涣在此因楼作诗"欲穷千里目，更上一层楼"，堪称千古绝唱。

楼因诗名，鹳雀楼与武昌黄鹤楼、洞庭湖畔岳阳楼和南昌滕王阁齐名，被誉为中国"古代四大名楼"。

北周因驻防建楼而盛于唐

永济古称"蒲坂",是五千年中华文明的发祥地之一。早在180万年前,西侯度人就在这里开始用火,使用打制的石器。后来,华夏民族的先祖伏羲、女娲和黄帝,都曾在这一带留下历史痕迹。

鹳雀楼景观

■ 鹳雀楼远景

有史记载，尧、舜二帝曾先后在蒲坂建都。那时候，古人所称"华夏"一词中的"夏"，就是指历史上所说的大夏民族。

它的繁荣正是以尧舜禹为象征，活动的核心就在河东一带，即黄河以东的山西。"华"则指"华山一带"，就是黄河西岸这块地方。

因此，古时有"西为'华'，东为'夏'"之说，后来所建的鹳雀楼恰好就坐落在华夏先祖历史坐标的中点之上，也正是因这一巧合，令后来的鹳雀楼蒙上了一层神奇的色彩。

550年，东魏大臣高洋建立北齐，定都邺城，就是后来的安阳北郊。当时，北齐的属地在平阳以东，就是后来的山西临汾一带。

557年，西魏大臣宇文觉创立北周，定都长安。后由于北周帝年幼，其朝政由宰相宇文护掌管。北周的属地在河外，就是后来黄河以西的地区。

当时，北周与北齐连年对峙，互夺属地，形成拉

河外 古地域名。春秋至战国，皆以黄河之西为河外。《史记·晋世家》载："当此时，晋强，西有河西，与秦接境，北边翟，东至河内。"晋在河西拥五城。《左传·僖公十五年》载："赂秦伯（穆公）以河外城五。"即说的是晋惠公以河西五城贿秦穆公。后来，河外指黄河西岸之地，包括陕西韩城和大荔等地。

■ 鹳雀楼牌匾

宰相 是辅助帝王掌管国事的最高官员的通称。宰相最早起源于春秋时期，管仲就是中国历史上第一位杰出的宰相。到了战国时期，宰相的职位在各个诸侯国都建立起来了。宰相位高权重，甚至受到皇帝的尊重。"宰"的意思是主宰，"相"本为襄礼之人，有辅佐之意。"宰相"连称，始见于《韩非子·显学》。

锯之势，山西大部分地区均被北齐占领，只有蒲坂，时称"蒲州"，它是北周在河外占据的唯一地盘儿，也是北周屯兵伐齐的前哨阵地。为镇守蒲州，北周宰相宇文护下令，在蒲州城西门外筑一座高楼，以作军事瞭望之用。

传说高楼当时处的位置比较高，而那时的黄河则相对较低。因其气势宏伟，高大辽阔，登上高楼则有腾空欲飞之感，所以高楼最早名叫"云栖楼"，也称"云仙阁"。

由于云栖楼紧靠黄河，于是就有一种食鱼鸟类时而翱翔在河面上，时而又栖息在云栖楼上。此水鸟似白鹤，嘴尖与腿长而直，毛灰白色。它们常在江、河、湖、泽近旁，专捕鱼虾为食。

据说，当地老百姓刚开始见到这种水鸟栖息高楼顶上时，不知道它们就是"鹳雀"，只是时间久了，大家发现，这种鸟很懒，老在水边上等着，一等就是一两个小时，直到鱼撞上来后它们才吃上一口，所以人称"老等"。

云栖楼刚落成时，"老等"只是偶尔在楼上聚聚，但后来就越聚越多，甚至当它们停落于云栖楼上时，整座云栖楼都变成了一片灰白，因而当地百姓又称它为"白楼"。

后来，传说有位学者到云栖楼游玩，他对花鸟都颇有爱好，见到群居于云栖楼的"老等"，他禁不住地惊呼"鹳雀，鹳雀"。从此，老百姓不再叫"老等"，而是改叫"鹳雀"了，而云栖楼也因此而改成"鹳雀楼"了。

据史料记载，唐代时，在山西永济蒲州古城的西南城上，扩建了一座美丽的楼阁"鹳雀楼"。高台重檐，黑瓦朱楹，楼分为三层，高10余米，又因其筑设

重檐 在基本型屋顶重叠下檐而形成。其作用是扩大屋顶和屋身的体重，增添屋顶的高度和层次，增强屋顶的雄伟感和庄严感，调节屋顶和屋身的比例。因此，重檐主要用于高级的庑殿、歇山和追求高耸效果的攒尖顶，形成重檐庑殿、重檐歇山和重檐攒尖三大类别。

■ 鹳雀楼内的仿古陈设

■ 鹳雀楼上王之涣挥笔赋诗的铸像

在城垣之上，共计高达28米。此楼设计精妙，结构奇巧，雅致壮观。

在当时，人们登至三楼上，就既可以鸟瞰波涛滚滚、浩瀚无涯的黄河之水，又可以眺望阡陌交织、坦荡无垠的大地，也可以南望连绵起伏的中条山，还可以隐约西览雄伟壮观的西岳山。

正是由于鹳雀楼地处秦、晋分界处，风景秀丽，在唐代，鹳雀楼就吸引了许多文人雅士、文人墨客，去登楼观瞻，放歌抒怀，并留下了许多居高临下，雄关大河的不朽篇章。鹳雀楼也因此被誉为中州大地的"登高胜地"，有"河东胜概"之称。

拥河东之胜的鹳雀楼，在唐代几乎成了当时诗人们赛诗的舞台，仅以《登鹳雀楼》为题的名作就很多，其中尤以盛唐著名诗人王之涣、李益和畅当三人

中州 又名"中土""中原""中国"，是黄河中下游河南的古称，意为国之中，华夏之中，古代以洛阳为中心的地区。由于重要的"国之中、天地之中"的地理位置，中州地区数千年来一直都是历代群雄逐鹿中原、鼎立天下的兵家必争之地。

的同名作品最为著名,"能壮其观"。

但后来一直流传,妇孺皆知的诗冠,当属太原才子、唐代著名大诗人王之涣的《登鹳雀楼》:

白日依山尽,黄河入海流。
欲穷千里目,更上一层楼。

这首诗为王之涣在704年前后游蒲州、登鹳雀楼时所作。王之涣生性豪放不羁,常击剑悲歌,其诗多被当时乐工制曲歌唱。他名动一时,以善于描写边塞风光著称。代表作有《登鹳雀楼》和《凉州词》等。

此诗前两句写的是自然景色,但一开口就有缩万里于咫尺,使咫尺有万里之势。后两句写意,写得出人意料,把哲理与景物、情势融合得天衣无缝,成为鹳雀楼上一首不朽的绝唱。

据说,王之涣在鹳雀楼壁题诗不久,他的《登鹳雀楼》就在大江南北广为传诵。当时,耸立在蒲州城

> **墨客** 指诗人、作家等风雅的文人。汉时扬雄的《长杨赋》载:"言未卒,墨客降席,再拜稽首。"按,《长杨赋序》谓:"聊因笔墨之成文章,故籍翰林以为主人,子墨为客卿以风。"赋中称客为"墨客",后遂为文人之别称。

■ 鹳雀楼上远眺

■ 鹳雀楼内的缫丝塑像

西门外的鹳雀楼，则更是因为王之涣的这首千古绝唱而名扬天下。

继王之涣以后，唐代诗人李益和畅当先后慕名王之涣的《登鹳雀楼》而去鹳雀楼登高赋诗。如李益的《登鹳雀楼》：

李益（746—829），唐代著名诗人，诗风豪放明快，尤以边塞诗最为有名，他是中唐边塞诗的代表诗人。他还擅长绝句，尤工七绝，名篇如《夜上西城》《从军北征》《受降》《春夜闻笛》等。后世存有《李益集》2卷、《李君虞诗集》2卷及《李尚书诗集》1卷。

> 鹳雀楼西百尺樯，汀洲云树共茫茫。
> 汉家箫鼓空流水，魏国山河半夕阳。
> 事去千年犹恨速，愁来一日即为长。
> 风烟并起思乡望，远目非春亦自伤。

李益的这首七律写登鹳雀楼远望，由怀古之情转而生出思乡之意。

又如畅当的《登鹳雀楼》：

迥临飞鸟上，河流入断山。
天势围平野，高出尘世间。

诗人站在鹳雀楼上，望着远空飞鸟仿佛低在楼下，觉得自己高瞻远瞩，眼界超出了人世尘俗。从鹳雀楼四望，天然形势似乎本来要以连绵山峦围住平原田野，但奔腾咆哮的黄河使山脉中开，流入断山，浩荡奔去。此诗意境非常壮阔，是描写鹳雀楼风光的上乘之作。

古人说，唐代时的鹳雀楼是"山河萦此地，哲理蕴斯楼"，而当年王之涣登楼之后因作了《登鹳雀楼》这首诗即被朝廷重用，踏上了仕途，后两位诗人李益和畅当也是登楼之后，人遂心愿，好运连连。

如此一来，鹳雀楼佳话频传。到了中唐、晚唐时期，更是有当时风头极盛的唐代著名诗人耿洪源、马

王之涣（688—742），是盛唐时期的著名诗人，字季凌，山西新绛县人。他豪放不羁，常击剑悲歌，其诗多被当时乐工制曲歌唱，名动一时。他常与高适、王昌龄等互相唱和，以善于描写边塞风光著称。其代表作有《登鹳雀楼》《凉州词》等。

鹳雀楼内的采桑塑像

马戴（799—869），晚唐时期著名诗人，尤以五律见长，深得五言律之三昧。他善于抒写羁旅之思和失意之慨，蕴藉深婉，秀朗自然。他的边塞诗慷慨激壮，为晚唐较好的佳作，历来广为传诵。《全唐诗》录存其诗172首，编为2卷。他著有《会昌进士诗集》1卷和《补遗》1卷。

戴、司马札、张乔和吴融等相继登楼赋诗，并都留下了佳句。

如耿洪源的《登鹳雀楼》：

久客心常醉，高楼日渐低。
黄河行海内，华岳镇关西。
去远千帆小，来迟独鸟迷。
终身不得意，空觉负东溪。

这首五律气势很大，同时感慨自己的抱负不成，壮志难酬，读来令人扼腕。

唐代诗人马戴的《鹳雀楼晴望》是他的代表作品之一，这首诗想象丰富，展现了诗人宽阔的胸怀：

■ 鹳雀楼内的浮雕

■ 鹳雀楼内的浮雕

尧女西楼望，人怀太古时。
海波通禹凿，山木闭虞祠。
鸟道残虹挂，龙潭返照移。
行云如可驭，万里赴心期。

司马扎作《登河中鹳雀楼》：

楼中见千里，楼影入通津。
烟树遥分陕，山河曲向秦。
兴亡留白日，今古共红尘。
鹳雀飞何处？城隅草自春。

这首诗前四句写登鹳雀楼所见的景色，后四句抒发今古兴亡的感慨。

司马扎 生卒年、籍贯皆不详。其事迹散见其诗与《直斋书录解题》卷19。他应举不第，终生落拓，奔走四方，备受艰辛。其诗颇能体察民生疾苦，有讽喻之旨。诗风古朴，无晚唐浮艳习气，实为当时之佼佼者。著有《司马先辈集》《全唐诗》编诗一卷。

张乔作《题河中鹳雀楼》：

> 高楼怀古动悲歌，鹳雀今无野燕过。
> 树隔五陵秋色早，水连三晋夕阳多。
> 渔人遗火成寒烧，牧笛吹风起夜波。
> 十载重来值摇落，天涯归计欲如何？

这首诗情绪低沉，一派悲凉，反映了晚唐的时代风貌。

吴融作《登鹳雀楼》：

> 鸟在林梢脚底看，夕阳无际戍烟残。
> 冻开河水奔浑急，雪洗条山错落寒。
> 始为一名抛故国，近因多难怕长安。
> 祖鞭掉折徒为尔，赢得云溪负钓竿。

这首诗景色苍凉，是唐朝末年混乱形势的反映，再也看不到王之涣诗中显示的盛唐气象。在唐末，翰林学士李瀚也曾随人去鹳雀楼游玩，并著有《河中鹳雀楼集序》。

阅读链接

相传，唐代时人们登云栖楼鸟瞰风景的盛况，被天上的神仙知道了，于是玉皇大帝传诏，让一位神仙下凡去窥探虚实。于是，神仙就驾鹳雀飞至云栖楼上，凭栏四顾，细目端详。

望着滔滔黄河和山川大地，神仙不禁赞叹："美哉！美哉！真乃人间天堂也。"看后，又驾鹳雀而去。

此后，天上的诸位神仙便竞相前去观赏，并且每次都是驾鹳雀而来，又驾鹳雀而去。后来，云栖楼一带，就逐渐成了鹳雀的世界。于是，人们就改"云栖楼"为"鹳雀楼"了。

重建后的鹳雀楼再度辉煌

在北宋中期,鹳雀楼仍然为当时的"登高胜地"。北宋著名科学家、改革家沈括及北宋著名词人晁元礼就曾在这一时期先后登临鹳雀楼并赋诗。

重建后的鹳雀楼

沈括在登临鹳雀楼后赋诗《开元乐·三台》：

鹳雀楼头日暖，蓬莱殿里花香。
草绿烟迷步辇，天高日近龙床。

北宋词人晁元礼在登临鹳雀楼后写下名词《一落索》：

正向侯堂欢笑，忽惊传新诏。马蹄准似乐郊行，又却近、长安道。
鹳雀楼边初到，末花残莺老。崔徽歌舞有余风，应忘了、东平好。

到金章宗明昌年间，鹳雀楼还如从前那样雄伟地屹立在那里。南宋爱国诗人陆游对朝廷迟迟不能收复

晁元礼（1046—1113），北宋词人，1073年中进士，后以承事郎为大晟府协律。擅长写词，一类为宫廷应制之作，一类为抒情写意或咏物之作，一类为代言体。晁元礼与当时另一大词人万俟咏齐名。他的主要代表作有《绿头鸭》《望海潮》《水龙吟》《上林春》《满庭芳》《沁园春》等。

■ 重建后的鹳雀楼景观

鹳雀楼雕塑制盐

中原而愤愤不平,他在鹳雀楼上题写了一首耐人寻味的《杂感》:

一樽易致葡萄酒,万里难逢鹳雀楼。
何日群胡遗种尽,关河形胜得重游。

1222年,鹳雀楼被大火烧毁,只剩下了故基。

1272年,元代著名学者、诗人王恽游蒲州,登鹳雀楼旧址故基时,写下《登鹳雀楼记》,记述了鹳雀楼当时的景况:

元壬九年三月,由御史里行来官晋府。十月戊寅,按事此州,遂获登故基,徒倚盘桓,逸情云上,虽杰观委地,昔人已非。而河山之伟,云烟之胜,不殊于往古矣。

这些记述,清楚地表明鹳雀楼在元初就已被毁。

在元代中后期,由于黄河河床不断升高,又多次泛滥,鹳雀楼故

■ 重建后的鹳雀楼正方及景观

址因而数次被水淹没。后来，水虽然退却，但是浸入蒲州城郭的泥沙沉积了下来，而且地面日渐抬升。从此，鹳雀楼再也没有了往日的繁华和兴盛。

明代初年，鹳雀楼的遗址还明确可辨，但到明末清初，因黄河水频繁泛滥与河道摇摆频繁，就完全湮灭，无迹可循了。

蒲州人十分怀念鹳雀楼，为了一种心理的补偿和安慰，蒲州人除根据唐代诗人王之涣的《登鹳雀楼》来想象鹳雀楼的雄伟神奇外，还把蒲州城西城楼寄名为"鹳雀楼"，以表达对鹳雀楼盛况的追忆。

在清代，登临作赋者不绝，但西城楼毕竟是"盛名难却，其实难副"，数百年来，给人留下了对先前鹳雀楼的无限怀念。清初著名诗人尚登岸就曾赋诗道：

河山偏只爱人游，长挽羲轮泛夕流。
千里穷目诗句好，至今日影到西楼。

后来，人们认为鹳雀楼是黄河的标志，是中华民族不屈的象征，于是就大兴土木重建鹳雀楼。鹳雀楼的再度辉煌，标志着中华民族的又一次繁荣。

新建的鹳雀楼外观四檐三层，内设六楼，楼体高73.9米，是中国最大的仿唐建筑，建筑面积30 000多平方米，主楼建筑面积为8 000多平方米。因鹳雀楼建于北周而盛于唐代，所以后来重建时，在其建筑形制上充分体现了唐代风貌。

鹳雀楼是全国唯一利用唐代彩绘恢复起来的仿唐代建筑。楼的外侧上有许多彩绘，全楼的彩绘面积近40 000平方米，而且所有的彩绘都是手工绘制。其外表雕梁画栋，流光溢彩。

在鹳雀园大门前，是一汪碧波荡漾的人工湖，平面呈鹳雀飞翔之状，故名"鹳影湖"。湖面正中由三孔石拱桥连接，桥面宽约5米，两边是汉白玉石雕栏杆。

站在桥上，尽收眼底的是宽广平整、造型独特的广场。广场通过绿化树木和茵茵草坪将其布局为棋盘式的几何图案，在广场的尽头就

■ 鹳雀楼前的鹳影湖

■ 鹳雀楼内复原的当地民制盐场景

矗立着高耸云端、气势恢宏的鹳雀楼。

登百余台阶，就到了鹳雀楼的楼门前，楼门上方横陈着"文萃李唐"四个金色大字，左、右立柱上镌刻着一副楹联：

凌空白日三千丈

拔地黄河第一楼

这与巍峨的高楼珠联璧合，相得益彰。

鹳雀楼内部的陈设以河东文化和黄河文化为主题，充分说明黄河是人类文明的发祥地，华夏民族的先祖在这里写下了辉煌历史，其时代跨越中华上下五千年。

> **楹联** 又称对联或对子，是一种对偶文学，起源于桃符，一般不需要押韵，是利用汉字特征撰写的一种民族文体，也是写在纸、布上或刻在竹子、木头、柱子上的对偶语句，言简意深，对仗工整，平仄协调，是一字一音的中文语言独特的艺术形式。

楼门内，为一楼大厅。其中，有一幅以硬木彩塑制作的《中都蒲坂繁盛图》，色彩艳丽，制作精美，气势宏伟，真实再现了盛唐时期蒲州城的繁荣景象，特别是对鹳雀楼当时地理位置的描摹，生动有致，精美逼真。

在二楼的四周，是一组组河东名人蜡像：女娲补天，嫘祖缫丝，大禹治水，杨贵妃出浴，崔莺莺听琴，司马光砸缸，关羽傲然肃立，柳宗元淡然挥毫……形象传神，惟妙惟肖。这些都充分再现了悠久的华夏文明。

三楼内，设有古代蒲州的四大产业——制盐、冶铁、养蚕和酿酒，通过四组形神兼备的塑像以及剪纸、年画、社火等，生动地反映了河东人民的勤劳和智慧。

四楼四周的墙壁上，展示着与鹳雀楼有关的一系

> **华夏** 是古代汉族的自称，即华夏族。原指中国中原地区，后就中国全部领土而言，遂又为中国的古称。"华夏"一词由周王朝创造，最初指代周王朝。华夏文明亦称中华文明，是世界上最古老的文明之一，也是世界上持续时间最长的文明之一。

■ 鹳雀楼内"司马光砸缸"故事塑像

列名人字画，图文并茂，琳琅满目，令人目不暇接。还有宇文护"筑楼戍边"及王之涣"旗亭画壁"的故事，采用了欧塑形式表现，高贵典雅。

五楼陈列着古鹳雀楼的仿制品，纯木结构，古朴典雅，气势不凡，确有震古烁今之势。

六楼长廊的西面，立有一尊王之涣的铜像，与真人大小相仿。据说唐代著名大诗人王之涣当年就是在这里登高望远，感慨万千，写出了那首流传千古的名篇《登鹳雀楼》。

铜像工艺极其精美。王之涣髯须飘扬，左手持纸，右手握笔，意气风发，激昂壮怀。他极目眺望，神似凝聚，宛如中条山历历在目，黄河如一条白练，闪闪发光，一种磅礴的气韵油然而生。

鹳雀楼是黄河的标志，是中华民族不屈的象征，它的再度辉煌，标志着民族的又一次繁荣，祖国的再次腾飞。

阅读链接

相传，元初文学家王恽小时候读书的老师是蒲州人，因此他很早就知道蒲州的鹳雀楼"观雄天下"，是天下最雄伟壮观的高楼了。后来，读了王之涣、畅当等人的诗后，他像许许多多读书人一样，更是殷切地向往能去登楼。

1272年10月，王恽由中央监察御史调山西任平阳路总管府判官后，终于在同年10月满心欢喜地去了永济，但他没有看到鹳雀楼，只看到了楼体坍塌、堆堆瓦砾的鹳雀楼遗址。为此，他深感遗憾，于是在游览之余写了一篇《登鹳雀楼记》，以作留念。

诗文第一楼 绵阳越王楼

越王楼位于四川绵阳龟山之巅,始建于唐高宗显庆年间。因时任绵州刺史的唐太宗第八子、越王李贞而闻名于世,其规模宏大,富丽堂皇,楼高百尺,居唐代四大名楼之首。

越王楼自建成起,就先后有李白、杜甫、李贺、李商隐和陆游等历代名人登临,并留下著名诗篇数百首,被世人誉为"诗文第一楼"。它与黄鹤楼和岳阳楼及滕王阁并称为"唐代四大名楼"。

筑城安邦扬天威越王建楼

越王楼全景

　　627年,唐太宗李世民的第八个儿子出世,此子出生之年,正当其父登基做皇帝之岁。

　　关于他的起名,有人说是他给父亲带来了好运,也有人说是因为李世民刚登基不久,就添了龙子,非常开心,所以给他取名李贞。而他父皇的年号"贞观"之"贞"正好同其姓名里的"贞"字完全相同。

　　李贞从小就备受其父皇李世民的喜爱,他刚5岁时就被封为"汉王",才7岁就授予了他徐州都督的官衔,不久又改封他为"原王"。

636年正月,李世民又改封他做"越王",并于二月正式任命他为扬州都督,赏赐实封800户。从此扬州百姓之中,就有800户人家上交的赋税,不归朝廷,而归这个十来岁的小王子享用。

638年,吐蕃松赞干布要迎娶大唐公主,与大唐王朝和亲。李世民在641年选了一位品貌俱佳的宗室女,册封为"文成公主",由礼部尚书、江夏郡王李道宗持节护送至吐蕃完婚,从此唐蕃关系修好。

■ 越王楼近景

649年,李世民在去世之前,给越王李贞加实封为1 000户。但也就是这年,松赞干布病逝了。后来,继位吐蕃国王的莽伦莽赞不再与唐朝和平共处,而李贞的王弟、唐高宗李治继承父皇帝位没几年,就受到了来自西南边陲的巨大威胁,吐蕃军又开始向东方武力扩张。

在这种形势危急的情况下,唐高宗李治决定选派一位资望深重、文武兼备的重臣去镇守绵州,就是后来的绵阳。

因为绵州地处剑门蜀道和阴平古道的交会点,又有涪江水路可通楚吴,有"剑门锁钥、蜀道咽喉"之称,吐蕃东进必经绵州,所以只要绵州稳固,大唐的

百户 古代封制。唐朝亲王实封只有800户至1 200户,是汉朝万户侯所拥财力的十分之一。食邑万户以上,称"万户侯",是汉代侯爵最高一层。

阴平古道 起于阴平郡,就是后来的甘肃文县的鹄衣坝,途经文县,翻越青川县境的摩天岭,经唐家河、阴平山、马转关、靖军山,到达平武县的江油关,全长265千米。

刺史 职官，汉武帝年间始置，"刺"为检核问事之意。刺史巡行郡县，分全国为十三部，各置部刺史一人，后通称刺史。刺史对维护皇权，澄清吏治，促使昭宣中兴局面的形成起着积极的作用。王莽称帝时期刺史改称州牧，职权进一步扩大，由监察官变为地方军事行政长官。

■ 花丛中的越王楼

西南地区就不会受到太大的威胁。

　　唐高宗李治苦苦思索了好久，想到了比他年长一岁的八王兄——越王李贞。他们兄弟俩自小感情就比较好，如果派他前去剑南道任绵州刺史，在李治看来，那就如同他自己亲去了，而且越王以唐室亲王的威望，雄视西南，或许就能使吐蕃有所顾忌。

　　越王李贞除了喜欢读书，多涉文史、知识广博之外，从小就喜欢骑马射箭，练就了一身武艺，可谓文武兼备，而且很能干，会办事，颇有几分父皇遗风。加之他从不参与宫廷内部的权力倾轧，很安分，也很明智，素有"材王"之称。

　　在显庆年间，唐高宗升任李贞为绵州刺史。当时的绵州位于剑南道北部，与之相邻的龙州、茂州就是大唐与吐蕃的接壤处，而更远一点儿的松州则数度落入吐蕃手中，成了唐朝与吐蕃争夺的中间地带。

　　绵州距龙州、茂州，均不足150千米的行程。若吐蕃一旦越过汶江而据有涪江上游，则只需三五日即可直扑绵州城下。

　　越王李贞刚到绵州上任时，便处处感受到种种来自西部边陲的威胁，那时候，无论从京城下来的，成都北上的，更有从南诏、百越和身毒来的客商，都把绵州作为中转站，陆路货畅其流，尤其丝绸营销量大，因南北丝绸之路都可于此相连接。只有水路东通西阻，故紧张中仍显现一番繁荣景象。

绵州当时状况最为脆弱的是州城城防。自唐代定鼎长安以来，削平内乱，天下统一，自此海晏河清，中经贞观之治，承平几近40年。国富民殷，地方官早把武备一事抛诸脑后了。

绵州城的城垣几乎无存，周围大缺小口，无处不在。州城之外，东有芙蓉溪，西有涪江，更西有安昌江，北有绵山，似此外有汤池而内无金城，城虽险要但武备废弛，如何能够御寇？如何能够安民？

■ 越王楼斗拱

于是，越王李贞命人请来绵州城中几位绅耆长者，向他们垂询治绵方略。其中，有一位长者就建议，越王是大唐室帝王之胄，至尊至贵，来绵州任刺史，似不宜在这州衙中理事，当另卜龙脉宝地，建一王府，大王居中理事，让百姓如睹天颜，则吐蕃自不敢觊觎绵州。

随后，越王李贞发布告示说：

绵州城垣颓败，武备废弛，若吐蕃铁骑来犯，我等均将为其所虏。故从今日起，尔

贞观之治 是指中国唐太宗李世民在位期间的清明政治，使得唐朝社会出现了安定的局面。因为当时年号为"贞观"，所以史称"贞观之治"，是唐朝的第一个治世，它同时为后来的"开元之治"奠定了雄厚的基础。

等速去召集城中丁壮，鸠工集材，荷土运石，将城垣增高加固，增设城垒。

限令半载之内，务要克期竣工。此乃合城官绅士庶性命安危所系，尔等均得不辞辛苦。敢有怠工者、废事者、误期者，本州决不宽贷。

就这样，越王一声令下，全城动员，赶修城垣。李贞本人亦不时亲临工地巡视，工程进展倒也顺利。半载之内，果然告竣。一座高大的绵州城，重新在涪江东岸、芙蓉溪西岸矗立起来。

越王李贞见城垣告竣，就责令绵州司马，令其加紧演练士卒，增派城守，完善城防，以确保绵州城万无一失。此后，李贞心想，作为地方官，保境安民，自是分内之责。

然而越王李贞认为，他既为亲王，唐室贵胄，奉高宗皇帝之命来守是邦，便不能只做一点儿州县吏所做的事。于是，他就考虑"何以壮大唐之山河，宣帝德于华阳，扬天威于域外，报皇恩于剑南"。因此，他决定一定要建王府，居中理事，让

> **度支部** 古代官署名，为掌管户籍财经的机关，六部之一。三国至唐称"度支""左民""右民"等，唐代永徽年初因避讳唐太宗李世民名讳改称"户部"，五代至清光绪末年，改"户部"为"度支部"，管田赋、关税、厘金、公债和货币及银行等。

■ 越王楼脚下的景观

百姓如睹天颜。

于是，他向唐高宗李治拟了一道奏章，讲明自己要在绵州肇建王府的打算，恳请唐高宗李治下拨一笔库银相助。末了，他还特别强调这是为了"扬天威、布帝德，让绵州百姓可以朝夕望阙叩拜，倍沾唐天子隆恩"。

唐高宗御览完毕李贞的这道奏章后，深为八王兄的赤诚所感动，当即在奏章上朱批"准奏"两字，命人发往度支部去办理。李贞收到高宗批来的这笔库银，便命人一边在州城内外各处选址，一边购置砖瓦木材，准备及早动工。

越王府的地址最后定在绵州城外西北方向0.5千米远的龟山之巅。此山形如元宝，背靠绵山，西临涪江，东南方向紧靠绵州城，实乃剑南绵州山川形胜所在。据说，在此地修王府，建高楼，是可以显示帝王至高无上的权力和威严的最佳位置。

越王楼由李贞本人亲自督建，他参考了长安、洛阳诸多王府的营造规制，再根据龟山的地形地貌，依山取势，因势建楼。

该楼修建历时三年，耗银50万两，建成之后，李贞将其命名"汉王宫"。因为他早年封的王号，就是

■ 越王楼夜景

奏章 中国古代大臣向皇帝进言或汇报事情时所使用的文书，是大臣和皇帝之间交流的主要途径。在奏章中，大臣可以向皇帝表达自己对朝政的意见、其他事情的看法或建议等，是否认真批阅奏章也是证明一位皇帝是否贤明的重要标志。

绵阳越王楼

"汉王"。只是因为绵州人都知道他是越王,久而久之,称呼惯了,"汉王宫"就叫成"越王楼"了。

绵州越王楼位于百级石阶之上的赭色高墙内,是绵州当时的州衙,也是越王李贞处理公务的地方。在越王楼内,有一个大花园,两边建有花台,中间是一条卵石甬道,直通越王楼下。

楼高30多米,楼顶压着红色的屋脊,脊上装饰着龙、虎以及各种神兽,脊下覆盖着上了绿色彩釉的屋瓦。越王楼四周的栏杆、立柱、板壁都涂成红色,绘着各种体现皇家气派的图案。

阅读链接

传说,越王李贞任绵州刺史建造越王楼的时候,就是想与他的六叔、唐太宗李世民的六弟、任洪州刺史的滕王李元婴在南昌建造的滕王阁一比高低。在当时,滕王阁为最高名楼,高达9丈。

越王李贞到任绵州后,先建府后建楼,想到自己曾赐封汉王、原王和越王三顶王冠,觉得"吾建之楼应高10丈,比滕王阁高1丈,以显赫皇家气派、威武"。

于是,越王李贞就建造了占地面积数"丘",相当于300余亩的越王楼,这就是"危楼高百尺"的来历。

越王楼为唐代时绵州胜景

越王楼竣工之后,越王李贞又命人清理余下的材料,移到城西南涪江边,用剩余的款项,在那里建造了一座望江楼,专供游人观景。可惜的是,这座望江楼在后来几废几兴,直至荡然无存。

这样一来,绵州城里的百姓,只要出了西门、南门,就可以绕道到达越王楼下。若站在龟山下,抬头仰望天空,就觉得此楼之高,简直和天宫连在一起了。传说当夜间出现满天星斗的时候,大楼也就耸入星空之中,楼上的灯光照射出来,比天上的星星还亮。

有唐代诗文描写说,如果

夜幕下的绵阳越王楼

踏上越王楼的楼梯，一层一层往上攀登，马上就会产生一种奇特的感觉。人在楼上，手扶栏杆，临空站立，随时都可以听到呼呼的风声，令人产生一种腾云驾雾、冉冉升空的幻觉。

攀楼至顶层后，可北望剑门，隐约可见七十二峰直刺蓝天。西望岷山和雪山，有如片片鱼鳞，在云团中忽隐忽现。转向东南，极目远眺，又可将绵州形胜尽收眼底。

纵览涪江、安昌江和芙蓉溪三江胜景，尤其在三江交汇处，水面宽约百丈，江水清澈见底，船只往来如梭，船帆如朵朵白云飘逸，常有大群沙鸥和白鹭不时翻飞于江边，是最吸引游人的一处景观，为唐代时绵州胜景。

那时候，与绵州城仅芙蓉溪一水之隔的东山，素称"绵州第一山"。李贞在越王楼上，每当困倦之时，便推开东边窗户，欣赏东山美景，见山上林木葱茏，山色如黛，延绵数里，势若长龙，煞是可观。

尤其是清晨，当太阳从东山冉冉升起之时，云蒸霞蔚，变幻多端，一团团薄雾在山脚飘逸，将涪江和东山连成一片，一时间烟笼江

涪江 是嘉陵江的支流，长江的二级支流，流域宽广。其名字与县名有关。在汉高祖时，绵阳称涪县。古代巴蜀以嘉陵江为界，蜀为内，巴为外，所以涪江又称"内水"或"内江"。自汉、晋以来，涪县就是涪江流域政治、经济和军事的中心，涪江也因此得名。

■ 越王楼后侧阶梯

■ 越王楼斗拱

水，云掩青山，云雾翻飞，如万顷波涛，最为壮观，更让他心驰神往，想去登临一番。

有一天，李贞等人趁闲暇前去芙蓉溪，沿石梯而下，就到了东津渡口，那里早已是一片热闹景象，摆渡的，候船的，人声嘈杂。大批百姓要进绵州城赶早场，挑着新鲜蔬菜和时鲜瓜果往岸上挤，李贞让老百姓过去后，自己才慢慢上船。

船到东岸，李贞等人上岸后，沿溪边上行，芙蓉成林，芦苇连片。不到500米，拐右东行，沿雷溪上山。在密林中穿行约两个时辰，就到了东山之巅。

在东山上远观越王楼，李贞发现越王楼正好建在了绵州城的西北角上，背靠绵山，西临涪江，山水辉映，风水极佳。因此，他更加确信自己当初选定的王府府址确实是一处风水宝地。

李贞等人在附近转悠后又有新的发现，这绵州古城所处位置，确实气势非凡，城东有芙蓉溪，城西有

时辰 中国古时把一天划分为十二个时辰，每个时辰相等于现在的两个小时。相传古人根据中国十二生肖中的动物的出没时间来命名各个时辰，西周时就已使用。汉代命名为夜半、鸡鸣、平旦、日出、食时、隅中、日中、日昳、晡时、日入、黄昏、人定。又用十二地支来表示，以夜半二十三点至一点为子时，一点至三点为丑时，三点至五点为寅时，依次类推。

诗文第一楼　绵阳越王楼

■ 越王楼上的"灯影流波"牌匾

涪江，再往西是安昌江，城的东南西北，各有一座山，形似如斗的四个角，正好从四个方向拱卫着绵州城。

涪江从西北流向东南而去，在州城西边绕了几个弯，形状很像一个篆字"巴"。绵州城正好被三水四山环绕，实乃剑南形胜所在，该地曾有"水陆四通，唯急是应"之称。

经打听，李贞知道，早在三国时期，蜀汉昭烈皇帝刘备及他的远房兄弟刘璋就来过该地了。当时刘备看到西蜀一带繁荣富强，心中非常高兴，就对刘璋说"富哉，今日之乐也"，所以后来的人们便将东山称作"富乐山"。

当时，李贞暗想，自己不知不觉，站到了蜀汉昭烈皇帝刘备站过的地方，当年昭烈皇帝为兴复汉室，终生不懈，虽然卒未成功，但是已使汉祚延长了几十年。如果有朝一日，大唐王室将倾，我李贞一定要学昭烈皇帝，为兴复唐室，不惜赴汤蹈火。

昭烈皇帝（161—223），也就是刘备，他是汉代中山靖王刘胜的后代，221年称帝于成都，国号"汉"，年号"章武"，史称"蜀"或"蜀汉"。疆域占有后来的四川、云南大部、贵州全部、陕西汉中和甘肃白龙江的一部分。223年，他病逝于白帝城。谥号"昭烈皇帝"。

李贞认为，富乐山这么重要的一个地方，应该有一个有纪念意义的建筑，才不愧于大汉皇叔。想来想去，他觉得这富乐山高、广、雅、秀，视野极佳，不如建一座高坛，每年来此祭告天地山川和神灵，不仅名正言顺，而且祀典崇隆，万众瞩目，亦可使富乐山生辉。

当晚回到州衙，李贞就伏案疾书，向高宗皇帝草拟一道奏章。大意是说：绵州城外东山，曾是汉建安年间昭烈皇帝刘备驻跸之所，如今已是蒿草丛生，林莽遮天，臣意欲在此建高坛一座，代皇上祭告天地之用，以壮大唐声威，宣天子盛德。

高宗览毕，朱笔加批"准奏"。

李贞接到圣旨，择日动工，很快在那里建起高坛一座，勒石其上，曰"敕修富乐坛"。坛高18尺，上圆下方，上法天，下法地，取天圆地方、天覆地载之意。

> **圣旨** 是中国古代皇帝下的命令或发表的言论。圣旨是中国古代帝王权力的展示和象征，圣旨两端则有翻飞的银色巨龙作为标志。圣旨作为历代帝王下达的文书命令及封赠有功官员或赐给爵位名号颁发的诰命或敕命，其颜色越丰富，说明接受封赠的官员官衔越高。

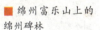
■ 绵州富乐山上的绵州碑林

望江楼 绵阳古称绵州，绵州望江楼始建于唐高宗显庆年间。明朝中叶，望江楼只剩下了遗址，是否修葺或重建，史书上没有记载。清朝光绪年间，尚有文人雅士登临赋诗，之后就不复存在了。望江楼毁于何时，《绵阳县志》上只字未提，成为绵阳历史上的一个未解之谜。

从此，越王李贞每年春天都去富乐山祭拜天地山川、风雷云雨，以祈祷绵州风调雨顺，五谷丰登，六畜兴旺，万民乐业。

祭拜仪式非常隆重，李贞命人在高坛四周遍竖彩旗，迎风飘扬。仪式开始，礼炮齐鸣，鼓乐喧天。李贞焚香在手，健步登坛，拜天拜地，拜四方神祇，表情严肃，一一如仪。

绵州经过越王李贞几年的治理，面貌发生了极大的变化：边患减少，窃贼敛形，商旅通畅，市井繁华，文气大增，民风向善。州人安其居，乐其业，一派太平景象。

因此，越王李贞得到了绵州人的大力拥护。李贞心中自然也是非常高兴，于是，他不时请来州内的一些名士，或上越王楼，或去望江楼，一起饮酒赋诗，相互唱和，尽欢而散。

■ 富乐山上的富乐阁全景

■ 富乐阁上的匾额

在中国历史上，它与南昌滕王阁、武汉黄鹤楼和湖南岳阳楼齐名，被称为中国"唐代四大名楼"。唐代的越王楼，规模宏大，富丽堂皇，堪称"唐代四大名楼"之首，相比其他名楼如滕王阁高30米，黄鹤楼高20米，岳阳楼高13米。

李贞"刺绵有政声，惠政迭出，气象一新，州人莫不怀德畏威"，后虽被武周皇帝武则天所害，但仍被历代文人名士所怀念，因此越王楼也是久负盛名，吸引了大批著名的文人墨客登临，并留下了名作诗篇数百首，为天下名楼所罕见，它由此被誉为"天下诗文第一楼"。

在唐代，著名的"诗仙"李白、"诗圣"杜甫、"诗神"李商隐和弘文馆学士卢栯都曾登过越王楼并赋诗。

"诗仙"李白在少年时，就对越王楼很熟悉。他

武周 是唐朝皇帝李治的皇后武则天建立的王朝。690年，武则天废黜唐睿宗李旦称帝，袭用周朝国号，改国号为周，定都洛阳，改元天授，史称武周。武则天是中国历史上唯一获普遍承认的女皇帝，前后掌权40多年。

■ 四川绵州越王楼

从彰明清莲乘船下梓州，到长平山安昌岩拜纵横家赵蕤为师，求学多年，他往返乘船或步行都必经绵州，其间数次弃舟登楼。李白所作的《上楼诗》说的就是他登越王楼时的感受：

危楼高百尺，手可摘星辰。
不敢高声语，恐惊天上人！

762年秋，"诗圣"杜甫在流寓绵州时，游历了越王楼。当他见到历时百余年后的越王楼依然壮观而气势不凡时，万分感慨，便赋诗《越王楼歌》。

后来，此诗被赞为名人歌咏越王楼的诗词中最有名气的千古绝唱：

绵州州府何磊落，显庆年中越王作。

弘文馆 官署名。唐代武德年间置修文馆于门下省。后来，唐太宗李世民将其改名为"弘文馆"，藏书20余万卷，并安排学士"掌校正图籍，教授生徒；遇朝有制度沿革、礼仪轻重时，得与参议"。置校书郎，掌校理典籍，刊正错谬。设馆主一人，总领馆务。

孤城西北起高楼,碧瓦朱甍照城郭。
楼下长江百丈清,山头落日半轮明。
君王旧迹今人赏,转见千秋万古情。

"诗神"李商隐在登临越王楼后,曾写下《霜月》一诗赞叹道:

初闻征雁已无蝉,百尺楼高水接天。
青女素娥俱耐冷,月中霜里斗婵娟。

弘文馆学士卢栯也游览了越王楼,并赋诗《和于中丞登越王楼作》:

图画越王楼,开缄慰别愁。
山光涵雪冷,水色带江秋。
云岛孤征雁,烟帆一叶舟。
向风舒霁景,如伴谢公游。

阅读链接

在越王楼题诗方面,唐代"诗仙"李白与唐代"诗圣"杜甫所题各有不同。据说,李白之所以不题为《上越王楼诗》,是为了避讳。因越王李贞父子被武周皇帝武则天诛杀,到714年李白写诗时尚未平反,所以他就采用了避实就虚的夸张手法,题作《上楼诗》。

而杜甫则不同,他的《越王楼歌》写于762年,那时越王李贞父子已被昭雪并陪葬唐太宗李世民的昭陵,因此他直抒胸臆:"绵州州府何磊落,显庆年间越王作……君王旧迹今人赏,转见千秋万古情。"

宋代以后越王楼几经重建

据说,唐末宋初时,绵州越王楼被一场大火烧毁大半。经维修改建,到南宋时,越王楼依然风光。南宋著名大诗人陆游于1172年调任成都府路安抚使参议官,"细雨骑驴入剑门"后,路经绵州,就登临越王楼,写了两首登楼绝句:

绵阳越王楼

上尽江边百尺楼,倚栏极目暮江秋。
未甘便作衰翁在,两脚犹堪踏九州。

葡萄酒绿似江流,夜宴唐家帝子楼。
约住筚弦呼羯鼓,要渠打散醉中愁。

极为巧合有趣的是,诗中的"上尽江边百尺楼",与诗仙李白的"危楼高百尺"如出一辙,似可互为印

■ 绵阳越王楼一侧

证，说明南宋时越王楼的高度仍为100尺。

此外，陆游在他后来所作的《寄答绵州杨齐伯左司》一诗，又一次盛赞了越王楼：

磊落人为磊落州，滕王阁望越王楼。
欲凭梦去直虚语，赖有诗来宽旅愁。
我老一官书纸尾，君行千骑试遨头。
遥知小寄平生快，春酒如川炙万牛。

南宋著名画家赵伯驹所作的越王楼图轴，对当时的越王楼美景也作了生动、细致的描绘。

到了元代，元朝对越王楼又进行了大规模的修复。元代界画高手李荣瑾的画曾对越王楼进行过描述，元代著名诗人吕诚也曾写诗《越王楼观灯》颂：

午昼水轮烂不收，又看春色满绵州。

陆游（1125—1210），字务观，号放翁，浙江绍兴人。南宋诗人。少时受家庭爱国思想熏陶，高宗时应礼部试，为秦桧所黜。孝宗时赐进士出身。中年入蜀，投身军旅生活，官至宝章阁待制，晚年退居家乡。他创作的诗歌很多，存9000多首，内容极为丰富，多为抒发政治抱负，反映人民疾苦。抒写日常生活的，也多清新之作。

青花瓷 又称"白地青花瓷",常简称"青花",是中国瓷器的主流品种之一,属"釉下彩瓷"。原始青花瓷于唐宋已见端倪,成熟于元代景德镇的湖田窑。明代青花成为瓷器的主流。清代康熙时发展到顶峰。明清时期,还创烧了青花五彩、孔雀绿釉青花和豆青釉青花等衍生品种。

在明代初年,越王楼也重修过一次,明代进士徐楠还写了《越王台》诗:

山上高楼百斗齐,一州名胜冠川西。
越王已去风流在,赢得诗人细品题。

后来,明代万历年间的一场大火又将其彻底烧毁。据后来考证,其建筑遗址的平面呈12米长、14米宽的矩形,遗存有青花瓷100余片。其中,在有一块青花瓷片上清晰地刻有"越台常在"四字。

此外,遗址比较重要和完整的器物就有30余件,其中以青铜箭头、彩色釉面砖瓦、白釉陶器、青花瓷器、青瓷器、大尺寸的瓦当和镇山兽为主,文化内涵十分丰富,有很高的艺术鉴赏价值。

到明末,明朝对越王楼又进行了几度修复,但不久便毁于明末清初战火。清初时,清朝曾在越王楼废址筑北坛。清代果亲王曾写诗赞叹:

唐家弟子爱楼居,碧瓦朱甍半新故。

另外,中国清代戏曲理论家、诗人李调元也曾写诗说:

当时唐弟子,锡土守此邱。
美人卷珠帘,笙歌夜未休。

■ 绵阳越王楼

■ 越王楼楼门

清代著名画家张延彦所作越王楼图轴更是使历史上的越王楼名播四方。

后来，曾盛极一时的大唐王府越王楼经历重建、续建后，终于重新耸立在涪江之滨，龟山之巅。

新楼为错层式结构，外八层，内七层，高99米，坐落在南北长88米、东西宽66米的台基之上，由164根立柱，牢牢固定在龟山越王台上。

重建后的越王楼，气势宏伟。99米的高度为全国仿古建筑之最，如滕王阁高57.2米，黄鹤楼高52.6米，鹳雀楼高72米，岳阳楼高32米。它的建筑风格为仿唐出檐斗拱歇山式。

越王楼在形态上有它的"奇"处。楼的形体集历代古建筑的阁、楼、亭、殿、廊、塔于一体的建造法式，形成了奇观、壮丽之态。

例如，楼的一层至五层有高斜墙，楼的底座有高

瓦当 俗称瓦头。是屋檐最前端的一片瓦，瓦面上带着有花纹垂挂圆形的挡片。瓦当的图案设计优美，字体行云流水，极富变化，有云头纹、几何形纹、饕餮纹、文字纹、动物纹等，是精致的艺术品。中国最早的瓦当集中发现于陕西扶风岐山周朝原遗址。

■ 越王楼楼门

8.9米的平台，这是阁的特征；十层至十三层显示吊脚楼、外走廊和双扇门、窗，这是楼的特征；十五层是亭的特征；顶端宝顶高9.8米，形状似塔的特征；楼的二层南北两方向是殿宇特征；各层有外廊，而楼的整体外观造型恰似一个古代威武将军，背南向北而立，八层至十层缩小，像将军颈部，顶部的宝顶、脊、吻似将军的头盔，而南面各层屋面似将军的披风。

每一层的内部建筑设计，各不相同，外部唐式昂斗飞檐歇山式风格的建筑和竹子式的琉璃瓦让人仿佛"梦回大唐"。

新建越王楼主要由"从唐代走来""追禹王雅韵""碧水摇活千载景""向绵阳望去""觅李白仙踪""涪江泛起万船诗"等主要景观组成。

"从唐代走来"采用拟人的艺术手法，让越王楼穿过时间的隧道，带着厚重的历史文化底蕴从遥远的

吊脚楼 也叫"吊楼"，为苗族、壮族和土家族等传统民居，在桂北、湘西、鄂西和黔东南地区的吊脚楼特别多，多依山就势而建，呈虎坐形，以"左青龙，右白虎，前朱雀，后玄武"为最佳屋场，后来讲究朝向，或坐西向东，或坐东向西，属于半干栏式建筑。

唐代走来，点明了越王楼诞生的年代。

"追禹王雅韵"表明了越王楼的重建是"大禹治水，造福于民"的精神延续和发扬。在远古时代出生于绵阳的大禹就谱写了一篇"兴修水利，万民景仰"的壮丽史诗，那高雅和谐的韵律焕发了新时代科技兴城的气势恢宏。

"碧水摇活千载景"既说明了毁于明末战火的越王楼"复活"了，又折射出民族的复兴，国家的兴旺发达。一个"景"字，让人联想到美丽壮观的万般景象在碧水蓝天的映衬下更加多姿多彩。

"向绵阳望去"将越王楼赋予了人的神情和动作，后来的绵阳让越王楼露出了惊喜的眼神和惬意的微笑。

"觅李白仙踪"在绵阳的历史天空中，回荡着"诗仙"李白的豪迈与飘逸，散发着浓郁的文化气息。

"涪江泛起万船诗"描写涪江中千帆竞过，渔舟唱晚，游人如织、如诗如画的繁荣景象。重建的越王楼规模宏大，气势雄伟，亭阁星罗，充满了诗情画意。

在古代名楼中，天下诗文收录最丰富的为越王楼，共收录自唐至清历代大诗人题咏越王楼的名篇多达154篇，而黄鹤楼为112篇，滕王阁为86篇，岳阳楼、鹳雀楼虽有著名诗文，但并不多。

> 禹 姒姓，夏后氏，名文命，号禹，后世尊称其为大禹。他是夏后氏首领，夏朝第一任君王。他是中国传说时代与尧、舜齐名的贤圣帝王，他最卓著的功绩，就是历来被传颂的治理滔天洪水，又划定中国国土为九州。大禹为了治理洪水，长年在外与民众一起奋战，置个人利益于不顾，治水13年，耗尽心血与体力，终于完成了这一名垂青史的大业。

■ 绵阳越王楼夜景

绵阳越王楼

据考证，对这座宏伟富丽的越王楼及它的遗址的描述，历代诗文中仅收入全唐诗的就有20多篇，绵阳县志专门记载了15位诗人名宦讴歌越王楼的诗词。因此，有"一座越王楼，半部文学史"的美誉。

诗文作者档次最高，除"诗仙"李白、"诗圣"杜甫外，还几乎涵盖唐代以后的著名诗坛泰斗，被誉为"天下诗文第一楼"。在历代名人歌咏越王楼的诗词中，最有名气的当属杜甫、陆游和李调元等的诗作。

同时，因其卓越风姿及规模，名声之盛，历代画界精英竞相描绘。宋代赵伯驹、元代李荣瑾、清代张延彦所作越王楼图轴更是使历史上的越王楼名播四方。

阅读链接

传说，越王楼的外形寓意着一个文武全才的将军，胸怀大志，时刻听从召唤，兴邦为民，祈福国泰鼎盛、一方平安，它在数字运用含义上也称"奇"。

越王楼主楼基底东西宽66米，祈福绵阳人做任何事情都顺利；南北长88米，祈愿绵阳大发展，百姓大发财；楼高99米，是恭祝绵阳至尊向上、百姓九九长寿；宝顶高9.8米，是预示长久发展。

此外，各层楼室外挂的宫灯总数199盏；主楼正南面的石梯步共139步，分别宽18米和3.9米。而这些"3、6、8、9"都是吉祥数字，真是无不称奇。

嘉兴烟雨楼

登眺之所

烟雨楼最初位于浙江嘉兴南湖之滨,始建于五代后晋年间,为广陵郡王钱元璙所筑"登眺之所"。

1548年,嘉兴知府赵瀛迁建至湖心岛上,后经历代修缮、扩建,逐渐成为具有显著园林特色的江南名楼,而"烟雨楼"则成了湖心岛上整个园林的泛称。

烟雨楼建筑面积640余平方米,自南而北,前为门殿,后有楼两层,回廊环抱,可沿石磴盘旋而上。主要建筑有青杨书屋、对山斋、八角轩、四角方亭和六角敞亭等。每当夏秋之季,烟雨弥漫,不啻山水画卷。

烟雨楼因杜牧诗意而得名

嘉兴位于浙江东北部,历史悠久,文化灿烂。五代十国时期,吴越国在嘉兴设置开元府,嘉兴从此自苏州分离出去,领嘉兴、海盐、华亭三县,这是嘉兴首次设州府级政权。

嘉兴城外有两个湖,一个在城南,名滮湖,又称南湖;另一个在城西南,名鸳鸯湖。这两个湖泊后来一般总称为南湖。

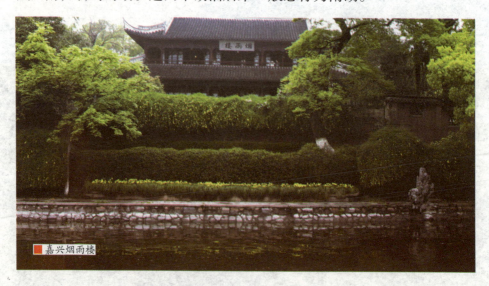
嘉兴烟雨楼

■ 烟雨楼远景

908年，钱镠建吴越国。吴越王的第四子钱元璙在滮湖畔建台榭，以为"登眺之所"。

1129年，金兵开始南侵，第二年，金兵兵锋直指嘉兴，金兀术亲自率军攻打嘉兴。在这场战事中，连同钱氏台榭在一起的许多楼阁都不幸被毁。

约1141年，宋高宗赵构和金朝和议，把自东起淮水中流，西到陕西宝鸡市陈仓区西南的大片国土，献给金国，形成了"偏安江左"的局面。

由于农业生产发达的江、淮、湖、广诸地区都在南宋境内，再加上北方人们纷纷南迁，加速了生产技术的交流，从而推动了南方经济的发展。

随着江南经济逐渐繁荣，南宋王朝就大兴土木、营建都城临安，使杭州、嘉兴、湖州等地空前繁华。同时，各级地方官吏也都纷纷修建华丽的楼台亭园，供自己居住。

台榭 中国古代将地面上的夯土高墩称为台，台上的木构房屋称为榭，两者合称为台榭。春秋至汉代，台榭是宫室、宗庙中常用的一种建筑形式，具有防潮和防御的功能。最初的台榭是在夯土台上建造的有柱无壁、规模不大的敞厅，供眺望、宴饮、行射之用。汉以后基本上不再建造台榭式的建筑，但仍在城台、墩台上建屋。

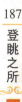
登眺之所　嘉兴烟雨楼

> **王希吕** 生卒年不详,字仲行。安徽宿州人,南宋迁居嘉兴。他为官清廉,不置家产屋舍,定居嘉兴后,由朝廷赐造住宅,他为宣扬地方名胜,在钱元璙的台榭旧址上,略加修葺,使之恢复旧貌。由其后代相继拓治,建成烟雨楼,成为一方名胜。王希吕所建的楼阁,成了烟雨楼的一段重要历史。

在这个背景下,久已荒废的钱氏台榭旧址出现了一位新主人王希吕。

王希吕是南宋一位刚正廉洁的好官,是一位不惜拉着皇帝衣袖劝谏的刚直大臣。他退休后竟然没有钱买房子,只能居住在寺庙中。最后,皇上看不过去,赐给他钱造房子。《嘉兴府图记》记载:

嘉定间(1208—1224),吏部尚书王希吕致政还家,因旧址建楼,有缙绅邀游。

这里的"旧址"指的是钱元璙所造台榭遗址。王希吕拿着皇上给他的钱开始在旧址上建楼,由其后代陆续扩建成烟雨楼。烟雨楼在滮湖之滨,园内亭台楼阁,布置精巧,山石树木,安排灵活,整个园林与碧波辉映。

相传,当时的"烟雨楼"之楼名取自唐代大

■ 烟雨楼远景

■ 嘉兴烟雨楼的姊妹楼望湖楼

诗人杜牧《七绝·江南春》中"南朝四百八十寺，多少楼台烟雨中"的意境。由于此诗在宋代广泛传播，烟雨楼美名远扬，成为当时观赏湖光的最佳去处。官僚地主、文人墨客登楼赋诗饮酒，日夜笙歌不绝。

约1229年，"烟雨楼"三个字开始在文学作品中活跃起来，这说明作为一方名胜，其地位日渐抬高。最早提到"烟雨楼"三个字的，是南宋大臣吴潜。吴潜当时在秀州任通判，这首《水调歌头·题烟雨楼》描写了湖畔风光，抒发了作者的心志，是一首佳作：

> 有客抱幽独，高立万人头。东湖千顷烟雨，占断几春秋。自有茂林修竹，不用买花沽酒，此乐若为酬。秋到天空阔，浩气与云浮。
>
> 叹吾曹，缘五斗，尚迟留。练江亭下，

吴潜（1195—1262），字毅夫，号履斋，安徽人。他为人正直不阿，无论是在地方任职，还是权掌六部，他都以正直无私、忧国忧民、忠义爱国闻名。吴潜还是南宋词坛的重要词人，他的词风激昂凄劲，慷慨悲怆，题材广泛，主要是抒发济时忧国的抱负，也常吐露个人理想受压抑的悲愤。

长忆闲了钓鱼舟。矧更飘摇身世，又更奔腾岁月，辛苦复何求。咫尺桃源隔，他日拟重游。

约1270年，名噪一时的王氏烟雨楼，于建成后50年左右，不知是何种原因归属于高文长高氏园中，成了高氏烟雨楼。

1276年，伯颜率元军入侵临安，嘉兴又遭到了一次兵燹，但破坏程度史书上没有记载。也没有记载烟雨楼的毁损情况。

烟雨楼在元朝近百年中，很少有人提及。直到元末，世称元四家之一的大画家、梅花道人吴镇，在他的一首词的序言中说："春波门外，旧日高氏圃中烟雨楼。"

由此可见，元末时烟雨楼还在，只是高氏花园已经荒芜不堪了。

到了元末农民起义，张士诚在1357年从苏州攻嘉兴，当时嘉兴守将苗人杨完者曾同张在嘉兴外围进行拉锯战。杨完者的苗军毫无军纪，烧杀抢掠，无恶不作。嘉兴城乡生灵涂炭，这就是史称的杨苗之乱。在这场战乱中，高氏烟雨楼遭到最后的致命一击，终遭毁弃。

阅读链接

五代时，广陵王钱元璙在湖畔建楼舍为"登眺之所"，开创了南湖之畔登高望湖的风雅之举。此人成了历史上有记载的第一个对南湖自然风光感兴趣的名人。

从此之后，但凡在当地有一定财势的，都以在南湖边兴建私家园林为荣耀，由此形成了嘉兴私家园林的兴盛期。

有了园林作为依托，当地大批的文人名士在南湖边吟诗、作画、听戏，以此为时尚。后来，南湖的名气渐渐大了，外地有名的文人墨客慕名来游，留下了美誉和佳作，给南湖风光增添了不可或缺的诗情画意。

烟雨楼由湖畔迁至湖心岛上

明代嘉靖年间，长江三角洲一带和杭、嘉、湖诸府，已成为国内市场的中心区域，各地府县都重视农田水利建设和发展农业生产。

1545年，陕西三原人赵瀛来嘉兴任知府，见河道已有100多年未曾疏浚，淤塞现象严重。于是在1547年，赵瀛动工疏浚城河，以利农田灌溉和舟楫来往。

嘉兴南湖的湖心岛风光

知府 古代官名。宋代至清代地方行政区域"府"的最高长官。唐代以建都之地为府，以府尹为行政长官。宋代升大郡为府，以朝臣充各府长官，称以某官知某府事，简称"知府"。明代以知府为正式官名，为府的行政长官，管辖所属州县。清代沿明代体制不改。知府又尊称太守、府尊，也称黄堂。

赵瀛发动民工用船只将河中淤泥运到湖中，填成一个小岛。面积约17亩的湖心小岛，四面环水，俗称"湖心岛"。最终用了一年时间才完成了这项工程，这在当时对于嘉兴的水利建设和发展农业生产起了一定的作用。

知府赵瀛见湖中小岛的周围风景很美，心想如果能建造一座楼台，种植一些花木，必能成为嘉兴突出的游览胜地。

1549年，赵瀛在民意下，开始动工兴建楼台。在两个月间，他集中了大量人力和财力，建起了楼房5栋。从此湖心小岛上青瓦粉墙，缀以长廊小桥，曲折相通，青桐银杏，林荫径幽。登楼骋目远眺，饱览胜景，使风光秀丽的南湖，增添了迷人的景色。

湖心楼的建成，距高氏花园中的烟雨楼的荒废，已有两百多年了，却没有将楼取个新名，仍用烟雨

■ 烟雨楼匾额

嘉兴烟雨楼内景

楼的旧名。当时也有人称此楼为"疑楼",或许是取"似雨疑烟"之意吧。

高氏园中的烟雨楼虽然早就没有了,但是在这许多年来,由于烟雨楼的迷人景色,在人们心目中仍记忆犹新,一些文人墨客,时时道及当年的繁华景象,就像烟雨楼还存在着一样。

所以当湖心楼建成后,就自然沿用了烟雨楼的名字。从此,烟雨楼就由湖滨移入湖中的小岛上。

烟雨楼落成后,知府赵瀛的下官范言作了《重建烟雨楼记》,刊碑石立在烟雨楼后。范言的《重建烟雨楼记》开首便说:

郡守山左赵公,重建烟雨楼成。

自从嘉兴知府赵瀛重建烟雨楼起,这座在嘉兴人心目中引以为豪

兵备道 官名，明代置于各省重要地区。明代洪熙年间始置，本为整理文书，参与机要的临时性差使。弘治年间，遍置于各省军事要冲，是整顿兵备的"道员"，称为"兵备道"，掌监督军事，并可直接参与作战行动。此官由按察使或按察佥事充任，是分巡道的。

的名楼，开始有了比较详确的记载，成为各个历史阶段时代风云的见证。

据明代《嘉兴县志》记述：

滮湖亦称南湖，西则灯含窣堵，北则虹饮濠梁。倚水千家，背城百雉，兼霞杨柳，菱叶荷花，绿漫波光，碧开天影，雕舼笙瑟，靡间凉燠，此一方最胜处也。

此后，由于倭寇作乱，烟雨楼多有损坏。直至1571年，嘉湖兵备道沈奎才重修了烟雨楼，并作《烟雨楼赋》。沈奎还在楼前临湖处垒了一石台，以"极目从游，浩然远适"。

1581年，龚勉任嘉兴知府。他刚到嘉兴上任不久就与朋友、同事登临烟雨楼，见"楼已圮不可登"，

■ 嘉兴南湖凉亭

■ 烟雨楼及"钓鳌矶"

不禁喟然感叹道:"此郡之大观也,岂宜久湮?"

于是,1582年,龚勉主持了重修烟雨楼的工程。"楼仍其朴,而易其材,务令可久。"他把沈奎之前垒在楼前的石台增高,并列级而降,以便临湖垂钓。

与此同时,他将该石台命名为"钓鳌矶",亲自写下了"钓鳌矶"三个大字,刊成石碑,嵌在石台之下,以示期望嘉兴府城中的读书人,在进京赴试时都能得中功名,独占鳌头。

据说,就在"钓鳌矶"筑成的第二年,嘉兴县举人朱国祚果然就应了"钓鳌"的吉兆,中了状元。从此之后,烟雨楼不再仅仅作为登临游览的胜地,而是成为"有关一郡文风"的象征。

1583年,龚勉在烟雨楼前,建造了一座以供奉观音菩萨的大士阁,并列入了"瀛洲胜境"之一。从此烟雨楼不再单纯是一个游览之地了。大士阁坐南朝北,面对城墙。

状元 就是在封建社会中,科举考试的最高一级选拔出来或者经皇帝认定的第一名。自古以来,在漫长的中国历史中存在着文治武功。人们已经习惯于一方面"以文教佐天下",也就是叫教化民众,维护社会太平;另一方面"以武功戡祸乱",也就是保护国家安定、巩固国家政权。一文一武,相得益彰,有文状元和武状元之分。

进士 中国古代科举制度中通过最后一级中央政府朝廷考试的人称为进士。是古代科举殿试及第者的称呼，意思是可以进授爵位的人。隋炀帝大业年间始置进士科目。唐代也设此科，凡应试者称为举进士，中试者都称为进士。元、明、清时期，贡士经殿试后，及第者皆赐出身称进士。

站在烟雨楼上，可"左凭郊野，诸园亭榭，近列槛前。右俯城郭，华屋万家，毕入望内。其环湖以居者，又相为映带，而湖波浩涉，一望烟雨杳霭，恍然蓬瀛也"。

重修烟雨楼之后，龚勉亲自写了一篇《重修烟雨楼记》以记其事。此外，他还著有《烟雨楼志》4卷，但该书后来失传。

龚勉在嘉兴任知府时，除了重修烟雨楼，恢复名胜古迹外，还开浚城河，便利农田灌溉，方便舟船往来，做了一些对百姓有益的事情，民众大为称赞。

1588年，龚勉因政绩卓著，升任浙江右参政，掌管金华、衢州和严州三府。两年后又升按察使，接着又升任浙江右布政使。

在龚勉任嘉兴知府时，当时有人将烟雨楼荷花池畔的一座亭子改作龚公祠，用来纪念他为嘉兴人民所

嘉兴南湖风光

■ 烟雨楼大堂内部陈设

做的功绩。

当时,龚公祠中置有祠产水田若干亩,该项收入由祠内和尚掌管,用来支付春、秋二季祭祀。

据史料记载,在明代,外地有不少人都知道嘉兴有"烟雨楼"。

明代著名诗人、隆庆年间进士陈履邀友登烟雨楼后,写有《春日邀彦吉集烟雨楼》,对南湖及烟雨楼景观进行了一番盛赞:

秀州城南烟水多,当年此地频经过。
同游俱是高阳侣,临风呼酒还悲歌。
湖上高楼锁烟雨,岁久荒凉已非故。
周遭雨浦只菰蒲,来往烟汀但鸥鹭。
此时游客皆大惊,一方胜景徒有名。
酒酣倚剑湖天暮,唏嘘咸噗空含情。

陈履 本名天泽,字德基,号定庵,祖父陈志敬,为明代乡贤。他自幼受贤良熏陶,遂承祖训。1571年,他名登进士榜。陈履为官20余年,家业田产依旧无增,世称廉洁之官。陈履关心家乡盐民疾苦,多次上书朝廷,为民请免赋税、徭役,乡亲感念他的恩德,后人建祠,把他与祖父志敏一起供拜。

■ 烟雨楼内部木刻简介

董其昌（1555—1636），明代书画家。字玄宰，号思白、香光居士。他擅画山水，以佛家禅宗喻画，倡"南北宗"论，为"华亭画派"杰出代表。其画及画论对明末清初画坛影响甚大。他的书法出入晋唐，自成一格。存世作品有《岩居图》《秋兴八景图》《昼锦堂图》等。著有《画禅室随笔》《容台文集》等，刻有《戏鸿堂帖》。

不堪岁月随流水，世路萍踪渺难疑。
镜里星霜十二秋，眼中烟水三千里。
今日重来觅旧游，更邀词客同登楼。
雕窗洞豁霞光入，倚槛交疏翠色浮。
翠色霞光纷不了，词客凭虚驰吟眺。
豪怀勃勃薄晴霄，共倚春风发长啸。
人间世事多乘除，向时感慨今欢娱。
与君五进杯中酒，风光此后知何如。

1600年，嘉兴知府刘应钶再度修楼。

1605年，当时擅长书法的董其昌游览烟雨楼。滮湖此时已经改称为放生池，董其昌写"鱼乐国"碑，立于放生池边。车大任撰《鱼乐国碑记》。

1632年，烟雨楼不幸失火，嘉兴知府李化民又重新建楼。官员岳元声撰写《重建烟雨楼碑记》。文学家李日华将《重建烟雨楼碑记》勒石立碑。

明末官员吴昌时在嘉兴南湖西北岸，面对烟雨楼大门，兴建了一所私家园林，它临水而筑，并伸进南湖，园林一半在湖中。此园初建时，称为"南湖渚室"，或称作"竹亭湖墅"，后来改称"勺园"，是因为有种说法是其形像一把勺子。

1640年，诗人钱谦益游览烟雨楼时，与当时的名妓柳如是便是在此园中定情的。后来吴昌时被杀，勺园迅速没落，最终成为渔村。

1644年，清兵入关，建立清朝。1646年，嘉兴人民抗清斗争失败，致使烟雨楼被毁，"鱼乐国"碑被盗卖到了平湖。

也就是说，嘉兴烟雨楼自1549年知府赵瀛创建于湖中小岛上，其后经过多次重修、扩建，成为江南一座名楼。然而抗清一战，使它自1645年后30多年的时间里，化为一片废墟，只保存了一个名称，成了诗人们怀古伤今的凭吊之所。

阅读链接

在南湖的风景中，登高望远的，还有湖边的塔寺。与烟雨楼紧邻的小南湖边的壕股塔、西南湖边的真如塔，都是休整身心的好去处。

1089年，北宋著名文学家苏轼被贬杭州后就曾去那里散心。那年冬天，他和父亲及弟弟一行人到嘉兴南湖游玩。三人游完南湖，登真如塔，最后到真如寺时，正值大雪纷飞。

寺内和尚见三人乃名闻天下的"三苏"，立即去挑水烧茶。

苏东坡手指积雪道："不必挑水了，我们煮雪泡茶，岂不更有诗意。"

三人喝了数杯暖肚后，就开始对联作文——"东塔寺和尚朝南坐北吃西瓜；春水庵尼姑自夏至冬穿秋衣"……

在那个大雪天里，这个煮雪泡茶作对联的雅事，就被后来的文人传抄了下来。

乾隆帝下江南多次登楼题诗

1650年，以吴伟业为首的清初江南名士、著名诗人和词人钱谦益和陈维崧等云集在南湖举行了十郡大社，连舟百艘，吟咏不绝，盛况空前。

其中，如吴伟业的《鸳湖曲》中写道：

■ 烟雨楼楼阁建筑

■ 烟雨楼楼阁内景

烟雨迷离不知处，旧堤却认门前树。
树上流莺三两声，十年此地扁舟住。

1657年，许焕任嘉兴知府，游烟雨楼作《烟雨楼》诗。第二年，许焕领衔《重建烟雨楼题名碑》勒石。1660年，许焕开始重建烟雨楼，谁知他也因此被弹劾而撤职。

1675年，卢崇兴任嘉兴知府。两年后，卢崇兴开浚城河，增高烟雨楼地基，并作《重建烟雨楼疏》，为重建烟雨楼做准备。

1678年，卢崇兴离职，重建烟雨楼未成。季舜有任嘉兴知府。

1681年，嘉兴知府季舜有在重建烟雨楼的同时，在钓鳌矶东南重建了"龚公祠"，并查考收回龚公祠

> 吴伟业（1609—1672），明末清初诗人，与清初词人钱谦益、龚鼎孳并称"江左三大家"，又为娄东诗派开创者。擅长七言歌行，初学"长庆体"，后自成新吟，后人称为"梅村体"。代表作有《永和宫词》《洛阳行》《萧史青门曲》《圆圆曲》等。

精致典雅的亭台楼阁

■ 烟雨楼亭院

被毁期间被地方势力所占的田产。清初书法家盛枫所撰《龚公祠祭田碑记》详细记载了这件事情。

不久,知府季舜有离职了。此外,曾于清初被盗的"鱼乐国"碑,在这次重建中被追回,置于故址。

1685年,烟雨楼建成。新任嘉兴知府袁国梓游烟雨楼,并将仁文书院迁至烟雨楼。仁文书院是读书人会文的地方。

1689年,康熙皇帝爱新觉罗·玄烨首次南巡,因而嘉兴官府在烟雨楼种植了不少花木。1730年,浙江总督李卫游烟雨楼后,不仅写下《烟雨楼记》,还下令重修烟雨楼。

乾隆帝曾六下江南,每次都去嘉兴,多次登上烟雨楼。为了迎接皇帝登临,嘉兴知府曾经对烟雨楼进行过大规模的整修。

整修后,烟雨楼基本上改变了原来的面貌,最主

> **总督** 为清朝时期对统辖一省或数省行政、经济及军事长官的称谓,尊称为"督宪""制台"等,官阶为正二品,但可通过兼兵部尚书衔高配至从一品。与只掌握一省行政事务的巡抚不同,总督兼管数省,同时在政务之外也兼掌军务。

要的几处，如烟雨楼主楼由以前坐南朝北改建成了南向，面对城垣的建筑格局。

此外，旧时烟雨楼的河埠在北畔堤上，就是竖立"鱼乐国"碑的地方。由于大楼改换了方向，原有的石埠失去了作用，于是在东岸堤上，重新建造了一座大石埠，与盐仓桥遥遥相对。

当时，在烟雨楼大楼前湖畔有两个亭子，分居左右，为浮玉亭和凝碧亭。在改建了大石埠后，因用围墙将烟雨楼和湖堤隔绝，这两个亭子就失去了原有的地位。于是，二亭都被拆除，在其旧址旁改建了"凝碧阁"。烟雨楼前面的大士阁也改建在烟雨楼的侧面，改称"大阁殿"，额名"小普陀"。

自烟雨楼改成了朝南向，紧靠烟雨楼大楼后的"栖凤轩"变成了在楼前，成了大楼前的一个装饰品，使烟雨楼显得更加雅致美观。

此后，嘉兴民间建造堂楼，在楼前必依照烟雨楼的式样，加上一个轩，即后人所谓的"反轩"，一度成为嘉兴建筑工艺上的一个特殊风格。

据说，乾隆帝之所以对烟雨楼流连忘返，一再赋诗，始于唐代著名诗人杜牧《七绝·江南春》中的"南朝四百八十寺，多少楼台烟雨中"美妙诗句的影响。

而且乾隆帝一去嘉兴，也不由自主地迷恋上了风景幽美的南湖，明爽

> 杜牧（803—约852），字牧之，号樊川居士。京兆万年人，即今陕西省西安人。唐代诗人。杜牧人称"小杜"，以别于杜甫，与李商隐并称"小李杜"。因晚年居长安南的樊川别墅，故后世称"杜樊川"，著有《樊川文集》。

嘉兴南湖御碑亭

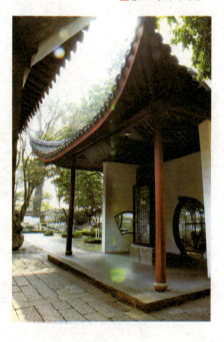

嘉兴南湖烟雨楼御碑亭

秀丽的烟雨楼，他每次前去，都写有诗篇，以记其游。

1751年，乾隆帝开始第一次南巡，从北京出发，至苏州后，自吴江到嘉兴，过嘉兴时驻跸秀水县北教场大营，就是北门外杉青闸对面的御花园，而且乾隆帝指名要上烟雨楼。自此，烟雨楼开始关闭，禁止游人登楼。

次日，游览烟雨楼后，他写有七律《烟雨楼用韩子祁诗韵》诗记其事：

春云欲泮旋蒙蒙，百顷南沏一棹通。
回望还迷堤柳绿，到来才辨榭梅红。
不殊图画倪黄境，真是楼台烟雨中。
欲倩李牟携铁笛，月明度曲水晶宫。

六年后，乾隆帝于1757年第二次南巡，旧地重游，写下了《题烟雨楼》诗：

杨柳矶边系画舟,六年清跸重来游。
素称雨意复烟意,漫数处州还沔州。
诗句全从画间得,云山常在镜中留。
鸳湖依旧谁相识,懒惰无心问野鸥。

上次登烟雨楼时,因天雨湖上烟雾迷茫,未能眺望远景,引以为憾。这次重游适逢天气晴好,于是乾隆帝诗兴大发,又作了一首《烟雨楼即景》诗:

不蓬莱岛即方壶,弱柳新黄清且都。
烟态依稀如雨态,潋湖消息递西湖。
自宜春夏秋冬景,何必渔樵耕牧图。
应放晴光补畴昔,奇邅毕献兴真殊。

西湖 也就是杭州西湖,位于浙江杭州西,它以秀丽的湖光山色和众多的名胜古迹而成为闻名中外的旅游胜地并被世人赋予"人间天堂"的美誉。历代文人墨客到此游览,写下不少著名诗篇,宋代大文豪苏东坡以"欲把西湖比西子,淡妆浓抹总相宜"点缀杭州。

在此诗中,乾隆帝把"烟雨楼"比作"蓬莱仙岛",把"南湖"比作杭州的"西湖",觉得天然美景足以畅怀,不需要什么人来献"渔樵耕牧图"了。

1762年,乾隆皇帝第三次南巡。到苏州,旋即至嘉兴游览烟雨楼及三塔寺。因三塔寺中建有煮茶亭,乾隆此次逗留期间,兴致所至,御笔一挥,赐名"茶禅

■《烟雨楼即景》碑刻

乾隆南巡图

寺"。他还写下《再题烟雨楼》：

> 未年丑岁两经行，烟雨都逢副盛名。
> 欲讶今番出新样，自过江后总开晴。
> 柳丝窣地折腰舞，梅朵烘春笑口迎。
> 更上高楼聊极目，水村近远望分明。

之后，回銮过嘉兴，乾隆帝复登烟雨楼，与前两次不同的是，乾隆帝这次未驻跸嘉兴，却两次登烟雨楼。在烟雨楼作了《再题烟雨楼》诗后从杭州回銮过嘉兴，又去烟雨楼，写下了《复游烟雨楼》：

> 前度晴中阅春景，今朝雨后赏烟光。
> 轻阴犹恋波澜意，细籁都含花木香。
> 果然名实善相随，百尺楼高悦目时。
> 试看浅烟方淡荡，便教不雨也迷离。

乾隆帝在烟雨楼上一吟再吟，而其诗兴似乎并没有稍减，后来他提笔题了一首《烟雨楼叠旧作韵》诗，总算为这次的登楼赋诗画上了一个句号：

烟丝罥柳柳丝蒙，雨意迎人人意通。
自是云容盟水态，并宜草绿藉花红。
奚称处括沔阳彼，总在天高地厚中。
耕织图诗屏宛在，不殊惇史惕深宫。

过了三年，1765年乾隆帝第四次南巡游烟雨楼后，作了《游烟雨楼即景杂咏》四首：

烟雨今朝烟雨无，眺吟畅好不模糊。
菜花黄映麦苗绿，所喜犹然在此乎。

■ 乾隆赐名的嘉兴茶禅寺

内阁学士 为明、清朝官制之一，品等为从二品。明太祖朱元璋仿宋制设华盖殿、谨身殿、英武殿、文渊阁和东阁等大学士，为皇帝顾问。后又置文华殿大学士以辅太子，品秩都是正五品。1659年，清政府将文馆与内三院统一且更名为"内阁"，其内阁设学士，在乾隆时期成为三殿三阁定制。

即景无过遣兴题，过誉老笔注金钗。
楼前一对玉兰树，直与楼檐开並齐。
近涯野艇不谯诃，渔乐凭看乐若何。
讶似天孙机杼张，锦端来往织仙梭。

船泛春波天上坐，楼称烟雨雾中来。
韶光陶冶无告后，庭际辛夷盆裹梅。

半个月后，由杭回銮过嘉兴，乾隆帝再次登烟雨楼，作了《再游烟雨楼》：

南去北还半月余，滮湖楼阁只犹初。
墨辛夷纵花全谢，紫碧桃方朵艳舒。
波态含烟欲藏舫，云容酿雨正如车。
循名冀要惟晴好，念在蚕筐为麦锄。

嘉兴烟雨楼

嘉兴烟雨楼长廊

这首诗作成后,乾隆帝兴犹未阑,又作《题烟雨楼》诗。

岧峣无地起楼台,一棹宛如镜里来。
问孰宜烟更宜雨,合称惟柳复惟梅。
韶光艳裔为屏匝,漪影空明映座开。
钱赵王孙诗与字,却因吟玩久延陪。

据说,乾隆这四次南巡六登烟雨楼,诗兴如此之浓,都与他的文学侍臣钱陈群的唱和关系很大。钱陈群是乾隆时的内阁学士、刑部侍郎。钱陈群善诗词文学,为乾隆著名的五词臣之一。

乾隆第五次南巡已时隔十五年,即1780年,是乾隆七十大寿。这一次,乾隆帝游览烟雨楼后,作了《题烟雨楼》诗:

祗疑瀛泛到云来,镜里楼台熟路开。
四面波光烟雨意,无边春景咏吟材。

今斯今也昔斯昔， 柳尚柳兮梅尚梅。
一读钱家诗赵句， 怆然弗忍更徘徊。

赵孟頫（1254—1322），元代著名画家，古代"楷书四大家"之一。他博学多才，能诗善文，懂经济，工书法，精绘艺，擅金石，通律吕，解鉴赏。特别是书法和绘画成就最高，开创元代新画风，被称为"元人冠冕"。他也善于篆书、隶书、行书、草书，尤以楷书和行书著称于世。他的代表作品有《赤壁赋》和《鹊华秋色图》。

在诗中，风流自赏的乾隆帝不无感慨地在悼念故臣钱陈群，"一读钱家书赵句"，楼中钱陈群写赵孟頫《耕织图》诗屏仍在，而这次登楼距他的爱臣钱陈群去世已有整整六年了。

钱陈群比乾隆大25岁，原籍嘉兴，在京城南书房任职，常为皇帝讲解经史。

乾隆与他谈今论古，称为"故人"，后官至刑部左侍郎，二十多年前因病告老还乡。

乾隆几次南巡过嘉兴，钱陈群都随地方官员前往迎送。六年前钱陈群去世，这次地方官员都来了，独缺这位"故人"，怎么不伤心呢？当晚乾隆题诗一首，见物思人，差点儿掉下眼泪。

■ 嘉兴南湖景观

■ 嘉兴南湖全貌

乾隆对烟雨楼有着特殊的爱好，这次登烟雨楼除了赋诗及与词臣们联句唱和外，还在舟中仿北宋著名书画家米芾笔法绘了《烟雨楼图》，一贮内府，一贮浙江。同时，他还命画师绘了《烟雨楼全貌图》。

回京后，乾隆帝下令在河北热河避暑山庄仿建了一座烟雨楼。楼建起后，乾隆帝于避暑山庄欣然写下了《题烟雨楼二首》：

携图去岁兴工始，断乎今年葳事勤。
数典可知自元璙，赓诗更以忆陈群。
最宜雨态烟容处，无碍天高地广文。
却胜南巡凭赏者，平湖风递芰荷分。

十五年违烟雨楼，昨春未免惜情投。
虽然写景原藏弆，莫若肖形可泳游。
底论南吴及北塞，敢忘后乐与先忧。
凭栏俯视清泠镜，武列鸳湖异水不。

米芾（1051—1107），北宋书法家、画家、书画理论家。世号"米颠"，书画自成一家。他善诗，工书法，精鉴别。擅篆、隶、楷、行、草等书体，长于临摹古人书法，达到乱真程度。宋四家之一。代表作品有《草书九帖》《多景楼诗帖》《珊瑚帖》《蜀素帖》等。

此后,他还在一首诗注中说:

> 庚子年南巡旋跸,携烟雨楼图归,游热河仿为之,至辛丑工成,情景宛然。

四年后,1784年乾隆帝开始了第六次南巡,也是他在位时最后一次巡游江南。在登上烟雨楼时,乾隆写下了永别烟雨楼的诗篇《题烟雨楼》:

> 春秋三阅喜重来,雨意烟晴镜里开。
> 承德奚妨摹画貌,嘉兴毕竟启诗材。
> 夏中让彼乏锦茭,春季饶兹对玉梅。
> 不拟南巡更临此,鸣榔欲去重徘徊。

其结句流露出75岁高龄的乾隆帝对烟雨楼景色的无限留恋,久久不忍离去。

阅读链接

据说,乾隆时期的烟雨楼中,始终有一样不曾改变,而有一样却有巨大的变化。

据说,历次乾隆帝南巡,烟雨楼的厅中由钱陈群书赵孟頫绘的《耕织图》诗屏从不更换,而且乾隆诗中也常提及,写有"钱赵王孙诗与字""一读钱家书赵字"的诗句。

南向烟雨楼自明代嘉靖创建以来,都是坐南朝北,对着城垣。而乾隆初次南巡时,嘉兴地方官吏得知乾隆要来南湖烟雨楼,因为不能让皇帝面北而坐,所以才把原来的大楼改成了南向钓鳌矶了。

清代中后期的重建和扩建

1822年，嘉兴连年遭水灾，烟雨楼游客稀少，烟雨楼日渐衰败。至1860年，太平军攻克嘉兴，烟雨楼和大士殿均被毁。

1864年，许瑶光出任嘉兴知府后，他除了恢复农业、整饬军纪，恢复治安和消除匪患外，还特别重视教育。他一到任就重修府学、试院，集资重建鸳鸯湖书院，重修嘉兴、秀水等县学，使嘉兴地区的教

■ 绿荫环绕的烟雨楼

> **吴镇**（1280—1354），元代画家。他擅画山水、墨竹，尤擅带湿点苔。水墨苍莽，淋漓雄厚。喜作《渔父图》，有清旷野逸之趣。墨竹宗文同，格调简率遒劲。他与元代书画家黄公望、倪瓒和王蒙合称"元四家"。他精书法，工诗文，著有《渔父图》《双松平远图》《洞庭渔隐图》等。

育很快得到恢复。

此外，许瑶光还在城乡浚河，筑桥，铺路，修塘，以发展农工商。他不慕权贵，革除丁税征收中的弊政，促进了生产发展，深得乡民爱戴。

许瑶光十分关注历史遗迹。1865年，他到南湖寻访烟雨楼旧址，栽桃李于湖堤，意欲复建烟雨楼。后来，他因地经兵燹，物力维艰，楼制崇闳，没能重建，而在楼址四旁建十数景，点缀南湖景色，以"补种荷花延白鹭，预栽杨柳待黄莺"。

1867年，许瑶光在湖心岛的渡口大石埠台阶上建造了一座门厅，面湖三楹，取名"清晖堂"，上书"六龙曾驻"匾额，以示皇帝曾在此驻跸。烟雨楼四周短墙曲栏围绕，四面长堤回环，入口处为清晖堂，门外北侧墙上嵌有"烟雨楼"石碑。

同时，他还作了《初秋游南湖时清晖堂落成》

■ 嘉兴南湖清晖堂

诗,并将收藏到的元代画家吴镇所画《风竹图》真迹摹刻碑石并题诗。《风竹图》笔墨潇洒,用笔劲爽,似可听到竹叶枝间的婆娑之声,有较高的艺术价值。

1869年,许瑶光又为南湖周围的景色取了几个名字,为南湖八景题了诗又作了序。这还不算,至次年,许瑶光请秦敏树画了《南湖八景图》,把"八景诗"题在画上,刻成了碑石,在钓鳌台上建造了一个亭子,将碎石放在亭中,取名为"八咏亭"。

■ 清晖堂匾额

许瑶光的南湖八景分别是:南湖烟雨,东塔朝暾,茶禅夕照,杉闸风帆,汉塘春桑,禾墩秋稼,韭溪明月,瓶山积雪。

这"八景"取之于南湖烟雨楼及当时嘉兴城郊的各个古迹和景点,可惜大多后来都不存在了。

同年,许瑶光在烟雨楼兴工颇频繁,造了八咏亭后,又在烟雨楼遗址的东北,建造了三间平屋,取名"亦方壶",并写了《构亦方壶于烟雨楼侧题壁诗并序》。诗云:

蓬莱在何许,缥缈不可求。
何如鸳湖去,咫尺见瀛洲。

1872年,许瑶光又在清晖堂左、右各建有厢房,

厢房 又称护龙,是指正房两旁的房屋,经常出现在三合院、四合院中。正房坐北朝南,厢房多为在东、西两旁相对而立。中国传统文化中以左为尊,所以一般来说东厢房的等级要高于西厢房,而且在建筑上东西厢房高度有所差别,东厢房略高于西厢房,但是差别很小,肉眼看不出来。

南厢房名菱香水榭，又称小蓬莱，北厢房名菰云簃，这两间房屋都处在濒湖水边，风景佳丽。许瑶光又在一石两面，刻自书"福"字、"寿"字碑。

同年，知府许瑶光因为任期已满，要去北京见皇帝。嘉兴的绅士和民众听说后，在许瑶光临走之前，在烟雨楼西北，专门为他修建了一座亭子，并设宴为其饯行，纪念他"殚精竭虑，十年于兹"，颂扬他"公正廉明，为民办事"，盼望他"重来嘉兴，视事如初"。

"六月三日，相与扶老携幼，遮道攀辕，延公于亭。"面对父老乡亲的洒泪挽留，许瑶光安抚道，此去只是进京述职，旬月即返。

士绅闻言大喜："公既许我来也，适亭成未有名，名之曰'来许'。"

这便是"来许亭"的由来，意为希望许瑶光再来嘉兴。不久，许瑶光果然重回嘉兴，续任知府，了却了嘉兴民众的一片心愿。

> **蓬莱** 又称为蓬莱山、蓬山、蓬丘、蓬壶、蓬莱仙岛等。实际上，早在秦始皇之前，"蓬莱"作为海上神山的名字就已经传开了。"蓬莱"作为地名，而不是神山名，最早有文字可考的记载见于唐代杜佑的《通典》："汉武帝于此望海中蓬莱山，因筑城以为名。"

■ 嘉兴南湖来许亭

■ 嘉兴南湖鉴亭

同年，在来许亭的前面还建造了一座式样相仿的亭子，取名"鉴亭"。许瑶光写了《鉴亭铭》。

后来，清代诗人吴仰贤撰《来许亭记》，清代书法家石中玉撰写了《来许亭额题跋》。

也是这一年，许瑶光喜得米芾真迹，他欣喜之余，摹刻《米芾真迹碑》于《鉴亭铭》石碑的反面，碑面露在鉴亭墙外，面向来许亭，供公众观赏。

另外，亭内后来还收藏了宋代苏轼为李方叔所书"马券"帖石刻，南宋岳珂的"洗鹤盆"，从古北口运来的硅化木等文物，以及后来的《画家蒲华墓志铭》碑刻及其他石刻。

1874年，由精严寺和尚贵诚在紧靠亦方壶处，重新建造了"大士殿"，成为精严寺的下院。精严寺派了和尚管理香火，并担任洒扫亭园等杂事。大士殿原

香火 指供奉神佛或祖先时燃点的香和灯火。古时候香火也指后辈烧香燃火祭祖，故断了香火就指无子嗣。古时有一说，不孝有三，无后为大，即没有后代传承香火是最大的不孝。

巡抚 官名。中国明清时地方军政大员之一。又称抚台。巡视各地的军政、民政大臣。清代巡抚主管一省军政、民政。以"巡行天下，抚军按民"而名。清代巡抚是一省最高军政长官具有处理全省民政、司法、监察及指挥军事大权。

有庙产田160余亩，大概是龚祠遗留下来的，这笔田产在大士殿建成后，也由精严寺和尚掌管了。

1875年，湘军将领彭玉麟来到嘉兴，便成了许瑶光的上宾，许瑶光陪同他游览了南湖。彭玉麟给许瑶光画了两幅梅花：一幅是直幅，另一幅是横幅。每幅各题诗两首。许瑶光把这两幅梅花图刻成碑石，在烟雨楼北面，即凝碧阁的废址上建造一座亭子，把这两块石碑放在亭内，名为"宝梅亭"。

后来，许瑶光还将元代吴镇的《风竹图》石刻迁到了宝梅亭内，壁嵌于亭西面内壁。亭外堤岸，垂柳翠竹掩映。

到这年为止，许瑶光在嘉兴知府任上，在烟雨楼小岛上共建有清晖堂、菱香水榭、菰云簃、八咏亭、亦方壶、宝梅亭，及因他的关系地方士绅筑有来许亭和鉴亭。

■ 嘉兴南湖红船

1880年，知府许瑶光去任，离开嘉兴。继任的嘉兴知府，一个是庸庸碌碌的宗培，另一个是糊涂酒鬼杨兆麟，所以在清末近三十年中，烟雨楼几乎没有什么新的建设。

1881年，浙江巡抚调任。后任碍于舆论和民情，命许瑶光回任嘉兴知府。嘉兴父老即在三塔上扩建"许公三至亭"，厅堂龛内盒中，装有许瑶光离嘉兴登船前脱下的"朝靴"一双。但许瑶光仍居杭州庆春门，菜石桥西堍南隅，马所巷的家宅"长园"。

1905年，浙江铁路建成。嘉兴东城门成了火车站的所在地，代替了北门运河要道。由于交通便利，来南湖烟雨楼游玩的人，才日渐多了起来。

阅读链接

据传，乾隆帝第五次南巡时已70岁。有一天，他觉得在烟雨楼停留的时间实在太短，所以他决定把行程稍微改动一下，自南斗圩直达南湖，在烟雨楼过夜。

这可急坏了南巡先行官和嘉兴知府。算时间只差一个月了，只好采取紧急措施，烟雨楼禁止游船进出，岛四周环水赶打木桩，连接铁链，链上系警铃，以防刺客。这一工程派民工日夜操作，限期完成。

南斗圩至南湖35千米，当天抵南湖时已近黄昏。船一靠岸乾隆就跨上石阶，烟雨楼虽15年没来了，毕竟是熟路，乾隆帝兴致勃勃地直上烟雨楼，扶栏远眺，暮色苍茫，非烟非雨，别有一番风味。

修缮与再建之后的烟雨楼

清朝末年，烟雨楼历经修建，逐渐形成了以烟雨楼为主体的古园林建筑群，亭台楼阁，假山回廊，古树碑刻，错落有致，是典型的江南园林。后来由于战乱，烟雨楼又经多次被毁与重建。

直到嘉兴知事张昌庆募捐重建烟雨楼，同时国家大力修葺，才使

嘉兴烟雨楼

■ 烟雨楼入口处的清晖堂

古老的园林才焕发新貌，形成后来人们看到的格局。

整个烟雨楼全园占地11亩，园内楼、堂、亭、阁错列，园周短墙曲栏围绕，四面长堤回环。

烟雨楼入口处是清晖堂，清晖堂隐喻清政府能与日月同辉。

在清晖堂两侧厢房菱香水谢和菰云簃，都在濒湖水边。夏日，在此倚栏远眺，只见接天菱叶无穷碧，湖上轻烟漠漠，菱花送香，真如置身水晶宫殿之中。

烟雨楼后花园，有形状奇绝、错落有致的观音阁，三楹二层，原来里面供奉的是观音像，后来因为被毁，又重新修建，里面改为嘉兴名胜老照片展馆。

清晖堂后为东御碑亭，中竖石碑，刻有乾隆第二次游南湖的题诗《烟雨楼即景》。

经御碑亭进入就是烟雨楼正楼，是嘉兴南湖湖心岛上的主要建筑，后来"烟雨楼"成为岛上整个园林的泛称。

此楼建筑面积640余平方米，自南而北，前为门

碑刻 泛指刻石文字或图案。最早的碑刻文字，首推秦朝的"石鼓文"。多数的碑刻有毛笔写兰本或书丹上石。但有些摩崖石刻及石窟，往往不经书写而直接用刀在石面上雕琢。

回廊 在建筑物门厅、大厅内设置在二层或二层以上的回形走廊，也指曲折环绕的走廊。如唐代诗人杜甫《涪城县香积寺官阁》诗："小院回廊春寂寂，浴凫飞鹭晚悠悠。"

烟雨楼正堂内景

殿三间，后有楼两层，高约20米，面阔五间，进深二间。重檐画栋，朱柱明窗，外加四周走廊，外观雄伟壮丽，在绿树掩映下，更显雄伟，气势非凡。

在烟雨楼正楼前檐，悬有后来所书"烟雨楼"匾额，二层中间悬乾隆御书"烟雨楼"匾额。楼下正厅也曾书有一副楹联，书体端正劲挺，堪称一代楷模。楼的上下均有回廊环通，登楼凭栏远眺，田园湖光尽在眼底。每当夏秋之季，烟雨弥漫，不啻山水画卷。

烟雨楼正楼的大堂两边高凳排列，嘉兴知府许瑶光所书《南湖烟雨》诗砖刻于墙壁，笔锋遒劲有力，其中几块墨色的板碑上刻着画，寥寥可数，将江南烟雨勾勒得淋漓尽致。

"分烟话雨"匾额悬挂中堂之上，厅内凉风习习，似有烟雨从湖面吹来，大凡此地，必睹物思人：

烟雨楼台听春雨，清风轻拂和细语。
分烟话雨伊人去，落花还恋静夜雨。

在烟雨楼中，还有许多石刻，如宋代著名书画家苏轼、黄庭坚和米芾的题刻，元代著名书画家吴镇的竹画刻石及后来的墓志铭碑刻等都较为著名。

在烟雨楼正楼东为青杨书屋，西为对山斋，均为三间。东北为八角轩一座，东南为四角方亭一座。西南垒石为山，山下洞穴迂回，可沿石磴盘旋而上，山顶有六角敞亭，名为"翼亭"。

烟雨楼正楼前是开阔的平台，有两棵古银杏树参天挺立。台外栏杆下有"钓鳌矶"刻石。平台东南侧，即为乾隆游南湖的另一处"御碑亭"。

此外，楼前还有一荷池，形如南湖特产"无角菱"。设有烟雨长廊，廊棚为砖木结构，中间有一段最为出色，有翻转轩两层雕刻花纹。

在烟雨楼正楼后，假山巧峙，花木扶疏。假山由太湖石叠成，相传为有名的造园家所做，后倾圮零乱，在重建时被理堆垒成虎豹狮象形状，形象逼真，威武可爱。假山西北，亭阁错落排列，回顾曲径相

太湖石 又名窟窿石、假山石，是一种石灰岩，有水、旱两种，峻峭怪异，形状各异，姿态万千，通灵剔透，色泽最能体现"皱、漏、瘦、透"之美。以白石为多，少有青黑石、黄石，尤其是黄色的更为稀少，有很高的观赏价值。它与灵璧石、英石和昆石列为中国园林"四大名石"。

嘉兴南湖建筑

■ 嘉兴南湖揽秀园

连，玲珑精致，各具情趣。

鱼乐国建筑群由宝梅亭、来许亭、鉴亭、出鉴亭等建筑构成。自宝梅亭前行，依次为来许亭、鉴亭。

揽秀园是后来兴建的一座文物碑刻园，坐落在嘉兴南湖西岸文星桥畔，占地11 300余平方米。园以碑廊为中心，西为古建筑，内设晚清著名书画家、海上画派创始人蒲华的纪念室。两侧长廊上嵌有"清仪阁""停云馆""小灵鹫山馆图咏"刻石。

其中，包括了园内珍藏的嘉兴历代碑刻84块及唐代著名画家吴道子手绘《出海观音》石刻以及元代重修嘉兴路总管府学碑记等。

这些作品均出自历代著名的书画家之手，如明代画家、书法家、文学家文徵明，清代著名的书画家、篆刻家赵之谦，晚清诗人、画家、书法家何绍基以及晚清时期著名国画家、书法家、篆刻家吴昌硕。

仓颉 原姓侯冈，名颉，史皇氏，陕西省渭南市白水县人，享年110岁。中国原始象形文字的创造者，中国官吏制度及姓氏的草创人之一。传说他仰观天象，俯察万物，首创了"鸟迹书"，震惊尘寰，堪称人文始祖。仓颉庙是国内唯一仅存的纪念文字发明创造的庙宇。

在《嘉兴府学重修明伦堂记》碑廊东侧为园林区，有菱香阁、三过亭、垂钓池等。三过亭是为纪念宋代大文豪苏东坡三到嘉兴本觉寺而建的。

碑廊东南为菱香阁，登阁远眺，绿树掩映中的小瀛洲隐约可见。在揽秀园东的文星桥为三孔石环桥，跨径38米，宽3.5米，有石阶梯约50步。

小灌洲为湖中小岛，与湖心岛上的烟雨楼南北相望，旧称"小瀛洲"，俗称"小南湖"。清代疏浚市河，堆泥于此，就形成了一分水墩，原来是渔民的晒网之地，后来逐渐发展为游览胜地。

清光绪年间，嘉兴民间"惜字会"在岛北部建仓圣祠三间，供祀黄帝时期造字的史官，被尊为"造字圣人"的仓颉。

在仓圣祠南有"舞蛟石"，为江南名石，又名"蛇蟠石"，历代文献屡有记载，古人赞美此石"怒目探爪""若饥蛟挐舞"。相传为唐代故物，也有的说是北宋末年"花石纲"遗物。石上刻有篆书"舞姣"两字，相传为元代大书法家赵孟頫所书。

小瀛洲岛北为湖滨公园，有九曲桥相连。园地有20余亩，树青草绿，有亭临湖，坐憩其间，得心旷神怡之趣。壕股塔是古时嘉兴七塔

嘉兴南湖文星桥

嘉兴南湖壕股塔

八寺之一，因北临城濠，水曲如股而得名。

后来，重建的壕股塔位于南湖西侧的南湖渔村之中，塔高63.36米，七层，为阁楼式塔，四周有回廊，沿袭宋代建筑风格。每层的四角翘檐上搁置一个精致佛像，下面垂挂古朴风铃，呈现"影荡玻璃碎，风铃柳外高"的意境。

南湖渔村位于南湖西北，据《烟雨楼史话》记载：是明代勺园旧址，勺园初建时面积并不大，但到处是楼台亭榭，假山峭削，青松苍翠，秋枫红醉。池中荷花，北背城濠，烟雨楼台，近在咫尺，园楼相对，形成了一个由水系为纽带的建筑群体，环境相当幽雅。

阅读链接

乾隆皇帝八上烟雨楼，在当时社会引起了一个轰动的效应。南湖和烟雨楼的名胜吸引了更多游客的好奇，皇帝吃过的、用过的、留下的东西，皇帝住的地方，皇帝乘的船，甚至陪同皇帝的官员，都被传得有声有色。

在民间，关于南湖菱，就流行着一个神奇的传说。据说，当年乾隆到嘉兴时，当地的官员准备了南湖菱给皇帝品尝。当时的南湖菱长着尖角，乾隆皇帝不小心被刺了一下。于是，他就下令菱花仙子不能让南湖菱长尖角。

第二年，南湖菱便真的不再长尖角了。从此之后南湖里的菱就一直是没有角的样子，像馄饨，又像元宝，民间将它称为馄饨菱、元宝菱。

人间仙境 烟台蓬莱阁

蓬莱阁坐落于烟台蓬莱城北处的丹崖山巅，建于1061年，曾是古代登州府署所在地，也是中国古代传说中的"八仙过海"之地。因阁下面临大海，建筑凌空，海雾四季飘绕，素有"仙境"之称。

蓬莱阁为中国古代道教名胜之一，主要由蓬莱阁、天后宫、龙五宫、吕祖殿、三清殿和弥陀寺六大单体及其附属建筑组成规模宏大的古建筑群，面积1.89万平方千米。

蓬莱阁同湖北武汉的黄鹤楼、湖南岳阳的岳阳楼、江西南昌的滕王阁齐名，被誉为中国古代四大名楼。

古代三神山传说中的仙境

自古以来，山东烟台蓬莱就与神仙文化结下了不解之缘，素有"仙境"之称。传说蓬莱、瀛洲和方丈是海中的三座神山，为神仙居住的地方，"蓬莱乃神仙之都，上帝游息之地，海水正黑为溟渤，无风而为波浪，万丈不可往来，惟飞仙间能到者"。

■ 鸟瞰烟台蓬莱三仙山

■ 烟台蓬莱三仙山之方丈山

在中国古代，很早就有"三山"之说。"三山"就是指蓬莱、方丈和瀛洲。因为蓬莱是三座神山之一，所以有"到了蓬莱就进入了仙境"之说。

秦汉时期，秦始皇和汉武帝多次巡幸来此求仙、望仙。传说汉武帝多次驾临山东半岛，登上突入渤海的丹崖山，寻求"蓬莱仙境"，加之"蓬莱"地名由汉武帝所赐，"蓬莱"一时成为天下瞩目之地。

此后，"蓬莱"两字成了人们对仙境的代指。凡是美如仙境的地方，大都用"蓬莱"来命名。

如唐朝的大明宫，别称"蓬莱宫"；唐代大诗人李白的诗篇中也有"蓬莱文章建安骨"的名句；还有如浙江的普陀山、福建的莆田和海南的东山岭等，都有以"蓬莱"命名的景物。

唐代贞观年间，渔民们在丹崖山极顶修建了龙王

瀛洲 即"东海瀛洲"，为崇明岛古称，是传说中美丽的东海仙山。相传在远古东海之中有一处瀛洲仙境，是神仙居处，但这个仙岛还没有稳固下来，直到后来明太祖朱元璋把"东海瀛洲"四个字赐给了崇明岛。从此，崇明岛便有了"古瀛洲"的美名。

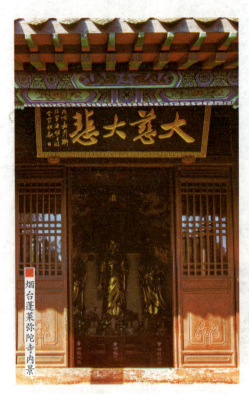

烟台蓬莱弥陀寺内景

庙。后来因皇室特别崇奉道教，在唐代开元年间，在"蓬莱"建造了一座三清殿，以供奉三清，分别是：中间的是玉清元始天尊，手拿红珠；东边的是上清灵宝道君，手拿太极图；西边的是太清太上老君，手拿扇子，太上老君就是中国道教学派的创始人老子。

在唐代还建有弥陀寺，他是蓬莱阁内唯一的佛教寺庙。该寺曾盛极一时，后因唐武宗李炎禁佛，虽没有遭到拆除之灾，但也一度僧尼还俗，门庭冷落。

宋代以后，朝廷为巩固政权需要，大力宣扬关羽的"忠义"，在弥陀寺的东边建了一座关公殿，中间主尊为"关公"，他是中国东汉末年西蜀名将关羽，官拜前将军，享汉寿亭侯爵位。由此，关羽的地位不断提高。

阅读链接

古代蓬莱是三神山传说的发祥地，有"东方神话故事之都"的美称，在蓬莱的神话传说中，以宋代流传于登州的"八仙过海"传说最为著名。

相传吕洞宾、李铁拐、张果老、汉钟离、曹国舅、何仙姑、蓝采和与韩湘子八位神仙，在蓬莱阁醉酒后，凭借各自的宝器，凌波踏浪，漂洋过海而去，留下"八仙过海，各显其能"的美丽传说。

宋代始建蓬莱阁建筑群

在宋代，蓬莱阁是古代登州府署所在地，管辖着九个县，一个州，是当时中国东方的门户。

1042年，北宋就已在此始建边防水寨"刁鱼寨"，是中国古代北方重要的对外贸易口岸和军港。它与中国东南沿海的泉州、明州（就是后来的宁波）和扬州，并称为中国"四大通商口岸"，是中国最完

烟台蓬莱阁景观

■ 蓬莱阁匾额

好的古代海军基地。蓬莱依山傍海,所以又以"山海名邦"著称于世,山光水色堪称一绝。

1061年,唐代所建的龙王庙被移到丹崖山半腰西侧,后来改名为"丹崖仙境坊"的西北。同年,宋人在此大兴土木,始建蓬莱阁。

蓬莱阁的主体建筑矗立于蓬莱北濒海的丹崖极顶,阁楼高15米,坐北面南,是双层木结构建筑。阁上四周环以明廊,可供游人登临远眺,是观赏"蓬莱云海"奇异景观的最佳处所。

"蓬莱云海"是在山东蓬莱地域出现的云海现象,属于风景、水景、景观资源和奇特的大气物理现象的综合景观特征。

在一定条件下,蓬莱海面形成的云层,并且云顶高度低贴近海面海岸。此时,漫无边际的云,如海波峰涌,浪花惊岸。

龙王 是神话传说中在水里统领水族的王,掌管兴云降雨。龙是中国古代神话的四灵之一。龙王是非常受古代百姓欢迎的神之一,传说龙往往具有降雨的神性。唐宋以来,帝王封龙神为王。从此,龙王成为兴云布雨,为人消灭炎热和烦恼的神,龙王治水则成为民间普遍的信仰。

当云海上升到一定高度，偶尔会在空中或"地下"出现高大楼台、城郭、树木等幻景，时隐时现于"波涛"之上，云雾烘托，扑朔迷离，怪景愈怪，云峰奇海，为蓬莱海岸增添诱人的艺术魅力。

古时，蓬莱海面上常出现这种幻景，古人归因于蛟龙之属的蜃，吐气而成楼台城郭，因而称此奇观为"海市蜃楼"。虚幻的琼楼玉宇为古老的"蓬莱仙境"增添了神奇的色彩。

北宋著名科学家、改革家沈括，在他的笔记体著作《梦溪笔谈》里有这样的记载：

登州海中时有云气，如宫室台观，城堞人物，车马冠盖，历历可睹。

这是沈括在蓬莱游玩时亲眼所看到的海市蜃景。古时蓬莱正是因为有"海市蜃楼"奇观和"八仙过海"的美传，而以"人间仙境"著称于世。

"蓬莱仙境"石牌坊

碑碣 古人把长方形的刻石叫"碑"。把圆首形的或形在方圆之间，上小下大的刻石，叫"碣"。秦始皇刻石记功，大开竖立碑碣的风气。东汉以来，碑碣渐多，有碑颂、碑记，又有墓碑，用以纪事颂德，碑的形制也有了一定的格式，后世碑碣名称往往混用。

世传蓬莱有十处仙景，而"海市蜃楼"便为一处奇观。每年春夏、夏秋之交，空晴海静之日，时有海市出现，海上劈面立起一片山峦，或奇峰突起，或琼楼迭现，时分时聚，缥缈难测，不由人不心醉神迷。

千百年来，慕名而至的文人墨客络绎不绝，虽然大饱眼福的人不过十之一二，但是留存了观海述景的题刻200余方。

由于蓬莱得天独厚的地理环境，这里不仅一年四季景色有异，就连一日之间也变幻无穷。

蓬莱阁因建于山顶最高峰，远远望去，楼亭殿阁掩映在绿树丛中，高踞山崖之上，恍如神话中的仙宫。因此，蓬莱阁上是观赏"蓬莱十大景"中"仙阁凌空""渔梁歌钓"二景的最佳观赏处。

因为蓬莱阁的神奇景象和宏伟规模，它与湖北武汉的黄鹤楼、湖南岳阳的岳阳楼和江西南昌的滕王阁

■ 蓬莱"八仙过海"处

■ 烟台蓬莱阁下的八仙塑像 八仙是民间广为流传的道教中的八位神仙。八仙之名,在明代以前众说不一,有汉代八仙、唐代八仙、宋元八仙,所列神仙各不相同。至明代吴元泰在《八仙出处东游记》(即《东游记》)中把八仙定为铁拐李、汉钟离、张果老、蓝采和、何仙姑、吕洞宾、韩湘子和曹国舅。

并称为中国"古代四大名楼"。阁内文人墨宝、楹联石刻,不胜枚举。

在宋代,蓬莱阁除主要兴建了蓬莱阁楼外,还建有仙人桥、苏公祠、卧碑亭、天后宫、宾日楼和子孙殿等建筑。

后来,人们把三清殿、弥陀寺、苏公祠、天后宫、龙王宫、蓬莱阁和后来兴建的吕祖殿等不同的祠庙殿堂、阁楼和亭坊组成的建筑群,统称为蓬莱阁。

位于蓬莱阁下的仙人桥,结构精美,造型奇特,传说为"八仙"过海的地方。

蓬莱阁自古为名人学士雅集之地,阁内各亭、殿、廊、墙之间,楹联、碑文、石表、碑碣琳琅满目,比比皆是,翰墨流传,为仙阁增色不少。

苏公祠位于卧碑亭东侧,为轩亭建筑。据记载,"苏轼知登州不过五日,即上《乞罢登莱榷盐状》",

■ 蓬莱胜境

盐政 中国盐业源远流长。春秋时期为中国盐政之始,唐代盐场专卖制的创立,则标志着中国古代盐政制度的成熟。北宋时,行官商并卖制,规定或官卖或通商得各随州郡所宜。其盐业生产,则设立亭户户籍,专事煮盐,规定产额,用所煮的盐折纳春、秋二税;于产盐之地设置场、监等盐政机构,从事督产收盐。

登莱百姓因苏公之请",不食官盐的制度后来一直延续下来。

清代的《盐政碑记》中记载:

有宋时,苏文忠公,莅任五日即上榷盐书,为民图休息,土人至今把之,盖非以文章把,实以治绩也。

为怀念北宋著名文学家、书画家苏轼,宋人建了苏公祠。苏公祠的祠堂内竖立了苏轼肖像刻石拓本。内外壁嵌刻石20余方,其中内壁的苏轼《海市诗》《望海》及后来的《观海》和临《海市诗》楷书刻石尤为珍贵。

卧碑亭坐落在丹崖山古建筑群的东北侧,面北而立,因亭内存有北宋著名文学家、书画家苏轼的《海市诗》和《题吴道子画后》横幅碑刻而得名。

其实，卧碑亭并不是一座亭式建筑，而是同其他建筑相连接的卷棚庑式屋宇，因为苏轼的两件手迹都是横幅，刊刻在横置的长方形碑石上，所以被人们称为"卧碑"。卧碑的长为217厘米，高为92厘米，正面刻的《题吴道子画后》，背面刻的《海市诗》。

1085年，苏轼来到登州为官。但是仅仅五日，便接到还朝的调令。在他离开登州之前，有幸看到了令人神往的海市奇观，欣喜之余，便写下了著名的七言古诗《登州海市》：

东方云海空复空，群仙出没空明中。
荡摇浮世生万象，岂有贝阙藏珠宫？
心知所见皆幻影，敢以耳目烦神工。
岁寒水冷天地闭，为我起蛰鞭鱼龙。
重楼翠阜出霜晓，异事惊倒百岁翁。
人间所得容力取，世外无物谁为雄。

烟台蓬莱苏轼手迹"人间蓬莱"牌坊

率然有请不我拒，信我人厄非天穷。
潮阳太守南迁归，喜见石廪堆祝融。
自言正直动山鬼，不知造物哀龙钟。
伸眉一笑岂易得，神之报汝亦已丰。
斜阳万里孤鸟没，但见碧海磨青铜。
新诗绮语亦安用，相与变灭随东风。

苏轼以兴奋的心情记述了观看海市的全过程和感想，成为古今鉴赏的名篇，历代不乏注释赏析的文字。同时，翰墨流传，也为蓬莱的海山大增色彩，登州海市、丹崖仙阁也从此声震遐迩，名震天下了。

卧碑的另一面刊刻的是苏轼的《书吴道子画后》和《跋吴道子地狱变相》两文的节录：

道子画圣也。出新意于法度之中，寄妙想于豪放之外，盖所谓游刃有余，运斤成风者耶！

■ 远眺烟台蓬莱阁

■ 烟台蓬莱阁上的宾日楼

碑文将《书吴道子画后》和《跋吴道子地狱变相》两文合二为一，是苏轼当时写给当时客居蓬莱的河内史全叔的。

另据《东坡志林》记载，苏轼在蓬莱还画过一幅《枯木竹石图》，"自谓此来之绝"，也给了这位史全叔，可见苏、史过从甚密。

苏轼离开登州以后，史全叔为纪念一代文宗苏轼，便想到把他的《海市诗》摹勒上石，以垂久远。而当时摹勒之事是难以放大与缩小的，所以只有照纸幅的尺寸确定石之大小。

但在《海市诗》刻竣时，史全叔又发现碑石的背面尚可刊刻，于是史氏就所藏选出了《书吴道子画后》手迹，所憾此纸比之《海市诗》手迹短了几行，于是另选有关手迹填满，然后才刻成卧碑。因为卧碑亭的墨迹出自一代文宗苏轼之手，所以备受人们珍视，整个卧碑也便成了蓬莱阁上的文物珍品。

宾日楼也叫"望日楼"，位于苏公祠东邻，建于

《东坡志林》为宋代文学家苏轼所著。此书所载为作者自元丰至元符年间20年中的杂说史论，内容广泛，无所不谈。其文则长短不拘，或千言或数语，而以短小为多。皆信笔写来，挥洒自如，体现了作者行云流水、涉笔成趣的文学风格。

■ 烟台蓬莱"日出佛桑"景观

宋代,为八角十六柱双层砖木结构楼阁式建筑。楼体八棱,南侧与吕祖殿连为一体。

底层外侧明廊,楼内有木梯盘旋而上。二层周匝开圆窗8个,眼界极阔,可观八面景致,纳八面来风,是观赏海上日出的绝好之处,可欣赏"日出扶桑"之景。

"日出扶桑"为"蓬莱十大景"之一,景致壮丽磅礴,别具一格,苏轼述登州所见有"宾出日于丽谯,山川炳焕"的名句。后来诗人对此更有极细致的描写:

日初出时,一线横衺,如有方幅棱角,色深赤,如丹砂。已而,焰如火,外有绛帷浮动,不可方物。

妈祖 又称天妃、天后、天上圣母、娘妈,是历代船工、海员、旅客、商人和渔民共同信奉的神祇。古代在海上航行经常受到风浪的袭击而船沉人亡,船员的安全成为航海者的主要问题,他们把希望寄托于神灵的保佑。

久之，赤轮涌出，阴象乃圆，光彩散越。不弹指而离海数尺，其大如镜，其色如月矣。

前人诗道：

海云沆漭覆虞渊，竣乌宵腾羲驭还。
何必烛龙衔始出，沧波原是接长天。

蓬莱阁天后宫始建于宋崇宁年间，在1102年至1106年，庙额为"灵祥"。

1122年，宋朝使者路允迪出使高丽王朝，因在海上遭遇狂风，后获得妈祖庇护，只剩下路允迪有惊无险。他回京后，奏明圣上，在蓬莱阁创建了天后宫，后来扩建到了48间的规模。

子孙殿是古时候求子求孙的地方，位于龙王宫正殿东侧，其正门

蓬莱阁子孙殿里的送子观音塑像

就是天后宫一进院落西北耳门，门上有匾。殿为庙宇式建筑。殿额为"熊罴赐梦"，取之《诗经·小雅·斯干》篇，篇中有这样的句子：

吉梦维何，维熊维罴，
维熊维罴，男子之祥。

意思是，什么是吉梦？是熊是罴，只有熊罴才象征着男子的吉祥。熊罴是凶猛的野兽，象征着勇敢的武士。因此，以"熊梦"或"熊罴入梦"为祝人生子的吉祥语。

在子孙殿内东、北、西皆有高台，北高台上设连体神龛3个，中龛祀送子娘娘坐像，东西龛分别祀眼光娘娘和疹子娘娘坐像。东、西高台上分别立有麒麟送子、天王送子组塑。

此殿主祀送子娘娘。眼光娘娘保佑儿童心明眼亮，志向远大。疹子娘娘保佑儿童顺利通过疹子关，因为旧时儿童麻疹死亡率极高，疹子娘娘应运而生，专事保佑儿童出麻疹。殿内备有蒲团、香炉，殿前正门内南侧壁上设有"宝库"。此殿香火历来繁盛。

阅读链接

相传，很早以前，在古代渤海中有"蓬莱""方丈""瀛洲"三座神山。秦始皇嬴政统一六国后，为求大秦江山永固、个人长生不老，便慕名去"蓬莱"寻找神山，以求长生不死药。

秦始皇站在海边，眺望大海，只见海天尽头有一片红光浮动，便问随驾的方士那是什么，方士回答："那就是仙岛。"

秦始皇大喜，又问仙岛叫什么名字？方士一时无法应答，忽见海中有水草漂浮，灵机一动，便以草名"蓬莱"回答。从此，"蓬莱"成为仙岛的地名。

明代蓬莱阁进入鼎盛期

在元末,全真教结合教义对其"北五祖"的偶像宣扬,扩大了蓬莱作为神仙福地在国内外的影响。

明洪武年间,龙王宫曾得以修葺。1376年,明朝在原来北宋所建的驻扎水军的边防水寨"刀鱼寨"基础上环筑土城,增设军事设施,名曰"备倭城",俗称"蓬莱水城"。

蓬莱水城城楼上的古炮

蓬莱水城位于蓬莱阁东侧，即登州水港，它与庙岛群岛构成海上锁链，地理位置非常重要。古港原为自然港湾，水域面积27万平方米，比后来的蓬莱水城大三四倍，它负山控海，形势险峻。

蓬莱水城俗称"小海"，居城中，呈长袋形，是水城的主体，为操练水师与泊船之所。传说，该地自古就是海防要塞和海运的枢纽。

水城背山面海，陡壁悬崖，天险自成，在汉唐时就已成为军事重地。1408年，明朝在蓬莱水城设"备倭督指挥使司"。在明代隆庆年间，三清殿得以重修。

1583年，佛教名僧憨山德清到山东传教。据说，他在山东地区的佛教界影响很深，他的弟子遍布各地。当时，蓬莱阁内的弥陀寺香火复盛，渐渐扩建成后来的规模。

弥陀寺的正殿，里面供奉的是西方三圣和十八罗汉。正中供奉的是阿弥陀佛，其左胁侍为观世音菩萨，右胁侍为大势至菩萨。阿弥陀佛是西方极乐世界的教主，他能够接引念佛的人前往西方极乐世界，所以又称"接引佛"，为净土宗敬奉的主要对象。

山东总督备倭督指挥使司

■ 蓬莱阁内的弥陀寺山门

沿丹崖山势而建的蓬莱阁，南面东西一字排列着三座山门。中间与丹崖仙境坊相对的山门额书"显灵"两字，即为"天后宫"的山门。

东门额书"白云宫"，是白云宫的前门，而门内并无殿宇，只有一个花坛。据说，白云宫在1603年毁于火灾，明代总兵李承勋捐资重建。传说，白云宫是人间和仙境连接的仅有的一道门，是玉皇大帝的女儿"七仙女"下凡的地方。

西门额书"龙王宫"，也就是唐代始建的龙王殿，在明代万历年间，再次得以修缮，并改名为"龙王宫"。

龙王宫为三进院落，庙宇式建筑，占地2 117平方米。前殿内东、西各塑海中护法一尊，东为"定海神"，西为"靖海神"，各持法宝，威风凛凛。

正殿东西长12米多，南北进深10米，有前廊，殿

山门 寺院正面的楼门，寺院的一般称呼。过去的寺院多居山林，故名"山门"。通常寺院为了避开市井尘俗而建于山林之间，因此称山号、设山门。山门一般有三个门，所以又称"三门"，象征"三解脱门"，即"空门""无相门""无作门"。

额"霖雨苍生",两个明柱书有楹联:

龙酬丹崖所期和风甘雨
王应东坡之祷翠阜重楼

明廊西侧镶有"龙王宫简介"。殿中设高台神宪,内塑东海龙王敖广金身坐像,两侧塑有8名站官,由南而北,东为巡海夜叉、千里眼、电母、雷公,西为赶鱼郎、顺风耳、风婆和雨神。

殿北门楹联楣批"风调雨顺",联文为:

海邦万里庆安澜
五湖四海降甘霖

后殿为龙王寝宫,也有明廊,两明柱殿额"福庇海邦",题联:

蓬莱阁内的龙王宫

赠大圣定海神珍千年魔尽
还八仙渡海宝物万里波平

龙王宫内的龙王雕像

殿内也设高台神龛，内塑龙王及左右嫔妃金身坐像；殿内东、西两侧各塑4名侍女。旧有龙王木雕像及龙王出行用的步辇和仪仗。

胡仙堂位于蓬莱阁西北部，坐北朝南，面阔9米，进深3米多，高4米多，为三开间三架梁硬山顶建筑，堂内尊奉胡仙塑像，设有侍童塑像及其他祭器。胡仙堂门上的楹联为：

入深山修心养性
出古洞得道成仙

胡仙堂中供奉三尊塑像，中间为胡仙，身边是他的两位药童，女童手拿灵芝，男童手拿药葫芦及医书，东面墙上有《深山采药图》。

阅读链接

在明代，相传登州有一胡姓人家，家中有一公子，自幼无心读书求取功名，而热衷寻求民间药方，进深山采药为老百姓治病。他医术高明，不管什么样的疑难杂症，都能药到病除，后来他潜修仙道，得道成仙，被尊为"胡仙"。

后来，人们为纪念他的功德，就在蓬莱阁西北部，东面与天后宫寝殿西山墙相连的地方修建了"胡仙堂"，胡仙堂香火鼎盛，前来求药治病的人络绎不绝。据说，胡仙堂曾被毁，后来根据当地年长者的口述，恢复了胡仙堂原貌。

清代重建蓬莱阁建筑群

在清代，蓬莱阁建筑群先后修缮、增建了天后宫、普照楼、吕祖殿和蓬莱阁等建筑。从此，蓬莱阁建筑群的布局及规模臻于完善。

蓬莱阁天后宫也因其历史悠久、规模雄伟而闻名遐迩。天后宫位于蓬莱阁的"丹崖仙境"牌楼后正中，占地面积3 000多平方米。

蓬莱阁"丹崖仙境"牌坊

■ 蓬莱阁天后宫内的戏楼

天后宫建筑结构为四进院落,南北朝向,自南向北依次为正门、钟鼓楼、戏楼、前殿、垂花门、东西庑、正殿东西耳房、后殿。

1826年,天后宫毁于火灾。第二年重修,把原来的"灵祥"改为"显灵",成为中国北方最大的天后宫之一。蓬莱阁天后宫与其他地方的天后宫设计大同小异,过正门,就是钟鼓楼。

钟鼓楼虽然不大,但是很别致。在钟楼北侧通道间立有三块很有价值的碑记——《坤爻石记》《八松石亭记》《重修白云宫、海神庙、天后宫、蓬莱阁记》,记述了蓬莱阁的沧桑。

一进院落除了钟鼓楼外,还有大戏楼,为木石结构的二层楼阁建筑,坐南朝北,面对天后宫前殿。一层有南北通道,二层半部为戏台,半部为演戏人员的

垂花门 是中国古代建筑院落内部的门,因其檐柱不落地,垂吊在屋檐下,称为垂柱,其下有一垂珠,通常彩绘为花瓣的形式,故被称为垂花门。它是四合院中一道很讲究的门,也是内宅与外宅的分界线和唯一通道。

活动处。戏楼上有一副对联：

乐奏钧天潮汐声中喧岛屿
官开碣石笙歌队里彻蓬瀛

此联是戏楼的真实写照。传统上，这戏台是庙会演戏的地方，戏台面对天后宫是要演戏给妈祖看的意思。后来，每年农历正月十六天后宫庙会，都在戏台上演俚俗戏剧，已形成了特定的民俗。

戏台之后，就是蓬莱阁天后宫的前殿。前殿位于一进院落北端，也称"马殿"，内供嘉应、嘉祐两护神。宽11米多，进深6米多，门上额题"天后宫"，还有对联：

佑一方潮平岸阔
护环海风正帆悬

由前殿可进二三进院落之间的垂花门。这垂花门在其他天后宫中是比较少见的。垂花门为单脊双出檐开山木结构建筑。

垂花门两边各有倒垂贴金花蕊，造型古朴别致。在封建社会，垂花门是显贵的象征，未经许可不得进入。

踏入垂花门就是天后宫三进院

贴金 是一种古老的技艺，是中华民族民间传统工艺的瑰宝。据考证，早在5 000多年前的新石器时代，我们的祖先就已有了珍惜黄金的意识，并掌握了贴饰黄金薄片的技术。到商代，中国贴金技术日臻成熟，且广泛用于皇宫贵族或佛像寺庙的贴饰，以表现其富丽堂皇或尊贵庄重。

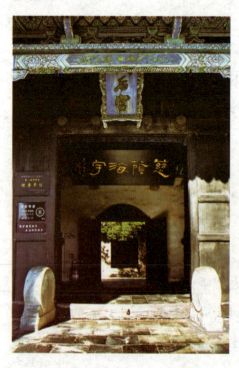
■ 蓬莱阁内的天后宫

落。天后宫正殿坐落在这里。

正殿宽16米多，进深14米多，前明廊立柱4根，两两相对，额题"道德神仙"，明廊两边墙壁分别镶嵌《重修天后宫记》和《重修天后宫碑记》刻石。

殿内有8根金色柱子，其中有4根是铁力木，其木质地坚硬，经久不裂，使天后宫正殿坚固无比。正殿中央1米台上为三面大小的水纹木格神龛，内供奉3米多高的天后雕塑像。

在天后左、右两边，各立二侍女。殿内两侧皆为高台，塑有8尊神像，分别为四海龙王、传达天帝旨意的文官、手持万法归宗的文官、传达天后旨意的文官、掌管文印的文官等。

在天后宫中，龙王为妈祖站班。据说，是因为宋朝使者路允迪出使高丽前曾经祭拜过龙王，要求庇佑，结果遇大风，"八舟溺七"。

后来因求妈祖"显灵"，才使路允迪免予遭难，所以龙王不如妈祖，只好为妈祖站班了。妈祖正殿因香火旺盛，在道光年间被火烧殆尽，后重建时在后照壁上刻写"乌龙压镇"，把火灾镇住。

四进院落是天后宫最后边的一座建筑物，也就是后殿，是妈祖她老人家的卧室，建有东、西耳房，形

■ 蓬莱阁内的妈祖塑像

神龛 一种放置神明塑像或者是祖宗灵牌的小阁，规格大小不一，一般按照祠庙厅堂的宽狭和神位的多少而定。比较大的神龛有底座，是一种敞开的形式。祖宗龛无垂帘，有龛门。神佛龛座位不分台阶，依神佛主次设位；祖宗龛分台阶按辈分自上而下设位。因此，祖宗龛多为竖长方形，神佛龛多为横长方形。

制小巧，用料考究。檐下两端采用砖雕，有图有文，图文并茂。

砖雕的文字联结而成为五言绝句一首：

直上蓬莱阁，人间第一楼。
云山千里目，海岛四时秋。

后殿底层宽13米多，进深7米多，额题"福赐丹崖"，意为妈祖能福佑丹崖，丹崖为蓬莱阁地方的别称，因该地皆呈丹色。

蓬莱阁内的普照楼

殿内用雕花板隔二为三，刻雕各种故事——"喜鹊登枝""松鹤迎年""福满四方"等。二楼为妈祖梳妆楼，宽13米多，进深5米多，摆设各种卧具。

蓬莱阁天后宫在建筑上有独特之处，更重要的是八仙道教、洋洋众仙，妈祖的神威使这些仙人留下地盘儿，还为妈祖助威。

1868年，清廷为了便于蓬莱水城的船舶夜行，专门在蓬莱阁东北角的丹崖绝壁之上，建造了一座用以导航的普照楼，又名"灯楼"。

楼高三层，为砖木结构，占地25平方米，楼体6楼，楼顶斗拱，内设扶梯盘旋而上。顶层木构，六柱支撑如亭状，周匝木扶栏。

在清代，普照楼是蓬莱阁古建筑群的重要建筑之一，它与宾日楼、吕祖殿等共同组成仙境蓬莱的特征

砖雕 中国古建雕刻艺术及青砖雕刻工艺品，由东周瓦当、汉代画像砖等发展而来。在青砖上雕出山水、花卉和人物等图案，是古建筑雕刻中很重要的一种艺术形式。主要用来装饰寺、庙、观、庵及民居的构件和墙面。

性标志。

1877年，为了宣扬吕洞宾"施医治病，惩恶扬善，行侠布道"的蓬莱精神，由知府贾湖、总兵王正起倡建吕祖殿。

吕祖殿位于宾日楼南，坐北朝南布局，由重门、正殿和东西两底组成，皆为庙宇式建筑。

正殿为三开间硬山结构，北壁与宾日楼连体，长9米，进深8米。殿内设高台神龛，中祀吕洞宾坐像，左右侍立药童和柳树精。

吕岩"寿"字碑位于正殿前明廊西端，"寿"字草书，笔力雄健，盘郁苍劲，碑下款署"光绪甲申仲冬勒于蓬莱丹崖之吕祖阁志斋郑锡鸿谨摹"。

吕祖殿东，有明朝大臣黄克缵的《东牟观兵夜宴蓬莱阁》诗刻石、姚延槐的"海天一色"碑等。

在清代嘉庆、道光和光绪年间，位于天后宫西北

药童 古代对从事一般中药加工技术的人员的称呼。唐代太医署中始设有药童24人，其职责是在主药的带领下加工、整理药品。这类人员一般都年龄偏小，故称"药童"。

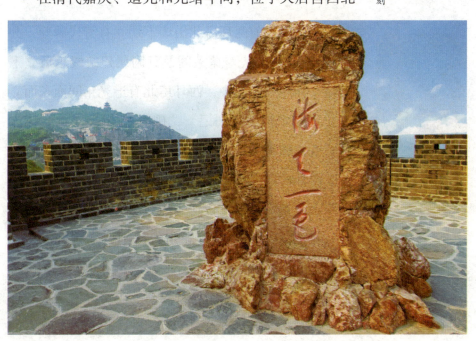

■ 蓬莱阁吕祖殿内的"海天一色"碑刻

■ 蓬莱阁内的"八仙"雕塑

铁保（1752—1824），即乾隆帝之子哲亲王，清代书法家。他早年曾学"馆阁体"书法，后学唐代书法大家颜真卿，纠正"馆阁"带来的板滞之病。他与成亲王爱新觉罗·永瑆、刘墉、翁方纲称为清代四大书家。著有《惟清斋全集》《惟清斋字帖》《人帖》《惟清斋法帖》等。

丹崖绝顶的蓬莱阁楼均曾得以修葺，为双层木结构楼阁建筑，它坐北朝南，东、西两侧前方各筑偏房、耳房，对称分布。耳房也作为门厅，有道路连接偏房及登阁石阶。

蓬莱阁楼前两耳房北山墙下均立有清代碑刻，共3方，系清朝历代对蓬莱阁及其附属建筑竣工后立下的纪念性碑刻。其中，西耳房北有道光年间面东而立的《重修登州蓬莱阁记》，碑高2.3米，文以行体大字书就，颇有气势。

西耳房内西壁嵌有"日出扶桑""晚潮新月"等蓬莱十大景刻石10方，均为清代之物。西偏房内存有历代碑刻10余方，如《登州天桥闸口捐康挑沙记》碑、《重修蓬莱阁记》碑、《修登郡西道路记》碑、长白英文书法刻石等，均具较高的史学价值。

蓬莱阁楼底层长14多米，进深9多米，四面回廊，明柱16根。正门上方悬"蓬莱阁"巨匾，为清代书法家铁保手迹。

室内粉壁上原有历代遗留的诗文、题字和绘画。阁内北壁正中高悬清代书法名家铁保所书之"蓬莱阁"巨匾，字体雄强浑厚，劫后幸存，吉光片羽，弥足珍贵。

蓬莱阁楼内西壁悬挂有众多题诗和题联。室内木质梁柱彩绘"蓬莱十大景"及《八仙图》《风竹图》等图案。周遭摆放八仙桌、八仙椅，中央塑有"八仙醉酒"组塑，是根据"八仙过海"传说中八仙在蓬莱阁上放浪形骸，酒醉后各显神通渡海遨游的情节创作的。

蓬莱阁底层北墙外壁嵌有"碧海清风""海不扬波""寰海镜清"大型刻石3方。"碧海清风"刻石为清代书家鲁琪光墨宝。"海不扬波"刻石在中日甲午战争期间，不幸中弹，"不"字受损，其伤痕仍然倾斜可见。粉壁上由南海才子招子庸所绘之《墨竹图》

招子庸（1793—1846），本名功铭山，号"明珊居士"。广东南海横沙人。他不但是卓越的画家，而且是一个通晓韵律的音乐家。他运用广州方言所著的《粤讴》，深受人们喜爱，被誉为"粤讴鼻祖"，有英国人以《广州情歌》为名把它介绍到欧洲去。代表作品有《蒹葭郭索图》《粤讴》《留庵随笔》。

■ 蓬莱阁"海不扬波"石刻

蓬莱仙岛

等一批珍贵字画，也绝迹人间。

至清代末年，整个蓬莱阁建筑群规模宏大，总建筑面积达18 900余平方米。蓬莱阁南有三清殿、吕祖殿、天后宫、龙王宫等道教宫观建筑，东有苏公祠，东南有观澜亭。

蓬莱阁西侧为海市亭，因其三面无窗，亭北临海处筑有短垣遮护，亭外海风狂啸，亭内却燃烛不灭，又名"避风亭"，亭内墙壁上嵌有袁可立《观海市》诗石刻9方。整个建筑陡峭险峻，气势雄伟，朱碧辉映，风光壮丽。

阅读链接

在蓬莱阁天后宫正门前、戏楼两侧，各有红褐色的巨石三尊，两两相对，像三台星座，显得奇特极了。

古时，"三台星"是"星宿"，也叫"三能星"，属太微垣。为此，清代大学者阮元命名此石为"三台石"，刻石嵌于天后宫前殿的外壁上。

后来，蓬莱知府张辂因六石排列形式像《周易》中的八卦之坤卦"☷☷☷"，"爻"是易卦的基本符号，八卦变化取决于爻的变化，所以称它为"坤爻石"。据说，这是当年劈山建阁时特意留下作为点缀的。

雄镇海疆 越秀镇海楼

古时，在中国有4座镇海楼，分别是越秀山镇海楼、香港镇海楼、福州镇海楼和宁波镇海楼。

其中，要数广州的越秀山镇海楼最为出名，该楼始建于1380年，是古代广州的标志性建筑。

广州越秀山镇海楼坐落在越秀山小蟠龙冈上，绿琉璃瓦覆盖，饰有石湾彩釉鳌鱼花脊，朱墙绿瓦，巍峨壮观，被誉为"岭南第一胜览"。

明代洪武年间始建镇海楼

传说，朱亮祖原是一介武夫，归顺吴王朱元璋后屡立战功，曾经领兵一举攻下广州城，是辅助朱元璋开国的有功之臣。因此，明太祖朱元璋在得天下后，就封他去广州做了镇守南疆的"永嘉侯"。

朱亮祖很信风水，心想当今皇上小时候只是个放牛的，后来却做

重建的越秀镇海楼全景

■ 越秀镇海楼背面

成了天子，一定是他家的风水好。于是，他就经常带着风水先生在广州四处寻找风水宝地。

有一天，朱亮祖就去了越秀山。当时的越秀山，林壑幽深，古木参天。只见小蟠龙冈一带环山面水，气势雄伟，又听风水先生的一通吹嘘，他便决定把自己的府第建在那里。

当晚，朱亮祖太高兴，多喝了两杯酒，发觉自己正站在新府第前眺望大海，南面就是宽阔的珠江，古时粤人称为"珠海"。

突然，只见海中飞出一条青龙来。张牙舞爪，尾卷残云，鼻孔喷出的水柱直冲苍昊，紧接着便是晴天霹雳，电闪雷鸣。这情景把朱亮祖吓了一大跳。

朱亮祖正想转头入屋，却见白云缭绕的越秀山上冲出一条赤龙来，鼻嘴喷火，那火柱比青龙喷出的水柱还要高，也是张牙舞爪，扑向青龙。双方立即展开

天子 在中国古代，封建君主认为王权为神所授，其命源天，自称其权力出于神授，是秉承天意治理天下，故称帝王为天子，也自称为朕。朕代表皇帝的说法，出自秦国丞相李斯。他对秦始皇说："臣等昧死上尊号，王为秦皇。命为制，令为诏，天子自称曰朕。"

■ 镇海楼的红墙绿瓦

了一场恶斗，只见巨浪冲天而起，火海铺天盖地，最后青龙力气不支，逃回海底去了。

朱亮祖的夫人推门进来后，他猛然惊醒，才知是南柯一梦。回味梦中情景，不知主何凶吉，忙叫幕僚进来占梦，结果不得要领。

他的那帮谋士，有的说越秀山上出赤龙，主羊城要出能人了，大吉；有的说两龙相斗，主天下祸乱，大凶；有的说二龙相争，火胜水败，主天下大旱，有灾害。众说纷纭，朱亮祖也不知听谁的好。

没两天，这事就传了出去，广州老百姓听了，随即全城人心惶惶。这下子，朱亮祖也惊慌起来，急忙修本，星夜派人进京启奏洪武皇帝，请皇上定夺。朱元璋看了奏章，也心中不安，就传著名谋士刘伯温进殿一决疑难。

刘伯温问明情况，明白这不过是永嘉侯日有所

龙穴 一般是指神话传说中神物"龙"的居住地。在古代风水学术中，"龙穴"代表大富大贵之地，指山的气脉所结处，是比较适合建筑居所的地方。如《秘传水龙经》云："横宫龙穴生荣显，借合穿龙主发财。"

思夜有所梦而已,而且这梦要怎么断都行,心想当前还是安定民心要紧,便对朱元璋说,这是个吉兆,赤色火龙乃皇上圣明,青色妖龙乃海上盗贼,因为当时海盗猖獗,海疆不宁,盗贼潜逃,主大明天下兴旺强盛,固若金汤。可令永嘉侯建一四方塔楼镇住海妖,便可保大明江山永固了。

朱元璋听说是吉兆,也很高兴,但静下心来一想,这越秀山上飞出龙来,打赢的还是条喷火的赤龙,这总叫人不放心:莫非那里有"龙穴"不成?做皇帝的,谁不担心天下又生条龙出来?于是下令朱亮祖在观音山上风水最好的地方修一座塔楼,目的就是要封住"龙穴"。朱亮祖不敢有违圣旨,就在自己打算建府第的地方建了这座塔楼。

据说,镇守广州的永嘉侯朱亮祖接到朱元璋谕旨时,正把宋代的东、西、中三城合而为一。因此,他在1380年趁势开拓广州北城约2 600米,使城墙跨到了越秀山上。

这一次,他在越秀山小蟠龙冈上、北城垣最高处建起了一座砖石砌筑的"楼成塔状,塔似楼形"的五层高楼,楼呈绛红色,有"辟邪镇王"之意,同时从楼的位置及高度而言,可起到壮广州城之势的作

> 刘伯温（1311—1375）,本名刘基。元末明初的军事家、政治家及文学家,通经史,晓天文,精兵法。他辅佐明太祖朱元璋完成帝业、开创明朝并尽力保持国家安定,因而驰名天下,被后人比作"诸葛武侯"。他在文学史上,与宋濂、高启并称为"明初诗文三大家"。

■ 镇海楼木结构

> **怀圣寺光塔** 是中国伊斯兰教古迹，位于广东广州光塔路怀圣寺院西南隅，与寺并立。怀圣寺光塔原名"邦克塔"。据说，因"邦"与"光"在粤语中音近，因而误称为"光塔"。还有说是因塔呈圆筒形，耸立珠江边，古时每晚塔顶高竖导航明灯而得名。也有说是因塔表圆形灰饰，望之如光洁银笔而得名。

用。据《大明一统志》中《广东布政司·广州府》所载"望海楼"条目全文记：

望海楼，在府城上北，本朝洪武初建，复檐五层，高八丈余。

那时候，珠江水面非常宽阔。其北岸大概是西起后来的蓬莱街，中经和平路、一德路、泰康路，东至东华路一线；南江岸大约推进至堑口一带，江面宽阔达600余米，大概为后来珠江水面宽度的3倍以上。

当时，粤人称珠江为"珠海"，再加上天气晴朗，可视度大，登楼就得以清楚地看到"珠海"，因而该塔楼命名为"望海楼"。但百姓多因望海楼高五层，又俗称为"五层楼"。

因为望海楼建于广州城最高的地方，它周围的六榕寺花塔、怀圣寺光塔的海拔高度都不及它，所以

■ 镇海楼城防炮

■ 越秀镇海楼匾额

它一直是古时广州城最高的建筑物，正所谓"楼冠全城"。从此，望海楼就成了人们登临览胜，遥赏珠海白云景色的好去处。

在明代成化年间，两广军务提督韩雍曾对望海楼重加修治，但后来全楼竟被火焚毁了。

1545年，两广军务提督蔡经与侍郎张岳又重建了镇海楼，因当时倭寇不断侵扰中国东南沿海边陲，海疆不靖，需强化海防，于是张岳为之题名"镇海楼"，含"雄镇海疆"之意。这是望海楼始建以来的第一次重建。经此次重建后，据张岳的《镇海楼记碑》记载：

> 规制如旧，而宏伟壮丽视旧有加。楼前为亭曰仰高，左右两端跨衢为华表，左曰驾鳌，右曰飞鼍，旧所无也。

华表 是古代宫殿、陵墓等大型建筑物前面做装饰用的巨大石柱，是中国一种传统的建筑形式。相传华表既有道路标志的作用，又有为过路行人留言的作用，早在原始社会的尧舜时代就已经出现了。

由此可见，镇海楼相对于先前的望海楼而言，不仅在楼前增建了仰高亭，在楼的左、右两侧则增建了"驾鳌"和"飞蜃"两座华表，而且整个镇海楼都更加宏伟壮丽了。明代诗人陈子升曾留下名篇《忆秦娥·望江楼》：

望江楼，遥峰极目悬清秋。悬清秋，青牛关上，白马潮头，风前吹笛悲啾啾，试将檀板调新讴。调新讴，百家村外，九曲江流。

1637年，广东布政使姜一洪重新修缮了镇海楼。镇海楼的楼前对峙一对高达2米的红砂岩石狮，全楼高25米，呈长方形，阔31米，深16米，共五层。

下面两层围墙用红砂岩条石砌造，三层以上为砖墙，外墙逐层收减，有复檐五层，绿琉璃瓦覆盖，饰有石湾彩釉鳌鱼花脊，朱墙绿瓦，巍峨壮观。

阅读链接

传说，有一天，明太祖朱元璋和铁冠道人同游南京钟山，游兴正浓之时，铁冠忽然指着东南方对朱元璋说："广东海面笼罩着青苍苍的一股'王气'，似有'天子'要出世了，必须立刻在广州建造一座楼镇压住'龙脉'，否则日后必成大明的祸患。"

朱元璋听后，游兴顿失，急忙派人去广东查询，果然发现广州的越秀山上现王者之气。于是，他就立即下诏，命镇守广州的永嘉侯朱亮祖在山上建一座楼，将王气镇住。

圣旨下来，朱亮祖很快就在越秀山上造了一座塔楼，起名"望海楼"。相传永嘉侯建造此楼后，镇守粤中的封疆大吏中再没有心怀异志的乱臣贼子。

清代对镇海楼多次重修重建

清代初年，清军攻陷广州，镇海楼因遭战火而损坏。1651年，平南王尚可喜在原楼基础上对镇海楼进行了始建后的第三次大修。因为镇海楼靠近平南王王宫，所以禁止州人登临，并驻军越秀山，设官守卫，楼上放鸽，楼前驯鹿。

1661年，李栖凤任两广总督时，在楼上祀文武帝君，镇海楼再次

越秀镇海楼远景

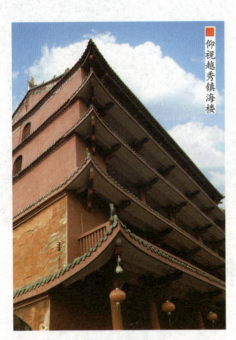

仰视越秀镇海楼

成为广州人登临览胜之地。

镇海楼坐北向南，翘檐飞脊，巍峨挺拔，雄镇山巅，气度非凡，独具特色。清初著名诗人屈大均盛赞镇海楼山海形胜、玮丽雄特，虽黄鹤楼、岳阳楼不能超过它，实"可以壮三成之观瞻，而奠五岭之堂奥"。镇海楼气宇非凡，在清代曾以"镇海层楼"被列为"羊城八景"之一。

诗人政客每登临其上，皆感慨万端，有关镇海楼的名人诗作甚是丰富，叫人叹为观止，主要有咏迹怀古、抒怀咏志两个题材。其中，以清代初期的著名诗人、广东佛山人陈恭尹的《九日登镇海楼》影响最广：

清尊须醉曲栏前，飞阁临秋一浩然。
五岭北来峰在地，九州南尽水浮天。

1683年，由于"三藩之乱"，镇海楼再次被毁坏。两年后，由两广总督吴兴祚及广东巡抚李士桢重建此楼。在康熙年间，当时的著名学者沈元沧曾登临镇海楼眺海，并赋诗《登镇海楼》：

凌虚白尺倚危楼，似入仙台足胜游。
半壁玉山依栏崎，一泓珠水抱城流。
沙洲漠漠波涛静，瓦屋鳞鳞烟火稠。
黄云紫气消皆尽，还凭生聚壮炎州。

后来，镇海楼再度重修，重修工程仍然按照明代旧基垒筑。在镇海楼两旁仍然有长约170米的明代古城墙。重建后的镇海楼高28米，歇山顶，复檐五层，红墙绿瓦，雄伟壮观。

首层面阔31米、深15.77米，山墙厚3.9米，后墙厚3.4米；每层向上有收分，面阔及墙厚尺寸均有递减，第五层面阔为26.4米、深13.67米，山墙厚1.65米，后墙厚1.3米。楼前碑廊有历代碑刻，右侧陈列有12门古炮。

清末爱国将领丁汝昌在登镇海楼后，曾赋诗感叹道：

> 如此江山，对碧海青天，万里烟云归咫尺；
> 莫辞樽酒，值蕉黄荔紫，一楼风雨话平生。

丁汝昌（1836—1895），晚清北洋海军提督，爱国将领。1879年，他被晚清名臣李鸿章调北洋海防差用。1881年，丁汝昌率北洋水师官兵赴英国接带"超勇"和"扬威"巡洋舰回国。后来他出任北洋海军提督。在威海卫之战中，指挥北洋舰队抗击日军围攻，最终英勇就义。

■ 越秀镇海楼屋脊

镇海楼形状奇特，"楼成塔状，塔似楼形"。在这种形式简练、细节烦琐的传统建筑形象中，对称是其最突出的形态，其中蕴含着自然美的形象象征以及对大自然的有机模仿。

从风水角度看，这种奇特形状寓意深刻，越秀山为白云山的余脉，是"生气融结"所在，建楼者认为压住此脉便压住了南方霸气。

在色彩搭配上，镇海楼的红墙

琉璃瓦 据文献记载，琉璃一词产生于古印度语，随着佛教文化而东传，其原来的代表色实际上指蓝色。中国古代宝石中有一种琉璃属于七宝之一。现在除蓝色外，琉璃也包括红、黑、黄、绀蓝等色。施以各种颜色釉并在较高温度下烧成的上釉瓦因此被称为琉璃瓦。

绿瓦和谐统一，也显得非常气派，大胆的红黄色调的基本搭配是中国古建筑一贯的风格，只是到了明代，规定除皇家城门楼可用黄色琉璃瓦外，地方城门楼只能用绿色。

因此，镇海楼外墙就用了红色，屋顶用的是绿色琉璃瓦，红墙绿瓦是对比色，红墙不反光，绿瓦反光，这样显得既对立又统一。

镇海楼的西面建有碑廊，陈列着历代碑刻24方。在林林总总的碑刻中，值得一提的是"贪泉"碑刻，上面刻有晋代广州刺史吴隐之的《贪泉诗》：

<blockquote>
古人云此水，一歃杯千金。
试使夷齐饮，终当不易心。
</blockquote>

据传，他之所以写此诗，有一个发人深省的故事：东晋时期，广州由于地处南海之滨，比较富庶，而当地官吏贪污成风，有所谓"经城一过，便得三千两"之说。

广州北石门，是中原往来广州必经之地。石门有一泉水，名为"贪泉"。据说，到广州上任的官员一旦喝了贪泉水就会变为贪官。

后来，吴隐之做了广州刺史。当他到广州赴任经石

■ 绛红色的古楼越秀镇海楼

■ 越秀镇海楼的四方炮台

门，听说贪泉水会改变人原来廉洁之性的传说后，他特地酌泉水饮并写了《贪泉诗》。

吴隐之以诗铭志，在广州为官期间，果然清廉自持，留下一个清官形象。后人因而在贪泉建碑，以警示贪官污吏。此碑原竖于石门，后来才移到此处。

在碑廊旁边，有一批古炮，是明清时期广州城防大炮，其中4门由佛山所造。当年，清代爱国将领林则徐到广州禁烟，为加强广州城的防务，命佛山炮工铸造一批大炮，这些土炮便是当年所铸的。

大铁炮原安放在越秀山炮台，曾在广州人民抗击外国侵略者的斗争中发挥过重要作用。

其中，部分铁炮和炮台一同遭遇侵略者的严重破坏，炮身两侧的炮耳被打断，点火的炮眼用铁钉钉死，使大炮失去了作用。

在镇海楼顶层正面，高悬着"镇海楼"金色巨

吴隐之 生卒年不详，东晋濮阳鄄城人，曾任中书侍郎、左卫将军、广州刺史等职，官至度支尚书，著名廉吏。他在做广州刺史之前，先是为东晋杰出军事家、权臣桓温所知赏，拜奉朝请尚书郎，接着被东晋将领谢石点名要过去做主簿，后来入朝做中书侍郎。

匾，两边有一副木刻的楹联：

> 万千劫危楼尚存，问谁摘斗摩星，目空今古；
> 五百年故侯安在，使我倚栏看剑，泪洒英雄。

楹联是清光绪年间，以兵部尚书衔赴粤筹办海防的彭玉麟授意其幕僚李棣华所作。联中的"故侯"即镇海楼建筑者朱亮祖，而今楼存人故，可证历史沧桑。"目空今古"和"泪洒英雄"则是有感而发。当年彭玉麟因中法战争率军入粤，驻节"镇海楼"上。他反对李鸿章议和不成，也只有"泪洒英雄"了。

李棣华深知上司的胸怀和遭遇，故由咏楼而意境磅礴，是闻名海内外的名联。"镇海楼"下，物换星移，人世全非。只有这绛红的古楼，经历无数劫难，多少风霜寒暑，兵荒马乱，碧瓦朱墙依然如故，它仿佛是历史长者的身份，不知疲倦地向人们诉说着逝去的岁月。

登上"镇海楼"，极目江天万里，只见山上绿树婆娑，十里翠屏，姹紫嫣红，景色秀美，珠江两岸彩虹飞架，琼楼玉宇鳞次栉比，珠水如带。蓝天、白云、红花和绿树，构成了一幅幅无比秀丽的广州图画，令人豁然开朗，心旷神怡。

阅读链接

在清代，"镇海楼"不仅一直是广州最高、最具气势和最富民族特色的建筑物，它还一度成为海上航行的"航标"，远远地看见"镇海楼"，航行的人就知道离广州城不远了。

古时，广州有句民谚："不登'镇海楼'，不算到广州。"作为数百年来广州最有名的地标性建筑，昔日的"镇海楼"上可观万顷碧波、浩瀚接天的壮观景象。

后来，由于珠江比明朝初年至少南移了400多米，站在镇海楼上登高眺远，则更多的只是见到越秀山的郁郁葱葱了。

闽南名楼 福州镇海楼

　　福州镇海楼位于屏山之巅，为中国九大名楼之一。1371年始建，原是作为各城门楼的样楼，后更名为镇海楼，清人又称越王楼，是福州古城的最高楼，为城正北的标志，并作为海船昏夜入城的标志，"样楼观海"曾是福州西湖外八景之一。

　　镇海楼历经600余年沧桑，屡建屡毁。后经重建，楼体由基座层、台基层及二层楼阁组成，总高为31.3米，其中台基高10米；基座层内设地下宫，台基层、楼阁一层作为展厅，二层作为观景主厅。

明代为防御倭寇建镇海楼

古时，屏山、乌山和于山合称福州三山，是福州的标志和代称。屏山因山峰形状像一座大屏风而得名，也因曾有越王在山麓建过都城，又名"越王山"。宋代诗人陈轩曾写诗赞美三山美景：

城里三山古越都，楼台相望跨蓬壶。
有时细雨微烟罩，便是天然水墨图。

重建的屏山镇海楼全景

■ 重建的屏山镇海楼侧面

明代初期,福州经常发生海患。为了防御倭寇的入侵,也为了福州城的发展,明太祖朱元璋决定加强福州城墙的防御工事。为了重建被元代统治者推倒的旧城,1371年朱元璋派出他的女婿(驸马都尉)、行省参政王恭到福州,负责砌筑石城"福州府城"。

福州府城北面跨屏山,南绕于山和乌山。城墙东、西、南三面依宋代的外城遗址修复。王恭深知城墙在战争防御中的重要性,因此他将福州城墙北段从屏山下扩建到了屏山之上。

同时,王恭将乌山、于山、白塔和乌塔全部揽入福州城内,使屏山半坐在城里,半坐在城外,从而给无险可守的福州城在城北设置了一道人造天险,可以

行省 南宋、金时已有行省之称。元朝时,中央最高行政机关为中书省,下置行中书省,简称行省,后又渐成最高地方行政区名称。明初加强中央集权,撤销行中书省,改设承宣布政使司,而习惯上仍称行省,简称省。清初增为18个行省,后又增为22个行省。

居高临下视城北。

王恭在修建城墙之后，又开始修建福州的7座城门楼。为了修好这7座城门楼，王恭先在屏山之巅建造了一座谯楼，名为"屏山楼"，既作为福州北门的城楼，又作为后来7座城门楼的样楼，后改名为"样楼"，屏山也因此改名为"样楼山"。

在修建"样楼"之初，王恭参考了福州威武军门以及国内当时比较先进的一批城门楼，借鉴各地城楼的优点修建了这个样楼。

之后，随着样楼建成，福州东西南北的井楼门、水部门等7座门楼便依照样楼而修筑完成。样楼渐渐被文人和老百姓当作一座风水楼。

从此，福州的三山之上，各有标高之志。屏山有样楼，乌山有乌塔，于山有白塔，从而形成了"三

> **飞檐** 中国传统建筑檐部形式之一，多指屋檐特别是屋角的檐部向上翘起，如飞举之势，常用在亭、台、楼、阁、宫殿或庙宇等建筑的屋顶转角处，四角翘伸，形如飞鸟展翅，轻盈活波，所以也常被称为飞檐翘角。飞檐是中国建筑民族风格的重要表现之一，通过檐部上的这种特殊处理和创造，增添了建筑物向上的动感。

■ 庄严的镇海楼

山两塔一座楼"的格局。屏山样楼北倚北峰，南有五虎山为案，东衬鼓山，西托旗山。左前于山相扶，右前乌山呼应。乌龙、白龙双江如玉带环腰。

样楼是飞檐翘角、重檐歇山顶的双层城楼，高约20米，进深约22米，面宽约41米，占地面积约1 000平方米，建筑面积约2 000平方米。

在明代，样楼是当时福州最高的建筑物，成为福州城正北的标志。据说，当年登样楼可以远眺闽江口乃至东海，而远处的高山则似泥丸低矮。于是，海船夜航进闽江口，都以样楼为航标。

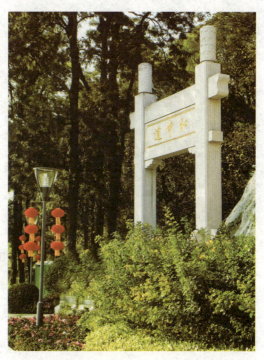

■ 镇海楼牌坊

突出于城市天际轮廓线的样楼，从建成之日起，便成为进出闽江口航船的重要标志。每当五虎门潮水上涨，大船进出江口均以样楼为"准望"，即航行标志物，即使夜幕初降或且雾气笼罩，航海者均参照航标，找到进港的方向。

据说，王恭擅长吟诗作画，由于其名气的影响及镇海楼本身的标高优势，镇海楼从一落成起，就一直是福州文人雅士的聚集地。"登斯楼发幽古之思情"，"无诸城北样楼开，万井烟花拂槛回"。

"粤王山拥海潮流，山上嵯峨镇海楼"，是较早的一首登镇海楼的诗句。明代闽中十才子之一的陈

诗 是吟咏言志的文学题材与表现形式，汉代以后则专指中国最早的诗歌总集《诗经》。诗的题材繁多，一般分为古体诗和新体诗，如四言诗、五言诗、抒情诗、朦胧诗等。诗的创作一般要求押韵，对仗和符合起、承、转、合的基本要求。

亮，写下《冶山怀古》诗：

东西屹立两浮屠，百里台江似帝纾。
八郡河山闽故国，双门楼阁宋行都。
自从风俗归文化，几见封疆入版图。
唯有越王城上月，年年流影照西湖。

明代的建筑以木构为主，城市建筑除了两塔之外，大多是紧贴着地面扩展。而城北居中的山巅上建起的样楼，只要登上楼层最高处，就会对海路交通有一种掌控感，所以样楼此后也渐渐地就有了"镇海楼"的美名。

那时候，木构的福州城火患不绝。于是，在镇海楼前右侧的山坡地上，就设置了一些用6根小石柱围起来的石缸，共7组，按北斗七星方位排列，称"七星缸"。

每口缸上圆下尖，呈陀螺状，缸口直径50厘米，缸深70多厘米，由花岗岩凿成，底部是一个莲花座，斗勺盛水，意在降伏火灾，喻示福州城平安吉祥。据说缸里的雨水全干的话，福州就会闹旱灾，所以平时缸里的雨水都是满的。

另有传说，王恭是个风水先生，他实际上是为福州城建造了一座风水楼。

莲花座 据传释迦牟尼和观世音菩萨颇爱莲花，用莲花为座，自此所有寺院里的佛像都是以莲花为宝座，称为莲花座。莲瓣座分为四层，莲瓣除每瓣边缘处，绘制白、红、白三条曲线勾边。每个莲瓣的外表还绘制图案，有的莲座在仰莲处不绘制花朵，而只渲饰色彩，勾边图案。

■ 屏山镇海楼石碑

闽越人的蛇文化在汉化之后，一方面继续了闽文化对蛇的崇拜，另一方面又用中原汉人的眼光看待蛇，要让它长角变成龙，让它腾飞。

当时，建造白塔、乌塔的民间传说就充分表达了这一思想，而在民间被称为"龙舌"的苔泉之上的"龙首"山头建造镇海楼，就如同在桂冠为福州之龙加冕。

■ 绿树红楼

1373年，福州中卫指挥李惠"加建"镇海楼。据明代正德年间的《福州府志》卷四《地理志·城池》记载：

> 府城……国朝洪武四年，驸马都尉王恭修砌以石。六年，福州中卫指挥李惠加建楼橹……北据越王山巅，有样楼与谯楼……

1446年，镇海楼因火灾被毁，但很快在成化年间得到重建。据明代万历年间的《福州府志》卷七十二《杂事志·古迹》记载：

> 屏山楼，在屏山之巅。正统十一年火。复重建，今圮。

风水先生 指专为人看住宅基地和坟地等地理形势的人。在中国民间，将风水术多称为"风水"，而把做此职业者称为"风水先生"。因为风水先生要利用阴阳学说来解释，并且人们认为他们是与阴阳界打交道的人，所以又称这种人为"阴阳先生"。

> **玄武**是由龟和蛇组合成的一种灵物。玄武的本意就是玄冥，武、冥古音是相通的。玄，是黑的意思；冥，就是阴的意思。玄冥起初是对龟卜的形容；龟背是黑色的，龟卜就是请龟到冥间去诣问祖先，将答案带回来，以卜兆的形式显示给世人。因此，最早的玄武就是乌龟。

1483年，镇海楼第一次被台风刮倒，该楼自始建至这次被毁，存在了大约100年。据明代正德年间的《福州府志》卷四《地理志·城池》记载：

门有七……门之上，外楼二层，中楼三层，高、广与样楼齐……成化间，尝为大风所坏，镇、巡重臣佥议，修复如旧。正德初，又经重修。

正德初年，镇海楼重建。1613年再次不幸毁于飓风，这次重建于万历末年。明代学者王应山在他的《闽都记》卷八中写道：

国初筑城，创样楼山巅上，祀玄武，今更名镇海。

■ 屏山镇海楼长廊

玄武就是道教的真武大帝，它原是龟，为水神，北方之神，在镇海楼上奉祀玄武，其寓意就是为福州镇邪招福。王应山之子王毓德在《九日登镇海楼》诗中说：

诗社仍开九日楼，松声寒泻白云秋。

由此诗可知，明代万历以后，镇

海楼已经发展成为当时的诗社之所，是福州文人雅士的云集之地。但不幸的是20多年后，镇海楼于1641年因飓风第四次被毁。清初海外散人的《榕城纪闻》记载了他亲身经历：

屏山镇海楼传统木门

> 崇祯十四年，春，大旱。七月初一日，飓风大作，自初更至五更乃止。荡坏民居屋宇无数，样楼及南门城楼、贡院、巡抚辕门、万岁塔尾等皆圮。

这次镇海楼重建，大约在崇祯末年。在明代，镇海楼自建以来，数次被毁，数次重建。但明代历史上的镇海楼始终都是福州古城的标志性建筑，为江南三大镇海楼之一，也是中国古代名楼之一。

阅读链接

在明朝，福州人视作神圣而宏大的"宝物"镇海楼出现在屏山之上。这"宝物"传说是当时百姓祈求福州城不受台风侵蚀、暴风施威而永享太平，以宗教形式向天地敬献的。

据说，福州自从有了镇海楼这一"宝物"之后，福州城的确少了台风等自然灾害的侵袭。大自然在人们强烈意识的作用下恰巧符合了人们的善良愿望。冥冥之中得到"应验"，让许多人不禁感叹："福州，乃有福之州。"

清代以后镇海楼屡毁屡建

明清以后，镇海楼成为"太平盛世"的象征，所以屡毁屡建。在1659年7月镇海楼又一次被台风吹倒了。《榕城纪闻》记载：

> 顺治十六年七月三十日，大风起，自辰至未，坏样楼、鳌峰亭，开元寺大殿、铁佛殿、尊经堂、石坊并七门城楼，其余衙门、公署、民居无不飘荡。其风比辛巳年更大，所在倒折更多。

镇海楼全景

在康熙年间镇海楼进行了三次重建。据雍正年间的《福建通志》记载：

> 康熙初重建，复毁。后总督姚启圣、郭世隆相继兴建。

1678年至1684年，姚启圣任福建总督。后来，又有6位继任者。接着，1695年至1703年郭世隆任总督。其中，有两次重建的镇海楼存在的时间较短，只有20年左右。而总督郭世隆重建的镇海楼，存在时间较长，约有50年，但后来不幸于1760年秋毁于雷火。

关于这次被毁，乾隆年间的《福州府志补》记载较详细：

> 乾隆二十五年八月十五日向夕，山上霹雳一声，楼四面火出如灯，绿色，人皆以为雷火，乃属人意。按：自国初以来，毁已数次。
>
> 论者采形家言，谓："山尖而锐者，为火星，圆而秀者为文星。越王山其形尖锐似火，作屋不宜复用棱角。屋脊作卷棚以培之，庶可无患。"或亦有见。

■ 屏山镇海楼内景

姚启圣（1624—1683），清代康熙年间的杰出政治家，收复台湾的决定性人物之一，曾担任福建总督，当政期间以执法严明著称，在收复台湾战役中功勋卓著，著有《忧畏轩遗集》。

屏山镇海楼侧景

1785年，雷火再度焚毁了镇海楼。但不久，经"官匠建立"的镇海楼再度于1792年又一次被雷火焚毁了。当时，为镇海楼大兴土木的主要是官方倡建并与民间共集资。镇海楼仍为上、下两层，以明代制式重建，虽经多次毁建，但其基本尺寸变化不太大。

乾隆年间，曾有人给镇海楼"算过命"，说越王山山形尖锐，属火星之相，建筑物不宜再用棱角屋脊，应改作卷棚式圆形，就可以防火了，但镇海楼并未因此免予火。

后来，在镇海楼前的山坡地上，还曾设置过一些用6根小石柱围起来的石缸，共7组，人称"七星缸"。从"风水"角度上说，它象征着北斗七星按天象排列组合，也是为了防止火灾的。

过了68年，在1860年镇海楼又被雷火焚毁了。过了3个月，镇海楼就再次重建起来。这次重建，因资金紧缺，其宽度缩减了1米。据光绪年间的《晦讷斋文集》记载：

咸丰间改造，规制卑陋，不及四十稔，倾圮随之。

果然，不到40年，镇海楼于1892年再次坍塌。这一年，闽浙将军希元、总督谭钟麟和官绅都捐钱，整整用了一年时间重建镇海楼。其尺寸与旧制误差不超过一尺。竣工后，由福州学者谢章铤撰《重建镇海楼碑记》，由清末翰林院庶吉士陈宝琛挥毫题写碑文。

据说，在清代末年，登上镇海楼仍可以看见大海。清末福州田园诗人魏杰的《越王楼远眺》诗道：

> 欲穷千里目，独上越王楼。
> 双塔排城市，三山镇福州。
> 人从台际望，海入眼中收。
> 地杰钟王气，雄风自昔留。

因此，后来的福州西湖新增八景之一就有"样楼望海"一景。它与当年福州的"龙舌品泉"等景一起被载入《新修西湖志》。

后来，光绪年间重建的镇海楼曾失于大火。之后，重修的镇海楼基本保持了明代的制式，城楼外观为重檐歇山顶加腰檐，城门式高台二层楼阁。施以斗拱，屋面使用陶制筒瓦和板瓦，檐口饰有瓦当、滴水，适当增加一些配套工程。

为了凸显该楼，重建时特

> **翰林院** 是中国历史上曾经长期存在的一个带有浓厚学术色彩的官署。尽管它的地位在不同朝代有所波动，但性质没有太大变化，直到伴随着传统时代的结束而寿终正寝。在院任职与曾经任职者，被称为翰林官，简称翰林，是传统社会中层次最高的士人群体。

■ 镇海楼前的七星缸

太极 是中国思想史上的重要概念，初见于《易传》："易有太极，是生两仪。两仪生四象，四象生八卦。"与八卦有密切联系。原与天文气象及地区远近方向相关，后来被宋代的理学家以哲理方式进一步阐释。太极是阐明宇宙从无极而太极，以至万物化生的过程。无极即道，是比太极更加原始更加终极的状态，两仪即为太极的阴、阳二仪。

地抬高了一层约11米的架空台基，使它更宏伟、壮观。主体采用钢筋混凝土结构，台基采用城墙砖，首层台基地面采用金砖铺设，栏杆使用汉白玉雕作，所有露明梁柱外饰木质材料，小木作均采用实木。

重建后的镇海楼的楼高、进深、面宽均严格按古建筑的尺寸和规制建设。楼高22.3米，台基高10米，包括基座层、台基层，基座层内设地下宫。面阔43.5米，进深24.5米。门窗及牛拱等均为实木，吊顶为平暗式，并与梁架之间施以弯枋，一斗三升，为典型的福州传统建筑式样。

在镇海楼门前七星缸附近，有一个外面插着四簇雕花小石柱的三层圆台，其中心镶嵌阴阳鱼，即太极图，共60甲柱，代表时间的周期。在此设60甲柱，寓意福州百姓的福祉周而复始，无穷无尽。

此外，镇海楼前还建有登山的青石道，道路中间有三组各九层台阶，海浪翻滚，蟠龙出海，堪比皇家"御路"规格。

■ 镇海楼前的设施

■ "镇海楼"匾额

镇海楼一楼大厅中央，设有金丝楠木梅花雕屏，上面题有"清客肯来榻还下我"的词句。陪侍这扇屏风的，是七八十厘米高、一剖为二的巴西紫水晶洞。

在大厅西侧，供养在镇海楼建筑模型右侧的，是热心人费尽心力从海南弄来的"佛教七宝"之砗磲、珊瑚。水晶、砗磲、珊瑚等都是辟邪之物，有了它们，庇佑福州城的镇海楼，更加法力无边了。

大厅东侧书案正中的竖屏是光绪三年一甲进士王仁堪的手迹。此人当官当得很出色，授修撰，入直上书房，出为镇江知府，殉职于苏州知府任上，官声颇佳。

二楼正面飞檐斗拱的中心悬挂着巨大的"镇海楼"三字横匾，背面相对应位置以同样大小的横匾上写"厚德载物"四字。

楼内布置有各色红木家具、古董及珊瑚等，还有

辟邪 广义的辟邪或者民俗中的辟邪应该指一种行为以及它所引起的一些礼仪形式。我们在艺术史中说的辟邪是狭义的辟邪，是广义的辟邪行为所寄托的一种实物形式，或者说是辟邪行为的一种工具。所以可将广义上的辟邪称为"辟邪行为"，将辟邪行为中所要使用的工具称为"辟邪工具"。

镇海楼内的"厚德载物"匾额

著名爱国将领林则徐所撰对联:

海纳百川有容乃大
壁立千仞无欲则刚

整座镇海楼雄踞于福州古城中轴线端点的屏山之巅,仍然是俯瞰福州城及福州三山和西湖周边景色的登高眺望点。其建筑重檐飞角,冲霄凌汉,在一定程度上又恢复了三山二塔之间的视廊关系。

> **阅读链接**
>
> 传说,镇海楼建造之初,除了防御之外,更是为了明代海上航行安全,而作为福州入港船的定位标。当时,明代建筑以木构为主,福州城内除了乌塔、白塔外,大多是紧贴地面扩展。而屏山顶的样楼向东极目远眺,可以看见闽江。
>
> 郑和下西洋后,福建作为海上丝绸之路的发源地之一,随即成为海上贸易的重要传播地。当时到福州的海外船只,在开至鼓山脚下时,都可以看见镇海楼,因此其从建成之日起,便成为进出闽江口航船的重要标志。每当五虎门潮水上涨时,大船进出江口均以镇海楼为"准望",即航行标志物。

城南胜迹 贵阳甲秀楼

甲秀楼位于贵阳城南的南明河上,以河中巨石为基而建。始建于明代,后楼毁重建,改名"来凤阁",清代时恢复原名。

后来的甲秀楼重建于1909年,朱梁碧瓦,四周水光山色,名实相符,堪称"甲秀",是贵阳历史的见证,是贵阳文化发展史上的标志。

甲秀楼主体为三层,由桥面至楼顶高约20米。楼侧由石拱"浮玉桥"连接两岸,桥上建有小亭叫"涵碧亭"。楼南有江南庭院式的"翠微阁"。

明万历年间始建甲秀楼

■ 贵阳甲秀楼景观

　　1413年，明代设置贵州布政使司，贵州正式成为省一级的行政单位。

　　后来，随着交通改善，大量移民、商人、工匠涌进贵州，他们使一向落后蛮荒的贵州"渐比中州"，迎来了历史上的第一个大开发。而贵阳更是因位于贵州境内、贵山之南而得名，并成为贵州的政治、经济和文化中心。

　　明代宣德年间，在贵阳城南的南明河畔，一组名叫"南庵"的颇具规模的建筑群悄然兴起，占地4 000多平方米，这里原先

■ 贵阳翠微阁景观

是一片寺庙和园林,明代著名哲学家王阳明曾经游览过的南庵便在这里。

他在《南庵次韵二首》诗中写道,"松林晚映千峰雨""渔人收网舟初集"。

到了明代弘治年间,"南庵"先后改名为"武侯祠""观音寺"。后来,随着明代著名哲学家王阳明的再传弟子马廷锡在南明河上建造"栖云亭",讲学传道,"观音寺"又被改建成了翠微阁,从而把寺庙建筑与园林庭院合为了一体。

翠微阁依山临水而建,位于后来的甲秀楼南,两者连为一体,它以中轴线掘山筑台,逐层上升,两侧以同廊假山相连。

由翠微阁山门正门拾级而上,可达巍然的拱南阁。拱南阁高约20米,白墙青柱,飞檐翘角,金匾高悬,其造型于古朴中见生动。

在拱南阁以西,为龙门书院,院内环境幽静,绿树成荫,长廊花墙四围,集幽、雅、雄、朴于一体。

> **王阳明**(1472—1529),又名王守仁,明代最著名的思想家、文学家、哲学家和军事家,官至南京兵部尚书、南京都察院左都御史,是宋明心学的集大成者,他和儒学创始人孔子、儒学集大成者孟子、理学集大成者朱熹并称为"孔、孟、朱、王"。

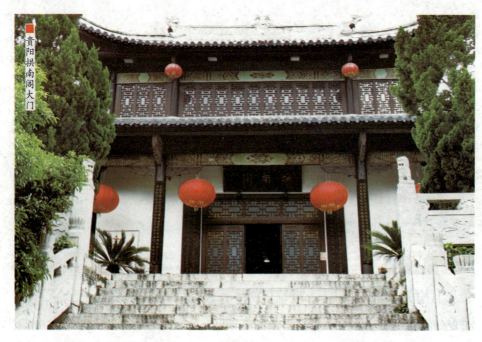

贵阳拱南阁大门

阁东的清花空翠园，园内修竹婆娑，奇石临门，长廊花墙四围，端庄秀丽的翠微阁就玉立其中。

拱南阁往左，建有"澹花空翠"园，那里有小巧的回廊，葱郁的假山，盆栽的各种奇花名木，更有沿墙根栽种的那蓬蓬翠竹"绿拥翠微"。

那时候，在后来的浮玉桥桥下位置处，南明河至此处，波流较深，流水濛洄，远山环合，波光荡漾，深不见底，风景绝佳。被称为"涵碧潭"。

明代贵阳文人李时华曾题诗《涵碧潭》感吟：

    一水绕山城，曾将洗甲兵。
    秋波涵碧玉，春涨点红英。
    龙卧归云湿，犀沉夜月明。
    寒潭深万丈，彻底本无尘。

1595年，贵州巡抚杨时宁卸任。明神宗朱翊钧考虑到贵州地处荒僻的西南，土地贫瘠，生活落后，于是就派为官清廉，治政经验丰富的江东之出任贵州巡抚。

1596年，江东之出任贵州巡抚后，先从贵州各地矿税中抽出一部分，平价买田，用各种田地的租金所得作为专项公益费用，以济贫困。他的惠政善举，不仅帮助了饥寒无着的民众，而且对社会的安定起到了良好的作用，得到了百姓的好评。

1598年的一天，风和日丽，江东之与巡按应朝卿去城南一带游览。当他们看见南明河碧波荡漾，四周景色极佳时，特别开心。但美中不足的是，霁虹桥一带河中有滩，流水既无曲折之姿，也无停蓄之势，成了易涨易落之象。涨水时则深潭容纳不了，落水时则河滩突然显现。在古人看来，这是风水之大忌。

江东之看到这种状况觉得很难受，这岂不是贵阳人才与物产流失的现象？他在南明河停下了脚步，沉思着：如果在南明河上筑堤束

拱左侧的"澹花空翠"园

■ 贵阳甲秀楼浮玉桥倒影

水,既可以阻遏其水势,又可以回澜为泽。这不仅符合风水理念,而且增添了四周的美感。

于是,江东之把这个想法告诉了应朝卿。在应朝卿支持下,立即斥资2 200两白银,组织民工在南明河上垒石筑堤连接南岸。经过数月的努力,一道石堤出现在南明河上。

石堤与一块平坦宽阔的钓矶相连。钓矶一头昂然挺起,犹如昂首向天的巨龟,因此被人称为"鳌矶石"。

为了使石堤增添美感,他又在鳌矶石上修建阁楼一座,以培风化,并命名为"甲秀楼"。其中蕴含深意,不但刻意点明贵阳山水"甲秀黔中",而且激励人们努力学习,使贵阳"科甲竞秀",人才辈出。为此,江东之赋诗一首:

渔郎矶曲桃花浪,丞相祠前巨鳌舟。
此日临渊何所羡,擎天砥柱在中流。

> **朝廷** 在中国古代,被诸侯、王国统领等共同拥戴的最高统领者,从而建立的一种统治机构的总称。在这种政治制度下,统领者一般被称为皇帝。朝廷后来指帝王接见大臣和处理政务的地方,也常代指"帝王"。

1599年，就在江东之修建甲秀楼之时，朝廷急令江东之平定叛乱。甲秀楼的工程便随即停了下来。

此后，江东之的接任者贵州巡抚郭子章，也是一个热心地方建设的官员，他钦佩江东之的人格节操，在平定杨应龙叛乱后，他为成其未竟之业，便将停工已久的甲秀楼重新开工。

1606年，甲秀楼终于竣工。楼体高20余米，为三层三檐，四角攒尖顶，层层收进，4个角上都刻有珍奇异兽的图案，底层有12根石柱托檐，四周白色雕空石柱围护，画甍飞檐，金碧辉煌。

之后，郭子章又在甲秀楼前续修了一座贯通南北两岸的九孔石桥，取名"江公堤"，以此纪念江东之。后来，江公堤被改名为"浮玉桥"。

浮玉桥如白龙卧波，横卧楼下，全长90余米，桥上有一座名叫"涵碧亭"的方形亭子，小巧玲珑，岸柳掩映。

从远处眺望，半圆形的桥孔与它在水中的倒影合在一起，刚好是正圆。桥、亭、楼的影子一齐映在水中，给人以"镜中景，影中楼"的朦胧感。

浮玉桥也曾称为"九眼照沙洲"，过去曾流传

攒尖顶 是中国古代建筑的一种屋顶样式，它的特点是屋顶为锥形，没有正脊，顶部集中于一点，即宝顶，该顶常用于亭、榭、阁和塔等建筑。攒尖顶有单檐、重檐之分，按形状分为角式攒尖和圆形攒尖，其中角式攒尖顶有同其角数相同的垂脊，有四角、六角、八角等式样。

■ 贵阳甲秀楼

一首民谣，说的就是浮玉桥：

> 九眼照沙洲，长江水倒流。
> 财主无三代，清官难到头。

在浮玉桥西侧、南明河南岸的沙洲叫"芳杜洲"，位于甲秀楼前，浅濑平沙，广可百步，上植林木，春夏时州上花木缤纷。月朗星稀时，桥与沙洲相映成趣，所以此景因取楚辞"搴芳洲兮杜若"一语而得名，后来"芳杜洲"因浮玉桥中的两个桥洞被堵，而没于水底。

在浮玉桥南头，立有石木牌坊，牌坊中央题有"城南胜迹"4个大字，牌坊前后有8头石狮子，它们不是常见的坐狮或卧狮，而是从高处俯冲下来的雄狮，俗称"下山狮"，显得虎虎生气，极尽威风。

阅读链接

传说，明代时贵阳出了一位状元。官府为了讨好他，愿出巨资修一座藏书楼，作为他读书游艺的地方。为此，知府请风水先生在全城勘地，并确定将藏书楼修在南明桥上，取名"甲秀楼"。

随后，知府又请当地最有名的木石匠择吉日动工修建。但木石匠担心南明桥日后成为禁地，于是自作主张，连夜沿南明河下120步处，拦河修桥，凿木造楼。

等到天亮，一座精巧玲珑、雕梁画栋的楼阁已经矗立在南明河新桥的鳌矶石上了。当"甲秀楼"三个金光闪闪的大字出现在楼阁上之后，知府闻讯来到南明河边时，木石匠人因害怕官府追究，造完楼后，早已带着妻子儿女远走他乡了。知府无奈，只好将就拿这座九眼新桥上的藏书楼献给状元公了。

清代时甲秀楼多次重建

　　1621年，甲秀楼被焚毁，后由云贵总督朱燮元重建，并更名为"来凤阁"。

　　1689年，贵州巡抚田雯重建"来凤阁"后，又恢复了它的旧名

贵阳甲秀楼浮玉桥入口

> **举人** 本意是被举荐之人。汉代没有考试制度，朝廷命令各地官员举荐贤才，因此以"举人"称被举荐的人。隋朝、唐朝、宋朝三代，被地方推举而赴京都应科举考试的人也称为"举人"。至明、清时，则称乡试中试的人为举人，亦称为大会状、大春元。

"甲秀楼"，并在他所撰的《黔书》中描述了甲秀楼当时的美景：

　　南明河越霁虹桥东，将折而北，水至此渊而不流，是为涵碧潭，烟云荡漾，风日迟回，谷软鸥眠，沙明蚌雨，令人幽然作濠濮间想。

　　上为鳌矶，石梁亘之，昔所筑以障水也。矶上有甲秀楼，阿阁三重，丹青绮分，望若图绣，紫池人士读书处也。

　　左武乡侯祠，断碑巍然，记征蛮也。右维摩阁，微雨佛灯，山僧往来也。阑光瓦影，上下参差，梵响馨吟，远近互答。

　　每春波摇绿，秋芷澄青，岸柳乍垂，芽芹正弩，览渔舠之泛泛，洗杯斝以临流，谁谓黔中无佳山水哉？

■ 甲秀楼亭榭

■ 贵阳甲秀楼长廊

康熙年间，不少名人雅士慕名而来甲秀楼题诗刻碑，并嵌壁于楼阁底层石墙中夹，如贵阳人清康熙举人潘德征著有《玉树亭诗文》捉笔鳌矶诗：

嶙峋一片石，独立水中央。
鳞甲秋风动，楼台夜月凉。
烟波同浩渺，云树共苍茫。
尽日临流坐，沧浪意更长。

又有康熙举人西林觉罗·鄂尔泰在雍正三年任云贵总督时的唱和诗句："鳌矶湾下柳毵毵，芳杜洲前小驻骖。更上层楼瞰流水，虹桥风景似江南。"

乾隆年间，清代制军勒保为平乱，在甲秀楼收集兵器，又铸铁柱

以铭拓疆之功,立于甲秀楼下标榜功绩。楼中曾有联:

天开参井文昌府
地接风灵武相祠

在这期间,到甲秀楼题诗刻碑者仍然络绎不绝,他们依然如前人的做法,都将自己所刻诗碑嵌在甲秀楼阁底层的石墙中。如乾隆初举博学鸿词,曾任贵州巡抚的刘藻题赠《甲秀楼和吴雨民制军韵》:

峥嵘杰构俯鳌头,山自湾环水自流。
四面天风人境外,偏有啸咏在斯楼。
霜花寥落不禁秋,雨后亭台事事幽。
何日登楼穷远目,满城秋色已全收。

又有乾隆进士,曾任云贵总督的吴达善题寄《壬午仲春登甲秀楼》:

贵阳甲秀楼建筑群

■ 矗立在鳌矶石上的甲秀楼雪景

> 为寻胜地一登楼，四面云山尽入眸。
> 多少春光题不出，柳烟轻宕小桥头。

再有《甲秀楼即事偶咏》：

> 甲秀楼也曲径幽，绿杨夹水荡渔舟。
> 而今回忆当年事，风景苍苍我白头。

还有曾任贵州巡抚的裴宗锡挥毫《题甲秀楼》：

> 山回水抱一楼空，畲火村烟四望中。
> 铜鼓不惊椎髻梦，芦笙早革桶裙风。
> 题铭有柱追芳烈，布德何修答屡丰。
> 五十年前重俯仰，斑衣竹马逐儿童。

又清代乾隆举人徐士翔雅题《过芳杜洲》：

涉洲采芳杜，清风吹我襟。
依依散幽郁，因之生远心。
香草喜盈掬，盥濯缘碧浔。
怀抱当急促，勿与俗浮沉。

当时，涵碧亭的石柱上镌刻有清代咸丰年间贵阳知府汪炳璈的联语：

水从碧玉环中出
人在青莲瓣里行

> **武侯祠** 是纪念三国时期蜀汉丞相诸葛亮的祠堂，因诸葛亮生前被封为武乡侯而得名。诸葛亮为蜀汉丞相，生前曾被封为"武乡侯"，死后又被蜀汉后主刘禅追谥为"忠武侯"，因此历史上尊称其祠庙为"武侯祠"。

1909年，甲秀楼毁于大火，以后又曾历经屡毁屡建，清代巡抚庞鸿书重建。重建后的甲秀楼建筑群主

■ 甲秀楼"涵碧亭"

要由甲秀楼主体、浮玉桥和翠微园三大部分主要建筑组成。

甲秀楼主体与涵碧潭、浮玉桥、芳杜洲、翠微阁、观音寺、武侯祠、海潮寺合成一组瑰丽的风景建筑群，旧有"小西湖八景"之称。

甲秀楼南的观音寺内有千佛铜塔，高约3米，相传是明朝由云南进贡给魏忠贤的，不知何故半路搁在了这里。

入清以来，甲秀楼仍然是贵阳人的游宴之所。登楼眺望，众山环抱，近者为观风台，林木茂蔚。远者为黔灵山，青山一发。栖霞、扶风、相宝、南岳诸峰，罗列左右，大好风光尽收眼底，令人心旷神怡。

下视城郊，早午炊烟袅袅，数十万人家饭熟时。四时朝暮，风景无限，山城气象，历历可观。因此，历代文人雅士往来于此，触景生情，题咏甚多，留下许多墨宝。

而贵阳甲秀楼之所以驰名天下，除了其景致优美外，尤以长联最为著名。

此联是清同治年间进士刘蕴良仿昆明孙髯翁大观楼长联格式写的，原文206字，本长联共174字，是在原文基础上稍加删改而成的，少昆明大观楼长联6个字，号称中国第二长对联。

■ 贵阳甲秀楼翠微园大门

大观楼长联 大观楼位于云南昆明市近华浦南面，三重檐琉璃戗角木结构建筑。大观楼前悬挂着一副长达180字的著名长联，因为尺寸比较大，所以叫作长联。此联是在乾隆年间，由昆明人孙髯翁撰写，云南著名书法家赵藩抄录刊刻。大观楼也因此长联而成为中国名楼。

该联胸襟开阔,气魄雄伟。它概括了山城贵阳的地理形势及历史变迁,凝结了贵州的古老历史文化。上联联文为:

五百年稳占鳌矶,独撑天宇。让我一层更上,眼界拓开:看东枕衡湘,西襟滇诏,南屏粤峤,北滞巴夔。迢递关河,喜雄跨两游,支持岩疆半壁。恰好马撒碉隳,乌蒙箐扫,艰难缔造,点缀成锦绣湖山,漫云筑围偏荒,难与神州争胜概。

下联联文为:

数千仞高凌牛渡,永镇边隅。问谁双柱重镌,颓波挽住?想秦通楚道,汉置牂牁,唐靖苴兰,宋封罗甸。凄迷风雨,叹名流几辈,留得旧迹千秋。对此云送螺峰,霞餐象

贵阳甲秀楼前的浮玉桥

■ 贵阳甲秀楼景观

岭，缓步登临，领略些画图烟景，恍觉蓬洲咫尺，招邀仙侣话游踪。

上联主要写四方景物，下联追叙贵州历史，寄兴寓情，多有歌功颂德之词。

自从刘蕴良的此联嵌于甲秀楼上后，便成为甲秀楼一绝，甲秀楼也因而广为人知。因此，甲秀楼后来在人们心目中逐渐成为贵阳城的标志，可谓联因楼作，楼因联传。

楼顶层额题"甲秀楼"三字，系宣统年间谢石琴所书。后因战乱三字刻石不幸散佚，后寻回刻有"秀""楼"二字的两块，人们又根据过去的照片，配写"甲"字，按原式样悬挂楼顶层外面。

后来，甲秀楼虽然历经400多年的风霜雨雪，饱尝忧患和苦楚，但是在历代入黔官员与贵阳人民的呵护下，依然屹立在南明河上，犹如一位绝代佳人，薄

> 刘蕴良（1844—1914），字玉山，贵州安顺人，清同治年间进士。他是清代著名的楹联作家。他学识渊博，才华出众，一生著作宏富，著有《壶隐斋楹联类编》《刘玉山先生全集》。

施傅粉，轻扫娥眉，出落得古雅秀挺，风姿绰约，令人为之艳羡，为之赞美。

浮玉桥建造得非常坚固，其楼基和桥历经400余年，虽经数次洪水冲击，均无受损，仍为中流砥柱。它的桥面不是平直的，而是有一个起伏，像一条浮在水上的玉带，增加了桥梁造型的美感。

在全国的风景桥中，浮玉桥堪与杭州苏堤上的"六桥烟雨"，扬州瘦西湖的玉婷桥相媲美，它横跨在明净的南明河上，两岸杨柳依依，非常美丽。

后来的翠微阁内，开辟了名家书法作品陈列馆。其中，"飞檐甲天下，落影秀寰中"的条幅在气势宏大的笔触中显出隽秀，诗句中隐言"甲"与"秀"的意思。

"清风待客，明月留人"，运笔飞动，词意清雅，表达了贵州人殷勤好客的情怀，欢迎天下游客来贵州，到甲秀楼做客。

阅读链接

据说，甲秀楼建成后果然是"秀甲黔中"，成为贵阳的人文标志，而江东之所预言的贵阳"科甲挺秀"的愿望也得以实现。

贵阳士人以"万马如龙"之气势，在明清的科举场上，书写230余名进士及2 000余名举人的不俗成绩，位居贵州全省之冠，从而印证了江东之评价贵阳"人杰地灵"的观点。

自此以后，贵阳果然出了许多著名人物，如明末以"诗书画三绝"闻名于世的杨龙友，清初著名学者、诗人周起渭，清代进士李端棻，清代文状元赵以炯和武状元曹维城。因此，甲秀楼是贵阳人杰地灵的象征，是贵阳山水与文化的精华。

精致典雅的
亭台楼阁

三大名楼

文人雅士的汇聚之所

千古名楼

岳阳楼

　　湖南岳阳楼始建于220年前后,其前身相传为三国时期东吴大将鲁肃的"阅军楼",在中唐李白赋诗之后,始称"岳阳楼"。

　　岳阳楼建筑构制独特,风格奇异。其楼顶为层叠相衬的"如意斗拱"托举而成的盔顶式,这种拱而复翘的古代将军头盔式的顶式结构在中国古代建筑史上是独一无二的。

　　岳阳楼自古有"洞庭天下水,岳阳天下楼"之誉,与江西南昌的滕王阁、湖北武汉的黄鹤楼并称为江南三大名楼。

鲁肃为操练水军修建阅军楼

鲁肃雕像

在三国时期，当时的湖南岳阳是魏、蜀、吴三国必争之军事要塞。为此，吴国军师周瑜便据守江陵，并以这里为根据地，屯驻军队储备粮草。

210年，周瑜上奏吴国首领孙权，建议出兵先攻蜀国的刘备，再取襄阳，北击魏军曹操，进而一统天下。

孙权准奏，周瑜便急忙整顿军马，筹备粮草，欲取巴蜀。但就在这时，踌躇满志的周瑜却忽染暴病，逝于

■ "巴陵胜状"匾额

岳阳，年仅三十六岁。

周瑜临终时写下遗书："人生有死，修命短矣，诚不足惜。"并对孙权说："鲁肃忠烈，临事不苟，可以代瑜。"

鲁肃，字子敬。他出身富贵人家，家道殷实，乐善好施，而且和善慈祥，足智多谋。

孙权深知鲁肃的才干，便采纳了周瑜的建议，当即任命鲁肃为奋武校尉、横江将军，屯陆口，接替周瑜统领部队。周瑜私属部队4 000多人以及原来的奉邑等地，全都转归鲁肃所有。

早在东汉末期，岳阳名巴丘。因地处天岳幕阜山之南，洞庭湖之北，又改称岳阳。这里沃野连绵，鱼丰米足。由于处江湖之交，为荆襄门户。

赤壁大战中曹军进退都经过巴丘。大战后，巴丘是孙、刘两个军事集团的交界处。

215年，鲁肃接替周瑜驻守巴丘后，认为"巴丘正当江湖汇口，四通八达，为古来水陆争战之地，尤

巴蜀 先秦时期地区名和地方政权名。主要在今重庆、四川境内。东部为巴国，西部为蜀国。据《华阳国志》所记，先秦巴蜀是一个多民族的地区，其中有濮、苴、龚、奴等民族。此外，巴蜀文化是与中原有别的另一民族文化。六朝以前的茶史资料表明，中国茶业，最初兴起于巴蜀，是中国茶业和茶叶文化的摇篮。

■ 岳阳楼瞻岳门

利水战,应成为一个重要的水军据点"。

刘备借得荆州后,令关羽驻守,与鲁肃对垒。鲁肃驻守巴丘期间为防御关羽和曹军再次南下,便在水面广阔的洞庭湖加紧操练水军。

他选择洞庭湖与长江的咽喉之地,也就是后来的岳阳楼一带,构筑险固的巴丘城,并在城西依湖临水地势高敞处,建造了训练和检阅水军的阅军楼。

阅军楼临岸而立。登临阅军楼可观望洞庭全景,湖中一帆一波皆可尽收眼底,气势非同凡响。这座阅军楼,就是湖南岳阳洞庭湖畔岳阳楼的前身。据《巴陵县志》记载,岳阳楼"肇自汉晋",或称"鲁肃阅军楼"。

在鲁肃死后63年,也就是公元280年,晋太康在巴丘城建立了巴陵县,巴丘城的阅军楼改为巴陵城楼。

南北朝时,南朝梁时将罗县、吴昌县新置玉山县、巴陵县、湘滨县,并以此五县及湘阴县建岳阳郡,郡治所设在今汨罗之长乐镇。

后来对巴陵城楼进行了重修,使这一十分简陋的军事设施,成为供人游览的场所。那壮阔绮丽的风光,已为诗人吟咏。此后,常有骚人墨客登楼赋诗。

最早见于南北朝时诗人颜延之的诗《始安郡还都与张湘州登巴陵城楼》：

> 却倚云梦林，前瞻京台圃。
> 清氛霁岳阳，曾晖薄澜澳。

这首诗作于422年。当时，颜延之受权臣徐羡之排斥，出为始安太守，道经汨潭，与张劭有过一段交往，并作《祭屈原文》《祭虞帝文》，借凭吊古代圣贤，以抒发自己遭受忌疑而被放外任的悲愤情怀。

426年，南北朝时期宋朝文帝刘义隆征颜延之为

荆州 古称"江陵"，以三国时期的荆州城而得名。历史上曾为楚国故都，是楚文化的发祥地之一，也是三国古战场，历史上"刘备借荆州"等脍炙人口的三国故事都发生在这里。荆州现成为中国历史文化名城。

■ 洞庭湖畔的古阅军楼

■ 复原的巴陵城楼

中书侍郎。颜延之在返京途中,又与张湘州相会,和他共登巴陵城楼,并写下这首诗,留下了"清氛霁岳阳,曾晖薄澜澳"的佳句,为后世所传诵。

这首诗是中国诗歌史上第一首咏岳阳楼的诗。全诗结构严谨,气势开阔,境界雄浑,寄托遥深,对后世相关题材的文学有较大影响。

在诗中,颜延之第一次将巴陵城称为岳阳,自此,"岳阳"两字便在历史上崭露头角。可是,这时的巴陵城楼还不叫岳阳楼,人们认为楼建在西门城上,便称它为西楼;又因位于郡署的南面,有人称它为南楼;还因濒临洞庭湖,有人称它为洞庭楼或洞庭连天楼。

隋文帝时,废岳阳郡建巴州,519年,又将巴州改称岳州。

阅读链接

据《山海经》记载:四川有大蛇,曰巴蛇。按甲骨文考证,其实巴就是蛇,巴字上面的长方块原本是一椭圆中加一点,代表蛇头,下面的弯钩代表弯曲的蛇身。"巴蛇吞象,三岁而出其骨",可见蛇非常大。

夏时后羿为民除害,上射十日,下杀洪水猛兽,去四川追杀巴蛇,大蛇无路可走,即从巴峡穿巫峡,便下襄阳到岳阳,顺江而下逃至此处,本想猫进洞庭湖的宽阔水面以藏身,却不料后羿紧随而至,于此地斫杀。

死后蛇骨堆积如丘,此地也因此称为"巴丘",也就是岳阳楼的楼址。

神仙帮助木匠修建岳阳楼

中国的岳阳楼，自建成以后，经过了多次兴废，到唐代时，整座楼阁又重建了一次。

那是716年的事了。这一年，唐朝中书令张说被贬到岳州来当刺史。他到了岳州之后，愁眉紧皱，痛苦不堪。

■唐代岳阳楼模型

■ 岳阳楼城墙

鲁班 姓公输，名般。又称公输子、公输盘、鲁般。不少古籍记载，很多木工器械都是他发明的，像木工使用的曲尺，也叫鲁班尺。又如墨斗、锯子、钻子等。他是中国古代一位出色的发明家，2 000多年以来，他的名字和有关他的故事，一直广为流传。中国的土木工匠们都尊称他为祖师。

有一天，他带着几个人出去巡视管辖区，顺便散散心，可是转了半天，也没找到个风景好的地方。

太阳快落山的时候，张说带着随从转到西门外湖边，看见前面有个圆形石台，上面建了个小亭阁，亭上挂着"阅兵台"匾额。

这个阅兵台是三国时期吴国大将鲁肃在洞庭湖操练水兵时修建的。张说登上阅兵台，远望无边无际的洞庭湖，顿时感到心胸开阔多了。

一个随从对张说说："老爷，这里既可登高望远，又可观赏湖光山色，如果在高处筑建楼阁，那该多好哇！"

张说听了，觉得有些道理，便打定主意，只等良辰吉日，动工建楼。第二天立即出榜，招聘名师巧匠，担任工程总管。

一天，从潭州来了一个青年木工，名叫李鲁班，自称擅长土木设计，无论什么亭阁楼台，宫殿庙宇，都能设计得尽善尽美。

张说便命他主管工程，限他一个月之内，画出一幅带有三层、四角、五梯、六门、飞檐、斗拱、盔顶的楼阁图样来。

李鲁班成天躲在房子里，画了又画，算了又算，整整七七四十九天，纸样画了一大堆，不是绘成土地庙，就是画成过路亭。他累得满头大汗，还是没有画出一幅令人满意的图样来。

这个时候，张说特别生气，认为李鲁班在说大话，就对他说："眼下工匠来了那么多，只等你的图了。你这是在耽误大家的时间啊！我再宽限你几天时间，到时候交不出来，绝不轻饶你！"

李鲁班吓出一身冷汗，想来想去，也想不出什么好办法来，一个人坐在洞庭湖边哭起来。

盔顶 是古代汉族建筑的屋顶样式之一，其特征是没有正脊，各垂脊交会于屋顶正中，即宝顶。在这一点上，盔顶和攒尖顶相同，所不同的是，盔顶的斜坡和垂脊上半部向外凸，下半部向内凹，断面如弓，呈头盔状。盔顶多用于碑、亭等礼仪性建筑。

■ 岳阳楼的走廊

客栈 人们在出外远行时便会找地方投宿，而提供这些地方供人暂住的就称为客栈。也指设备较简陋的旅馆，兼供客商堆货并代办转运。后来客栈一词已由现实的东西转为聚脚地的代名词。

木工、石匠见他哭得实在伤心，跑过去劝他说："你这个青年人，何必这么认真呢！不知道就不知道嘛，好好地在张大人面前认个错就是了。"

也有人说些风凉话："既然取名鲁班，就一定有鲁班的本领，设计一个小小楼阁算得了什么！"

李鲁班听了这些话，便诚恳地说："各位师傅，我在乡下也做了6年手艺，茅屋瓦房盖过百十来栋，真没有想到画个楼阁会有这么难哪。事到如今，只好请众乡亲帮帮忙，往后再重重地报答诸位。"

这时，有位白发老人从人群中走出来了，大家谁也不知道他叫什么名字，只知道两个月来，他每天都在工地上转来转去，问长问短。

白发老人对李鲁班说："我看真鲁班的技艺也是从小勤学苦练得来的，如果像你这样躲在房子里画图，是很难画出非常壮观的楼阁的，还要多向别的师傅学习呀！"

■ 岳阳楼建筑

仰视岳阳楼

"看样子，您一定也是个木工师傅？"李鲁班恭恭敬敬地向老人说，"您老人家见多识广，请您多多指教！"

"我没有画过图，"老人说："只不过呢，我这里有些小玩意儿，你若喜欢，不妨拿去摆弄摆弄，或许会摆出一些名堂来的。"

说着，老人把背着的包袱打开，里面装的是一大堆长的、短的和圆的以及方的木坨坨，上面还编了号码，他随手往地上一摊，说："若是还差点儿什么，到连升客栈的楼上找我就是了。"

说完之后，白发老人头也不回地走了。

李鲁班抱起那堆木坨坨，蹲在工棚里苦思冥想，摆来弄去，竟连饭也顾不上吃了。

有个年轻木匠见他这样入迷，抓起几个木坨坨往草堆里一丢，说："哼，那个老汉疯疯癫癫的，说不定是个吹牛大王，我们真的相信他吗？"

旁边几个老木匠连忙说："年轻人还是谦虚一点儿好，人家年纪那么大了，他过的桥，比你走的路还多！你凭什么说他吹牛呢？"

■ 岳阳楼的城墙台阶

楼阁 中国古代建筑中的多层建筑物。早期楼与阁有所区别，楼指重屋，处于次要位置；阁指下部架空、底层高悬的建筑，居主要位置。后来并无严格区分。楼阁多为木结构，构架形式有井幹式、重屋式、平坐式、通柱式等。佛教传入中国后，大量修建的佛塔即为楼阁建筑。

老木匠们陆续坐下来和李鲁班一起按照木坨坨上面的号码，慢慢地摆弄起来。他们摆了又摆，突然，大家高兴地齐声喊叫起来："快来看啊，一座漂亮的楼阁模样儿做好了！"

木匠们听到后，跑过来一看，果然是一座壮观的楼阁模型。

不一会儿，木匠们都围过了来，大家对此夸赞不已。可是看来看去，就是有个飞檐少了5个斗拱。大家按号码仔细查了一遍，整缺了5个木坨坨。

刚才那个丢木坨坨的青年木匠也跑来了，毫不在乎地说："整整一座楼阁的模样儿都做出来了，差这几个木坨坨愁什么！等我来做几个补上去就是了。"

哪知道他做了一天一夜，木头砍了百十块，就是没有一个合适的，不是长了半分，就是短了半分。这时，他才想起被自己丢掉的那几个木坨坨，心中很觉得过意不去，只好对大家说："实在对不起大家，只怪我太不懂事，那少了的木坨坨，就是先前被我丢掉的那几个。"

"丢在哪里啦？快带我们去找回来。"大家齐声问道。

"就在前面茅草堆里。"青年木匠领着大家在那片野草丛里找来寻去。好不容易找出了四个，还有一个却怎么也找不出来，野草都拔光了，也不见木坨坨的影子。

就在这时，太守张说听说楼阁模型造好了，急忙赶过来一看，果然气派不凡。他高兴极了，连声称赞说："如此壮观、雄伟，真可谓天下第一楼矣！"

"启禀老爷，此楼模型还差一个飞檐斗拱。"

"此楼的模样儿出自何人之手？快快请来，并将斗拱补上。"

"禀老爷，是个白发老人，不知姓名，只知他住

> 斗拱 亦作"斗栱"，中国建筑特有的一种结构。在立柱和横梁交接处，从柱顶上的一层层探出呈弓形的承重结构叫拱，拱与拱之间垫的方形木块叫斗。两者合称斗拱，也作枓拱、枓栱。由斗、栱、翘、昂、升组成。斗拱是中国建筑学会的会徽。

■ 岳阳楼的石牌坊

楼基 也称地基，是指建筑物下面支承基础的土体或岩体。作为建筑地基的土层分为岩石、碎石土、沙土、粉土、黏性土和人工填土。地基有天然地基和人工地基两类。天然地基是不需要人加固的天然土层。人工地基需要人加固处理，常见有石屑垫层、沙垫层、混合灰土回填再夯实等。

在连升客栈里。"

太守张说领着大家急急忙忙奔到连升客栈，要找白发老人。

客栈老板娘听说张太守亲自来找人，不知出了什么事，连忙慌慌张张跑了出来说："哎呀，这个白发老人进店两个多月了，白天从不在屋，夜间就在楼上又劈又锯地闹到半夜。我还以为他帮人家做家具，谁知道他只给那些孩子做些好玩儿的。"

"快快打开楼门，让我去看个究竟。"

张说急不可待的样子，把老板娘吓坏了，她连忙把楼门打开，让他查看。

张说上楼一看，没见老人的影子，只见床上摆着一张绘制得精致美观的楼阁图样，桌子上还有十几个木坨坨。老师傅们认真地翻了一阵，发现桌上正好有缺少的那个号码的木坨坨，连忙拿回去一摆，便构成

■ 岳阳楼北门牌坊

一份完整无缺的楼阁模型了。

张说和大家拍手大笑起来："这才是真鲁班来了，大家一定要把他找到。"

可是谁也不知道他到什么地方去了，张说连忙派人到岳州城内城外四处查访。头一天没找到，第二天还是没影子。

直至第三天清早，忽然有人前来报信，说有个白发老人在湖滩上用石头砌了一个拱洞，又在拱洞上面砌房子。

张说听了，领着几个人连忙赶到湖滩。可是那个白发老人又不见了。只见那石头砌成的拱洞上面，架起了一座非常美丽壮观的楼阁。

岳阳楼南门牌楼

张说指着湖滩上的楼阁模型，赞叹道："此人才智非凡，看来用拱洞做楼基可算别具一格。这真是得天之助也！"

他抬头一看，只见一个白发老人，手握一把尺子，正在对面高坡上丈量土地。

张说连忙问众人："前面可是……"

李鲁班高兴地叫喊起来："正是他，正是那位老师傅哇！"

张说忙赶上前去，一边行礼一边说："久仰师傅技艺超群，今日得见，真是三生有幸，敢问师傅莫不是姓鲁？"

白发老人连连摇头说："我不姓鲁，而姓卢，鲁班是我的师父。"

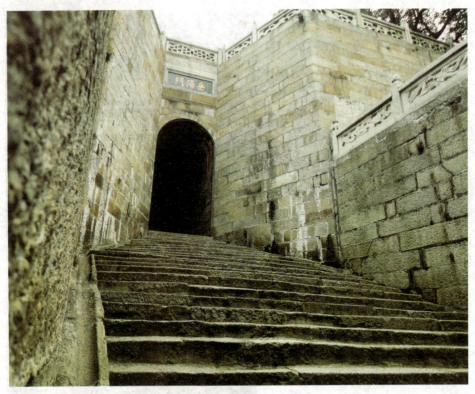

■ 岳阳楼下的岳阳门

鲁班尺 亦作"鲁般尺",为建造房宅时用的测量工具,主要用来校验刨削后的板、枋材及结构之间是否垂直和边棱成直角的工具。鲁班尺融合了丁兰尺后,又融入寸、厘米,是度量、矫正的重要工具。由于其特殊的功能,在风水文化、建筑文化中表现最为广泛。

"令师今在何处?请求指点,下官有事求见。"

白发老人指着前面许多木工、泥匠说:"你看他正在那里向老师傅们请教哩!"

众人顺着他手指的方向看去,果然有个异样的老人,兴致勃勃地正在和工匠们谈论着什么。

张说领着大家赶过去一看,那些正忙着做事的木工泥匠,仿佛人人都像刚才看见的那个卢师傅,但又分不清哪个是真正的鲁班。

但他们回头再去找那个卢姓师傅时,只见地上留下一把尺子,上面清清楚楚刻了"鲁班尺"三个字。

张说急忙登上当年鲁肃的阅兵台,面对八百里洞庭湖水高声呼喊着:"鲁班师傅,请你再来哟!"

湖面上顿时远远近近响起一片"来哟……来哟

的回声。

这时,西边天上,红霞万朵,仿佛有个白发老人,乘着一只白鹤,在水天尽头飞升而去。

木工、泥匠师傅们按照那白发老人设计的式样终于造成了楼阁,并以西城门拱洞作为楼基。

人们把三层飞檐拱取名为"鲁班门"。由于这座楼阁位于岳山之阳,所以称它为"岳阳楼"。

此座楼阁为四柱三层,飞檐、盔顶、纯木结构,楼中四柱高耸,楼顶雕梁画栋,金碧辉煌,远远望去,恰似一只凌空欲飞的鲲鹏。

其建筑的另一特色,是楼顶的形状酷似一顶将军头盔,既雄伟又不同于一般。

飞檐盔顶为纯木结构。楼顶承托在玲珑剔透的如意斗拱上,曲线流畅,陡而复翘,是中国历史古建筑上独一无二的,极具特色。

鲲鹏 属中国古代神兽之一,最早见于庄子的《逍遥游》。庄子说有一种大鸟叫鹏,是从一种叫作鲲的大鱼变来的。传说有一大鱼名曰鲲,长不知几里,宽不知几里,一日冲入云霄,变作一大鸟可飞数万里,名曰鹏。中国史籍记载,在渤海,秦汉以前多见海鲸。鲸体形极大,可长达30米,所以庄子所说的鲲鹏,是指渤海的海鲸。

■ 岳阳楼建筑

岳阳楼内的麒麟

此外,从历代传世的《岳阳楼图》和后来保持着清代原构史迹的岳阳楼建筑来看,其雕饰整体显示出以灵秀为主的江南雕饰艺术的特征。

楚地气象万千的自然风物与人文精神的交汇,使岳阳楼雕饰获得了丰富的滋养环境。可以说,岳阳楼雕饰兼容了雄健与清秀、硕实与空灵、粗犷与细腻的审美特征。

阅读链接

相传,在重修岳阳楼时,正遇上大寒潮,天气格外寒冷,当地的蔬菜全部冻死了。那些修楼的木匠吃不上新鲜的蔬菜,个个显得面黄肌瘦,眼睛都看不清东西。

于是,有几个胆大的工匠,就到湖里去捞鱼虾,好给修楼的师傅们下饭。可是,他们在冰冷的湖水里忙了大半天,连一条小鱼都没捞到。

工匠们正要回去,忽然来了一位白发老人,抱着一大堆刨木花。他抓起一把往湖里一撒,口中还念道:"刨木花,刨木花,快变鲜鱼莫变虾。今日捉捞十几斤,往后滋养千万家。"

老人刚念完这个咒语,只见他撒入湖里的刨木便立即变成了许多小鱼。不过,这些鱼都没有眼睛和鳞片。

于是,老人又从袋里取出墨斗,用墨汁拌了滩上泥沙,抓起一把黑沙,对着湖面上的鱼群撒下去。这样,那些小鱼立即有了鱼鳞和眼睛。

工匠们赶紧把这些鱼捞回去给修楼的师傅们充饥。师傅们有了小鱼充饥,他们的体力逐渐恢复,也有力气干活儿了,很快便建成了一座壮观的楼阁。

唐朝文人雅士齐赞岳阳楼

岳阳楼建好后，在其建筑结构上有着独特的风格，而且在文学艺术上有着与众不同的魅力。它是一座诗楼，它的名字也是因诗而得，因诗而传，因诗而著，由此可见，楼与诗有着不解之缘。

唐朝的"张说时代"是岳阳楼文人雅集唱和的第一个高潮。

张说是武则天、中宗、睿宗、玄宗四朝重臣，是促成李隆基登上帝位的关键人物之一。

张说又协助玄宗李隆基剪除太平公主势力，以功拜中书令，封为燕国公，后来与许国公苏颋并称为"燕许大手笔"。

张说任岳州刺史时，从一下

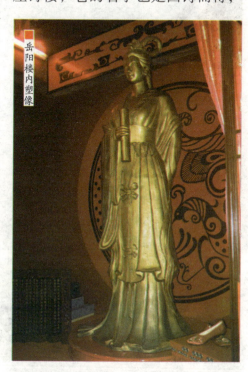
岳阳楼内塑像

翰林 是中国古代官名，是皇帝的文学侍从官。翰林院从唐朝起开始设立，始为供职具有艺能人士的机构，但自唐玄宗后演变成专门起草机密诏制的重要机构，院里任职的人称为翰林学士。明、清改从进士中选拔。

船，就爱上了那里的山山水水。尤其是在岳阳楼建好以后，常与一些文人墨客登楼吟诗作赋。也经常与友人泛舟于洞庭之上，同他们一起上君山，入南湖，共同陶醉于洞庭的美景中。

岳州美丽的山水激发了张说奔涌的文思。他在岳州期间以山水为题材创作了大量诗歌作品，后来自己结集付梓，题名"岳阳集"，仅收入《全唐诗》的就有40多首。

张说在岳阳的文学创作活动不是孤立静止的。在他的带动下，一大批文人学士都来亲近岳阳的山水楼台，形成了一个独特的文化现象。

与张说雅集酬唱的有各个方面的人士，一类是一道遭受贬谪的流寓者，另一类是过往岳州的朝廷命

■ 岳阳楼景色

官，还有仰慕张说诗名、慕名而来的诗界好友。他们的创作活动，对于盛唐诗风的形成有着推波助澜的积极作用。

岳阳楼的雅集唱和也对后世产生了极大的影响力，不仅岳阳楼美名远扬，而且以后历朝历代，文人学士，达官谪宦，无不闻风慕名而来，"迁客骚人，都会于此"，岳阳楼从此与天下文运息息相关。

稍晚于张说，岳阳楼又一次出现了文星会聚、歌吟不绝的繁盛局面。

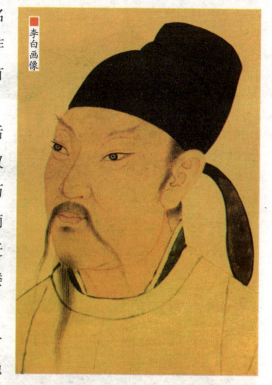

李白画像

盛唐诗坛的李白、杜甫、孟浩然、白居易、李商隐、李群玉等人相继登临岳阳楼，创作了一批震烁古今的精品力作，并写下了成百上千语工意新的佳句，使岳阳楼具有了浓厚的文化意蕴。

唐代"诗仙"李白，字太白，号青莲居士，他幼年随父迁居蜀地。李白天赋聪颖，有奇才，12岁便能写诗文，25岁时，怀抱"四方之志"出三峡，从此他漫游各地，南浮洞庭，东游吴越，北上太原，东到齐鲁。

唐玄宗时，李白被召为翰林供奉。不久，因受谗言诋毁，被迫离开长安。自此之后，他长期漂泊流浪，游踪所及大半中国，在此期间曾经6次到达岳阳，留下吟咏洞庭湖、岳阳楼、君山的优美诗篇20多首。

李白的诗，是一种智慧之美，浪漫之美，与岳阳楼的胜景交相辉映，令历代的诗人、画家和官府士人向往不已。

■ 唐代岳阳楼模型

759年，李白出于平定安史之乱的爱国热忱，做了永王李璘的幕僚，后来永王争夺帝位失败，李白也受到牵连，被流放至夜郎，即今贵州桐梓一带，但他的爱国之心丝毫没有减弱。

后来正赶上朝廷大赦，李白喜出望外，往来于岳阳、金陵间，对岳阳楼、洞庭湖、君山等胜景赞叹不已。写下了《与夏十二登岳阳楼》《巴陵赠贾舍人》《陪族叔刑部侍郎晔及中书贾舍人至游洞庭五首》《陪侍郎叔游洞庭湖醉后三首》《与贾至舍人于龙兴寺剪落梧桐枝望湖》等许多诗篇。

李白尽情痛饮，狂笔啸歌巴陵胜状，在《与夏十二登岳阳楼》一诗中写道：

楼观岳阳尽，川迥洞庭开。
雁引愁心去，山衔好月来。
云间连下榻，天上接行杯。
醉后凉风起，吹人舞袖回。

759年，李白流放途中遇赦，回舟江陵，南游岳

> **幕僚** 在古代称将幕府中参谋、书记等，后泛指文武官署中的佐助人员。因为设于帷幕中，所以又叫"幕府"，而统率左右的僚属，也因之被称为"幕僚""幕职"。幕僚种类繁多，有统率部的"长史"，有参议军机，帮助指挥军事行动的"参军"等。

阳而作此诗。这里的"夏十二"是李白的朋友,排行十二。李白登楼赋诗,留下了这首脍炙人口的篇章,使岳阳楼更添一层迷人的色彩。

诗人一方面反映物象;另一方面借景抒情,将自己积极用世,关心民族,风流俊逸,飘飘欲仙的情感,跃然纸上,感情和景物互相衬托而合而为一。已有史料表明,这是"岳阳楼"名称第一次见于名人诗歌题咏中,后为世人所沿用。

李白陪族叔李晔和中书舍人贾至泛舟洞庭,豪情满怀地吟道:

南湖秋水夜无烟,耐可乘流直上天?
且就洞庭赊月色,将船买酒白云边。

李白的这首诗,气势非常壮阔,风光非常深远,与诗祖屈原的大胆幻想和夸张是一脉相承的,堪称

刑部侍郎 中国古代官员名称。刑部官职最早出现于隋,明、清两代沿袭此制。汉朝为郎官的一种,本为是宫廷的近侍。东汉以后,作为尚书的属官,初任为郎中,满一年为尚书郎,满三年为侍郎。隋唐之时,于京城内设吏、户、礼、兵、刑、工六部,掌管国家政务。其中,每部一名侍郎,为辅佐尚书主官之事务实际执行者。

■ 杜甫与李白蜡像

> **屈原**（前340—前278），姓屈氏，名平，字原。是中国最早的浪漫主义诗人。创立"楚辞"文体，代表作品有《离骚》《九歌》《九章》《天问》等。他的出现，标志着中国诗歌进入一个由集体歌唱到个人独唱的新时代。

八百里湖光山色的千古绝句。

据说李白游览岳阳，登岳阳楼曾亲笔书写一联："水天一色；风月无边。"在这一楹联中，作者生动地描绘了洞庭湖水天相接，楼湖相映，碧水苍天，无边无际，气象万千的自然景色，直接倾泻了诗人内心的激情，为文人学士所推崇。尽管有人提出过质疑，但人们相信是真的，一直将它珍藏于岳阳楼主楼内。

759年农历八月，襄州守将康楚元、张喜延发动叛乱。当时正在岳阳的李白，挥笔写了《荆州贼乱临洞庭言怀作》一诗，愤怒地把叛贼痛斥为横行洞庭的"修蛇"，表达了诗人渴望迅速平定叛乱的心情。

九月九日重阳节这天，李白登上巴陵山，适逢讨伐康、张的唐朝水军在洞庭上布阵。他心情异常激动，在《九日登巴陵置酒望洞庭水军》中描写了这一

■ 岳阳楼周边建筑

■ 杜甫泥塑像

雄壮的场面：

> 九日天气清，登高无秋云。
> 造化辟川岳，了然楚汉分。
> 长冈鼓横波，合沓蹙龙文。
> 忆昔传游豫，楼船壮横汾。
> 今兹讨鲸鲵，旌旗何缤纷。
> 白羽落酒樽，洞庭罗三军。
> 黄花不掇手，战鼓遥相闻。
> 剑舞转颓阳，当时日停曛。
> 酣歌激壮士，可以摧妖氛。
> 握觚东篱下，渊明不足群。

李白的这首诗充分表达了自己不学陶潜消极避世，不与平叛将士为伍，关怀人民的正义感情。

巴陵山 又名天岳山，在湖南岳阳治西南隅，濒临洞庭湖。李白登上岳阳楼后，远望天岳山南面一带，无边的景色尽收眼底。江水流向茫茫远方，洞庭湖面浩荡开阔，汪洋无际。这是从楼的高处俯瞰周围远景。

千古名楼 岳阳楼

夔州 中国历史名城。夔州初为夔子国，是巴人的主要聚居地之一。战国时，属楚国管辖，秦汉时改为鱼复。222年，刘备兵伐东吴，遭到惨败，退守鱼复，将鱼复改为永安。649年改称奉节县，隶属夔州府，因奉节是夔州府治地，所以人们便称它"夔州"或"夔府"。

他在另一首诗《秋登巴陵望洞庭》中写道："瞻光惜颓发，阅水悲徂年。"其报国之心依然未减。

李白一生政治抱负甚大，却屡屡失败，"济苍生"之志终难施展。761年，李白听闻太尉李光弼率兵讨伐安史叛军，他不顾61岁高龄，前往请缨杀敌，因病返回，第二年病死于安徽当涂。

除了李白，诗圣杜甫是在岳阳留诗最多的一人。768年秋，杜甫离开夔州，出三峡，到江陵，迁居湖北公安。年底，沿江东下，漂泊到湖南岳阳。此时，杜甫已57岁，体弱多病，拖家带口，生活窘迫，但总是在关怀着国家的安危和人民的疾苦。

杜甫登上岳阳楼，面对浩渺的洞庭湖，百感交集，写下了千古绝唱《登岳阳楼》诗：

　　昔闻洞庭水，今上岳阳楼。
　　吴楚东南坼，乾坤日夜浮。
　　亲朋无一字，老病有孤舟。
　　戎马关山北，凭轩涕泗流。

■ 岳阳楼周边的古建筑

这首诗高度概括了洞庭湖的雄伟壮观,抒发了诗人忧国忧民的广阔胸怀,创造性地赋予律诗以重大的政治和社会内容,具有强烈的爱国精神,成为历代题咏岳阳楼的压卷之作。

杜甫在769年春,离开岳阳,南行投靠亲友,临行前,再登岳阳楼,写了一首《陪裴使君登岳阳楼》的诗:

■ 岳阳楼古风建筑

湖阔兼云雾,楼孤属晚晴。
礼加徐孺子,诗接谢宣城。
雪岸丛梅发,青泥百草生。
敢违渔父问,从此更南征!

杜甫的这首诗表达了诗人不论怎样困苦,也不论漂泊到什么地方,不沉沦,"更南征"的积极思想感情和态度。

769年冬天,杜甫病中重返岳阳,在风雨飘摇的舟中,写下了他人生的绝笔《风疾舟中伏枕书怀三十六韵奉呈湖南亲友》中有如下诗句,说来令人感伤:

水乡霾白屋,枫岸叠青岑。
郁郁冬炎瘴,蒙蒙雨滞淫。
鼓迎方祭鬼,弹落似鸮禽。
兴尽才无闷,愁来遽不禁。
生涯相汩没,时物正萧森。

太尉 中国秦汉时中央掌管军事的最高官员,秦朝以"丞相""太尉""御史大夫"并为"三公"。后逐渐成为虚衔或加官。自隋撤销府与僚佐,太尉便成为赏授功臣的赠官。宋代是辅佐皇帝的最高武官,为三公之一,正二品。而后作为以游牧征战为主的元朝,太尉更是不常置,明朝废除。

这首诗说明诗人当时在舟中最后看到的正是岳阳洞庭湖边的冬雨景物。在此后不久的770年冬，杜甫就死在这条破船上，终年58岁。

在盛唐诗人中，孟浩然是唯一终身不仕的诗人。在他人眼里，孟浩然是一位地地道道的隐逸诗人，一位文才横溢而又飘然出尘的逸士。李白就曾说道："吾爱孟夫子，风流天下闻。红颜弃轩冕，白首卧松云。"这是诗人李白心目中的孟浩然，也是一般唐人心目中的孟浩然。

其实，孟浩然并非无意仕途，年轻时候的他，虽然生活在家乡的山清水秀之中，但是他的内心怀着积极的抱负。与盛唐其他诗人一样，孟浩然也怀有济时用世的强烈愿望，他在《临洞庭湖赠张丞相》一诗中写道：

■ 岳阳楼周边新修的楼台

八月湖水平，涵虚混太清。
气蒸云梦泽，波撼岳阳城。
欲济无舟楫，端居耻圣明。
坐观垂钓者，徒有羡鱼情。

这是一首具有高超艺术技巧的自荐诗。诗的前四句写景，泼墨如水，浓描洞庭，堪称写景佳句。孟浩然的高明之处就在于借景抒情，寓情于景，既烘托出作者经世致用的壮志雄心，又暗示张九龄海纳百川的胸襟气度。

可见，孟浩然和杜甫同写岳阳楼的诗都为经典之作，都写出了岳阳楼的美，且同中有异，各有千秋，给人很多的启发。

逸士 指人品清高脱俗，不贪慕虚名利禄的人。在中国古代，有些德才兼而不愿做官的人喜欢隐居不出，讨厌官场的污浊，这是德行很高的人方能做得出的选择。"逸士"的意义，就是善于自处，不求闻达于当时的清高的代号。这在唐代的习惯上，称为"高士"，再早一些，便叫"隐士"，都是同一含义的名称。

■ 岳阳楼风光

岳阳楼在这些知名文人学士赋诗留墨后更加声名远扬了，也使得人文景观与自然风景结合，相得益彰，同样使岳阳楼的文化景象在唐代达至高峰。

这一时期的岳阳楼古朴简单而又不失庄重。唐代又是泱泱大国，是世界上最强大的国家。世界各国的使节都纷纷造访，其政治、经济、文化对世界都有一定的影响，在其他国家还可以看到一些相似于唐代楼阁的建筑。

阅读链接

据说，当年，描写岳阳楼的诗文中，尤其以杜甫的《登岳阳楼》最为著名，而关于杜甫写作这首诗，还有一个传说：

杜甫当年到岳阳时，搭乘了一位名叫稚子的年轻渔民的渔船，当时杜甫身体虚弱，又在船上吹了冷风，到了岳阳后便一病不起。

稚子是个喜欢杜甫诗词的后生，在船上听杜甫吟李白的诗，很是欢喜，但他不知道身边的老人就是杜甫，老人病着，稚子便留老人在船上养病，每日精心伺候。杜甫病好些后和稚子一同登上岳阳楼，并写下这首《登岳阳楼》，稚子看到题款，才知老人即是杜甫。

杜甫临走时，将这首诗送给了稚子。大约5年后，稚子和杜甫在岳阳楼相遇，此时的杜甫弱不禁风，病入膏肓，虽然稚子又是煎药又是熬鱼汤，杜甫还是撒手而去。

杜甫死后，稚子经过3年的劳碌奔波，终于有了足够的钱请石匠把杜甫的《登岳阳楼》刻在了石碑上，并修建了亭子，名为"怀甫亭"。

北宋滕子京募捐重建楼阁

1044年，滕子京被贬至岳州，当时的岳阳楼已坍塌，滕子京于1045年在广大民众的支持下重修了岳阳楼，并请范仲淹撰写千古名文《岳阳楼记》。

滕子京是北宋文武兼备、十分能干的大臣，他到岳州任职后，忠

宋代岳阳楼模型

岳阳楼城墙

于职守,勤政为民,兴利除弊,为群众做实事,老百姓安居乐业,仅仅一年多的时间,便取得了骄人的政绩,被北宋文学家欧阳修称为"去宿弊以便人,兴无穷之长利"。

一次,滕子京在游览岳阳楼的时候,凭栏远眺,见湖光山色,不禁诗兴大发,写下了《临江仙》词:

湖水连天,天连水,秋来分外澄清。君山自是小蓬瀛,气蒸云梦泽,波撼岳阳城。

帝子有灵能鼓瑟,凄然依旧伤情。微闻兰芷动芳馨,曲终人不见,江上数风清。

《临江仙》写景抒情,很有气势。作者自己也被这首词打动了,他认为"天下郡国,非有山水环异者不为胜,山水非有楼观登临者不为显",决心要让更多的人欣赏这洞庭美景。但是,当他看着岳阳楼破败不堪的样子,颇为感慨,决心加以修缮。

但重修岳阳楼要花费巨资,滕子京想出了一个很好的办法,"不用省库钱,不敛于民",意思是既不动用政府公款,也不直接从老百姓那里搜刮。

那么钱从哪里来呢?滕子京发了一个告示,要求民间凡有别人欠了多年没能偿还的债务,献出来帮助朝廷,由朝廷代为催讨,用来建岳阳楼。于是债主先行告发,欠债者争相献出,竟得到近一万缗钱。

滕子京就在自己的办公场所旁边设置了一个钱库,将这笔巨款放在里面,也不设专门的主管官吏和账目,由自己亲自掌管。因为有如此雄厚的财力,所以岳阳楼修得"极雄丽""所费甚广",老百姓对此纷纷称赞。

岳阳楼重修之后,滕子京镌刻唐代及当朝的诗赋于上面,使之显得古香古色,端庄优雅。滕子京是一位具有远见卓识的名臣,他认为"楼观非有文字称记者不为久,文字非出于雄才巨卿者不成著"。他认为,前朝诗人未能尽抒岳阳洞庭之景,唯有唐代诗人吕温的"襟带三千里,尽在岳阳楼"。

双公祠

吕温（771—811），字和叔，又字化光。798年中进士，第二年又中博学宏词科，授集贤殿校书郎。803年，得王叔文推荐任左拾遗。贞元二十年夏，以侍御史之职为入蕃副使。808年秋，因与宰相李吉甫有隙，贬道州刺史，后徙衡州，甚有政声，世称"吕衡州"。

1046年6月，滕子京再请人画了一幅《洞庭秋晚图》后，又修书一封，给他的好友范仲淹，请这位雄才巨卿为岳阳楼作记。

此时的范仲淹，也正被贬在河南邓州做知州，真可谓"同是天涯沦落人"。有所不同的是，范仲淹与滕子京在处世上相差很大。滕子京"尚气，倜傥自任"，是个很有脾气的人，又有点儿刚愎自用，很难听进去别人的意见，他对自己的无端被贬为岳州知州一事始终耿耿于怀，常常口出怨言。

据说，岳阳楼落成之日，他的部下前来祝贺，他却说："落甚成！待痛饮一场，凭栏大恸十数声而已。"本当高兴之际，滕子京却万般悲伤涌上心头，可见他还没有走出被贬官带来的打击。

范仲淹见滕子京的书信后，精神大振，奋笔疾

■ 范仲淹、滕子京铜像

■ 邵竦篆刻的《岳阳楼记》

书,遂成《岳阳楼记》。

《岳阳楼记》写好以后,便广为传诵,虽然短文只有寥寥369字,但是其内容之博大,哲理之精深,气势之磅礴,语言之铿锵,可谓匠心独运,堪称绝笔。

范仲淹把对岳阳的吟诵推向了高潮,他写下的《岳阳楼记》成为千古奇文,"先天下之忧而忧,后天下之乐而乐"成了众多仁人志士忧国忧民的高尚情怀。自此之后,楼以文名,文以楼传,文楼并重于天下。以后历朝历代的文人在此留下了大量优美的诗文。

滕子京重修之后的岳阳楼规模是最大的,结构是最复杂的,四面八角,有24个屋檐。后来,滕子京又请当时的大书法家苏舜钦手书写范仲淹的《岳阳楼记》,并由邵竦篆刻。

人们把滕修楼、范作记、苏手书、邵篆刻,称为"天下四绝",并竖立了"四绝碑"以示纪念,此碑

范仲淹(989—1052),字希文,世称"范文正公"。北宋著名的政治家、思想家、军事家和文学家。他为政清廉,体恤民情,刚直不阿,力主改革,屡遭诬谤,数度被贬。谥文正,封楚国公、魏国公。有《范文正公全集》传世。

■ 宋代岳阳楼

石一直保存完好。

此外，滕子京还派人把"四绝碑"雕刻一份"四绝雕屏"，上面清楚地记载范仲淹的《岳阳楼记》：

> 庆历四年春，滕子京谪守巴陵郡。越明年，政通人和，百废俱兴，乃重修岳阳楼，增其旧制，刻唐贤今人诗赋于其上。属予作文以记之。
>
> 予观夫巴陵胜状，在洞庭一湖。衔远山，吞长江，浩浩汤汤，横无际涯；朝晖夕阴，气象万千。此则岳阳楼之大观也，前人之述备矣。然则北通巫峡，南极潇湘，迁客骚人，多会于此，览物之情，得无异乎？
>
> 若夫霪雨霏霏，连月不开，阴风怒号，浊浪排空；日星隐曜，山岳潜形；商旅不

苏舜钦（1008—1048），北宋诗人，字子美，开封人。曾任县令、大理评事、集贤殿校理、监进奏院等职。因支持范仲淹的庆历革新，为守旧派所恨，罢职而闲居苏州。他与北宋著名现实主义诗人梅尧臣齐名，人称"梅苏"。

行,樯倾楫摧;薄暮冥冥,虎啸猿啼。登斯楼也,则有去国怀乡,忧谗畏讥,满目萧然,感极而悲者矣。

至若春和景明,波澜不惊,上下天光,一碧万顷;沙鸥翔集,锦鳞游泳;岸芷汀兰,郁郁青青。而或长烟一空,皓月千里,浮光跃金,静影沉璧,渔歌互答,此乐何极!登斯楼也,则有心旷神怡,宠辱偕忘,把酒临风,其喜洋洋者矣。

嗟夫!予尝求古仁人之心,或异二者之为,何哉?不以物喜,不以己悲;居庙堂之高则忧其民,处江湖之远则忧其君。是进亦忧,退亦忧。然则何时而乐耶?其必曰"先天下之忧而忧,后天下之乐而乐"乎。噫!微斯人,吾谁与归?

时六年九月十五日。

阅读链接

1043年,由于群臣交荐,宋仁宗任范仲淹为枢密副使,参知政事。范仲淹深知当时"官乱于上,民困于下,夷狄骄盛,寇盗横炽"的严重危机,当政以后,力举改革政事。

那时,范仲淹结交了韩琦、富弼、欧阳修、滕宗谅等一大批主张革新的新锐人物,提出"明黜陟、抑挠幸、精贡举、择长官、均公田、厚农桑、修武备、减徭役、覃恩信、重命令"10项主张,想要改革政治,发展生产,做到百姓安乐,国富兵强。但因触动了大官僚的利益,又因仁宗没有主见,遭到保守派的极力反对。

1044年春,好友滕子京因受弹劾而被贬岳州。1045年1月,范仲淹的参知政事被罢免,改知邠州,不久又改知邓州。

1046年夏天,谪守巴陵的滕子京重修岳阳楼,绘了一幅《洞庭晚秋图》,派人带信和图去请范仲淹写"记",他便欣然命笔写成了这篇名文《岳阳楼记》。

历代官员对楼阁的维修

岳阳楼自建好后就多灾多难,历史上有据可查的重修就达32次之多。除张说、滕子京重修外,据史料记载,1078年又遭大火,楼被大火烧毁,楼内的"四绝雕屏"毁于一旦。

■岳阳楼建筑

■ 岳阳楼浮雕

1079年,当时代理郡守郑民瞻又重修了岳阳楼,他作记并赋诗抒怀:

遍历江山只此楼,名传自古又今修。
却观湘水浮新景,重对君山说旧游。
风月依然如故友,轩窗今复冠南州。
远追张相滕侯迹,幸蹑前观状胜游。

1129年,岳州发生大火,岳阳楼受损。1138年,当时的岳州知州重新修整了岳阳楼。1178年,诗人陆游路经岳州,写有《登岳阳楼》等诗。1224年6月下旬,岳州连遭火灾,岳阳楼毁于火,不久被修复。

在元朝,时任岳州官员的李应春在至元年间曾重修岳阳楼。这一时期的岳阳楼是一座两层三檐的建筑。在元朝,中原地区是来自草原的蒙古人所统治,

郡守 又称太守,是中国古代的职官称谓,一般是掌理地方郡一级的行政区之地方行政官。中国在战国时就开始设置郡守。当时,列国在边境冲突地区设立郡的建制,作为综合行使军政权力的特别行政区,长官称守。原本是武职,后来逐渐成为地方的行政长官。秦统一后,每郡置守,治理民政。

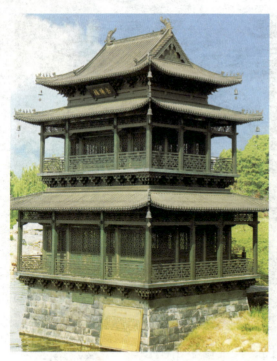

■ 元代岳阳楼模型

所以元代的岳阳楼就带有一些蒙古族的风格特点。

1426年至1438年,明威将军、岳州卫指挥佥事刘彦真整修岳阳楼。此后,岳州知府易善编刻《岳阳楼诗集》。

1506年,岳州知府刘焕重刻"四绝碑"。明嘉靖二年,岳州知府韩士英重修岳阳楼,编刻《岳阳楼诗集》,徐文华作《岳阳楼诗集序》。

后来,岳州遭逢暴雨,大水成灾,岳阳楼的楼柱被雷击破,楼体下半部分被水浸泡,看上去似乎有倒塌的趋势,失去了昔日的美观。

1567年,岳州知府李是渐修缮城墙,并重修了岳阳楼。后在《三才图绘》中写道:

岳阳楼,其制三层,四面突轩,状如十字,面各二溜水。今制,架楼二层,高四丈五尺。

1639年,岳阳楼又一次毁于战火。岳州府推官陶宗孔于第二年重建岳阳楼。

明代的岳阳楼是非常有特色的,它是一个六边形

宝顶 为建筑构件,用于封护攒尖顶雷公柱,使之不受雨水等侵蚀,所用材料多为金属或琉璃,形状有圆形、束腰圆形或宝塔形。具有丰富的装饰性。它是中国传统的建筑构件之一,屹立在亭、殿、楼、阁等建筑物的最高处。常见的宝顶为彩色琉璃、束腰呈圆形等,四周有浮雕图案。

的建筑，花纹装饰特别繁杂，上面还铸有宝顶，带有非常浓厚的宗教色彩。

明朝的开国皇帝朱元璋在当皇帝之前，曾在皇觉寺当过一段时间的和尚。他当上皇帝以后，就非常推崇宗教文化，所以明代的岳阳楼就富有浓厚的宗教色彩。

至清朝时，岳阳楼又经历多次重修。1683年春，岳州知府李遇时、巴陵知县赵士珩倡捐重建岳阳楼，另加修楼右侧的净土庵，楼左侧的仙梅亭。楼修复后，当时的名士李遇时、杨柱朝还写下了《重修岳阳楼记》。

1740年，当时的湖广总督拨银6 000多两，修缮岳州府城垣及岳阳楼。岳州知府田尔易、巴陵知县张世芳兴工重修岳阳楼及城垣，并于第二年完工。

重建的岳阳楼一共三层，楼右侧建有客栈。黄凝道在任岳州知府期间，对岳阳楼再次进行修葺，并捐资修建客栈前厅。

1743年，岳州知府黄凝道请刑部尚书张照书写范仲淹的《岳阳楼记》，勒于楼屏。张照，江苏华彦人，官至刑部尚书，清乾隆时著

湖广总督 正式官衔为总督湖北湖南等处地方提督军务、粮饷兼巡抚事，正式简称为湖北湖南总督，是清朝九位最高级封疆大臣之一，总管湖北和湖南的军民政务。因湖南、湖北在明朝同属湖广管辖，所以通称湖广总督。

■ 明代岳阳楼

■ 岳阳楼建筑

笔墨纸砚 是中国独有的文书工具，即文房四宝。笔、墨、纸、砚之名，起源于南北朝时期。历史上，笔、墨、纸、砚所指之物屡有变化。在南唐时，笔、墨、纸、砚特指诸葛笔、徽州李廷圭墨、澄心堂纸、江西婺源龙尾砚。自宋朝以来笔、墨、纸、砚则特指湖笔、徽墨、宣纸、端砚。

名宫廷书家。

当时，岳州新任知府黄凝道对岳阳楼进行了维修，工程竣工后，想找一个大书法家书写《岳阳楼记》雕屏。

黄凝道偶然听说因书法独具一格，被乾隆皇帝钦点为探花的张照解运粮草经过岳州，因张照恃才傲物，黄凝道担心他不肯留墨，便亲自去洞庭庙烧香，求洞庭王爷保佑到时湖上刮三天三夜大风，让张照的船过不了湖。

第三天，张照的船队到达岳州，船一靠岸，张照便对黄凝道说，皇命在身，登楼解愿即走。

黄凝道非常失望，没想到，张照登完楼正要离去，突然狂风四起，乌云翻滚。张照没办法，只好歇下来。黄凝道乘机求墨，张照只得接过笔墨纸砚。刚一书完，洞庭湖上已是雨过天晴，此时，张照就告别了黄凝道乘舟离去。

张照所书写的《岳阳楼记》雕屏就悬在岳阳楼的二楼,以供人们观赏。雕屏由12块巨大紫檀木拼成,文章、书法、刻工、木料全属珍品,人称"四绝"。

1774年,岳州知府兰第锡、巴陵知县熊懋奖请求修葺府城。经湖南巡抚梁国治、按察使敦福、布政使农起等先后具奏,共拨帑银69 820两,修葺府城垣及岳阳楼、文星阁。

1775年,巴陵知县熊懋奖承修岳阳楼,并于楼右侧建望仙阁,于楼左侧重建仙梅亭。后来,岳州代理知府翟声诰修葺岳阳楼,并修建了斗姆阁。教谕王可权于仙梅亭在左新建宸翰亭,摹勒"印心石屋"字碑置于亭内。

1867年,曾国荃拨岳州的卡厘税重修岳阳楼。将

布政使 中国古代官名。明初沿元制,于各地置行中书省。1376年撤销行中书省,以后陆续分为13个承宣布政使司,全国府、州、县分属之,每司设左、右"布政使"各一人,与按察使同为一省的行政长官。宣德以后因军事需要,专设总督、巡抚等官,都较布政使为高。

■ 清代岳阳楼建筑

岳阳楼湖畔

斗姆阁改建为三醉亭。修复经亭，何绍基书"留仙亭"字匾，悬于亭额。后来，岳州知府张德容在劝捐整修岳阳楼的同时，下令重修了宸翰亭。

1880年，岳州知府张德容又重建岳阳楼，将楼址东移近20米。同时，重新修建了仙梅亭、三醉亭，加固湖边驳岸及城上雉堞。于正月动工，12月竣工。

岳阳楼虽然数遭水患兵燹，屡圮屡修，但最终还是确定了其形制，保留了文化价值。

阅读链接

在后来的岳阳楼内，《岳阳楼记》的雕屏一共有两个，这是为什么呢？

在清道光年间，岳阳来了个姓吴的知县，他一上任就看中了《岳阳楼记》雕屏，便贿赂民间艺雕高手，仿制雕屏赝品。

两年后，吴知县趁调离岳阳楼之机，偷梁换柱，携带雕屏真迹出逃了。船行至青草湖时，狂风大作，吴知县一家葬身鱼腹，雕屏沉入湖中。那个赝品，因做工精巧，谁也没有发觉。

后来，湖干水浅，《岳阳楼记》雕屏真迹才被渔民发现，打捞上来，不慎将第八块板上"歌互"两字和第十块板上"乐"字损坏了。当地文士吴敏树用120两银子从渔民手中将雕屏购回，花了3年时间临摹张照手迹，才补上被损的3个字。

又经过了很多年，《岳阳楼记》雕屏真迹终于完整地回到了岳阳楼。但是，由于岳阳楼内一楼的门厅内已经有了一幅雕屏，人们便将这幅真迹放在了楼阁的第二层。

重修以后的岳阳楼全貌

在1700余年的历史中,岳阳楼屡修屡毁又屡毁屡修。后来的岳阳楼,是在1880年重建的岳阳楼基础上进行整修的。

在这次修整中,人们还同时修建了周围的南极潇湘、北通巫峡、朝晖夕阴、气象万千4座牌坊,刷新了怀甫、三醉、仙梅3座辅亭,刷新了怀甫亭、三醉亭、仙梅亭等古迹。

岳阳楼

为此，修复后的岳阳楼保存了清朝的式样和大部分的建筑构件。岳阳楼的建筑构制独特，风格奇异。气势之壮阔，构制之雄伟，堪称江南名楼。

岳阳楼坐东向西，面临洞庭湖，遥见君山。楼平面呈矩形，正面三间，周围廊，三层三檐，主楼高21.35米，台基以花岗岩围砌而成，平面呈长方形，台基宽度为宽17.2米，进深15.6米，占地251平方米。

■岳阳楼景致

在建筑风格上，前人将其归纳为木制、四柱、三层、飞檐、斗拱、盔顶。纯木结构，楼中四柱高耸。

岳阳楼是纯木结构，整座建筑没用一钉一铆。如此雄伟的楼阁，仅靠木制构件的彼此勾连，既要承接无数游人的重量，又要经受岁月的剥蚀，这样精湛的建筑工艺，实在让人叹为观止。

"四柱"指的是岳阳楼的基本构架，首先承重的主柱是4根巨大的楠木，这4根楠木被称为通天柱，从一楼直抵三楼。

岳阳楼的柱子除4根通天柱外，其他柱子也都是4的倍数。其中廊柱有12根，主要对二楼起支撑作用，再用32根梓木檐柱，顶起飞檐。这些木柱彼此

君山 古称洞庭山、湘山、有缘山，是八百里洞庭湖中的一个小岛，与千古名楼岳阳楼遥遥相对，总面积0.96平方千米，由大小72座山峰组成，被《道书》列为天下第十一福地。君山名胜古迹比较多，其文化底蕴非常深厚，此外，君山岛有5井、4台、36亭、48庙。

牵制，结为整体，既增加了楼的美感，又使整个建筑更加坚固。

岳阳楼的三层楼采用如意斗拱承担楼顶，全楼纯木质结构，榫卯契合，十分坚固耐久。

"斗拱"是中国建筑中特有的结构，由于古代建筑中房檐挑出很长，斗拱的基本功能就是对挑出的屋檐进行承托。这种方木块叫作"斗"，托着斗的木条叫作"拱"，二者合称斗拱。

岳阳楼的斗拱结构复杂，工艺精美，几非人力所能为，当地人传说是鲁班亲手制造的。斗拱承托的就是岳阳楼的飞檐，岳阳楼三层建筑均有飞檐，叠加的飞檐形成了一种张扬的气势，仿佛八百里洞庭尽在掌握之中。

岳阳楼第一层有三大间，有檐廊而无廊柱，挑檐

> **榫卯** 也称斗榫，就是指在两个木构件上所采用的一种凹凸结合的连接方式。凸显的部分叫榫或榫头，凹进的部分叫卯或榫眼、榫槽，这是中国古代建筑、家具及其他木制器械的主要结构方式。在中国古代建筑中，原则上采取榫卯连接的方式，必要时也会用铁钉。

■ 岳阳楼远眺

宽大，至檐角部分，又向上挑起与柱脊平齐。第二层也是三大间，有回廊并安设栏杆，檐角仍然向上挑承与屋檐子挑角相仿。

第三层则为三小间，相当于一层、二层的一间半，檐下使用斗拱作为盔顶，檐角部仍然向上挑起与下两层相仿，只是脊部有弧线、曲线，正脊中心还安设了脊刹。

岳阳楼三层的飞檐与楼顶结为一体，形成层叠相衬的"如意斗拱"托举而成的盔顶式，这种拱而复翘的古代将军头盔式的顶式结构在中国古代建筑史上是独一无二的。

楼顶檐牙高啄，金碧辉煌，远远而望，恰似一只凌空欲飞的鲲鹏。顶部和飞檐是琉璃黄瓦，门窗土红，柱则朱红，配色协调，又与蓝天碧水交相辉映。乘船在洞庭湖中仰望，岳阳楼恰似一幅彩帐挂于云天，富丽堂皇。

岳阳楼除了主楼外，在它的南北和院内还建有仙梅亭、三醉亭和怀甫亭等辅亭，它们也跟岳阳楼一样，具有各自不同的建筑特色。

其中，仙梅亭位于岳阳楼南侧，为岳阳楼主楼辅亭之一，与三醉亭相对应。仙梅亭是一座呈六角形，二层三檐，檐角高翘，纯木结构，玲珑雅致的小亭。亭子占地面积44平方米，高7米。上盖绿色琉璃

岳阳楼院内景物

■ 岳阳楼古亭

筒瓦，状如出水碧荷。

仙梅亭初建于明朝崇祯年间。当时，推官陶宗孔重建岳阳楼时，于楼基沙石中得石一方，去其泥水，显出二十四萼枯梅一枝，时人以为神物，称之"仙梅"，乃建亭，置石其中，名为"仙梅堂"。

1775年，岳州知县熊懋奖重建岳阳楼时，在遗址上复建其亭，同时改仙梅堂为仙梅亭。

1867年，由总督曾国荃拨卡厘税对岳阳楼全面重修时，仙梅亭也得到了一次大的修葺，并将仙梅亭改为留仙亭。时隔不久，1880年，知府张德容在重建岳阳楼时，又将留仙亭复改为梅亭。

有关仙梅亭的传说很多，且说法不一，真正以文详细记载的，还是仙梅亭中竖立的那块青石板。青石板的一面是知县熊懋奖维修岳阳楼时请画工临摹的一幅梅花图，另一面是他亲自著文记载其事的刻碑。

推官 中国古代官名。唐代开始设置，最早是节度使、观察使等官的属官，多掌理司法，不是京职，后期成为对法官的雅称。元代各路总管府亦有推官，以掌理刑狱。明代各府设推官，掌理刑名，处理民刑诉事。清末改称推官为"推事"。

■ 吕洞宾陶像

现在的亭台是人们按古代的原貌重修的,亭高9米,二层二檐木结构,亭顶覆盖绿色琉璃瓦。亭旁栽有松、竹、梅"岁寒三友",与"仙梅"虚实相映,予人以丰富的想象。清人花湛露的《书仙梅亭》中曾有"坚贞一片不可转,此是江南第一枝"诗句赞美该亭。

三醉亭位于岳阳楼北侧,是供奉吕洞宾的地方,与岳阳楼南侧的仙梅亭遥相呼应,据光绪年间《巴陵县志》记载:三醉亭最开始建于清乾隆年间的1775年初,清道光年间的1839年,岳州知府翟声浩重修岳阳楼,在望仙阁的旧址上,重建了这座小楼阁,并改名为斗姆阁。

1867年,湘军主要将领之一曾国荃根据吕洞宾三醉岳阳楼的故事,改斗姆阁为三醉亭。

吕洞宾是民间传说中的八仙之一,他曾两次投考进士都名落孙山,后来看破红尘,不再走读书做官的路,而去四处云游。后来,吕洞宾在庐山遇到汉钟离,汉钟离传给他剑术和长生不老的秘诀,成了仙。

成仙后,吕洞宾施药救人,广行善事,深受人们敬重,加之他被元朝皇帝封为"孚佑帝君",是道教北五祖之一,岳阳楼才盖上了封建时代帝王专用的黄色琉璃瓦,作为吕仙的停云地。

北五祖 是道教全真道尊奉的北宗五位祖师,即王玄甫、钟离权、吕洞宾、刘海蟾、王重阳。全真道为表明该派道统源远流长,称太上老君传于金母,金母传白云上真,白云上真传王玄甫,王玄甫传钟离权,钟离权授吕洞宾和刘海蟾,吕洞宾授王重阳,王重阳授北七真。

三醉亭因传说中的吕洞宾三醉岳阳楼而得名。据《辞海》中记载，吕洞宾的神话传说，大概最早起于北宋岳州一带。

相传，吕洞宾三次到岳阳楼，为这里的山、水和美酒所迷，每次都喝得大醉。在大醉后，吕洞宾还在此楼阁上留下两首诗，其中一首诗写道：

独自行来独自坐，无限世人不识我。
只有城南老树精，分明知道神仙过。

后来，吕洞宾在岳阳楼醉酒和留诗的事很快传遍全城。为了纪念诗酒仙人，人们在岳阳楼旁修建了这座三醉亭。

三醉亭是一座仿宋建筑的方亭，为岳阳楼主楼辅亭之一。它占地面积为135.7平方米，高9米，为二层二檐，顶为歇山式，红柱碧瓦，门

岳阳楼三醉亭

■ 岳阳楼北侧门

窗雕花精细，藻井彩绘鲜艳，外形装饰华丽、庄重。

三醉亭也和岳阳楼一样属纯木结构，门上雕有回纹窗棂，并饰有各种带有传奇故事的刻花。一楼楼屏上是由岳阳楼管理处殷本崇绘制的吕洞宾卧像，作者把吕洞宾飘逸的神态、潇洒的风度表现得淋漓尽致。画上并有吕洞宾所作的一首七绝诗：

朝游北越暮苍梧，袖里青蛇胆气粗。
三醉岳阳人不识，朗吟飞过洞庭湖。

怀甫亭坐落在岳阳楼院内临湖的五坪台，经岳阳门沿拾级而下，至点将台往南100米的地方。

怀甫亭建于唐朝伟大的诗人杜甫诞辰之际。当时，世界上有关组织将杜甫定为世界四大文化名人之

歇山式 即歇山式屋顶，宋朝称九脊殿、曹殿或厦两头造，清朝改今称，又名九脊顶。为中国古建筑屋顶样式之一，在规格上仅次于庑殿顶。歇山顶共有九条屋脊，即一条正脊、四条垂脊和四条戗脊，因此又称九脊顶。由于其正脊两端到屋檐处中间折断了一次，分为垂脊和戗脊，好像"歇"了一歇，故名歇山顶。

一，为了怀念这位忧国忧民的"诗圣"，岳阳人民便在杜甫晚年活动过的地方建了这座小亭，命名为"怀甫亭"。

怀甫亭是一座玲珑典雅，坐南朝北的方形小亭。它占地40平方米，高7米，有4根大柱，四周环以栏杆。小亭上部为纯木结构，翘首脊饰精美，藻井彩绘鲜艳。亭中竖有石碑一方，正面刻着杜甫的画像和《登岳阳楼》诗，背面刻着他的生平事迹。

怀甫亭北面檐下悬挂着一块写着"怀甫亭"三个大字的樟木匾额。在怀甫亭西亭柱上挂着一副对联：舟系洞庭，世上疮痍空有泪；魂归洛水，人间改换已无诗。

七绝诗 七绝是七言绝句的简称，属于近体诗范畴。绝句是近体诗的一类，由四句组成，有严格的格律要求。常见的绝句有五言绝句、七言绝句，还有很少见的六言绝句。每句七个字的绝句即是七言绝句。一般而言，第一句、第二句、第四句平声同韵，第三句仄声不同韵。整首诗的意境高，文辞雅，寓意深。

■ 岳阳楼建筑

此联表达了对杜甫一生的遭遇十分惋惜和无限怀念之情。

据史料记载，杜甫晚年曾由四川乘舟进入洞庭，流落寄居在岳州。当时，杜甫已穷困潦倒，家贫如洗，只有一叶孤舟伴随着他孤独一身漂流江湖。杜甫来到岳阳后，登上岳阳楼，百感交集写下了许多感人的诗篇。

其中，杜甫的《登岳阳楼》一诗，寥寥40个字，既写出了洞庭湖和岳阳楼的雄伟壮观，也道出了自己的悲惨遭遇和对国事的忧虑。杜甫透过诗歌所表露出来的忧国忧民之心，感人肺腑，震撼人心。

在岳阳楼下的沙滩上，有三具枷锁形状的铁制物品，重达750千克，也吸引了不少游人观看。其用途为何，一直说法不一。

岳阳楼是江南三大名楼中唯一保持原貌的古建筑，它的建筑艺术价值无与伦比。

阅读链接

岳阳楼在1880年最后一次修成后，新中国成立前，楼身已经破旧不堪。

新中国成立后，党和政府对岳阳楼极为珍视，人民政府多次拨款对岳阳楼进行了维修，还修建了怀甫亭、碑廊，重建了三醉亭和仙梅亭等古迹。

1983年，国务院拨专款对岳阳楼进行为期一年半的以"整旧如旧"为宗旨的落架大修，把已腐朽的构件按原件复制更新。

1984年5月1日，岳阳楼大修竣工并对外开放。

因此，我们现在看到的岳阳楼便是新中国成立后修复以后的建筑。

楼阁上下的精美雕饰艺术

岳阳楼的雕饰艺术通过对雕饰材料的选择、雕饰造型的追求和对雕饰主题的挖掘,展示出建造岳阳楼的人文思想和艺术特色。

首先,岳阳楼的雕饰主要以木构件为主进行创作,体现了功能和

■ 古朴壮观的岳阳楼

■ 岳阳楼内部景物

审美的统一。

岳阳楼雕饰造像以木构件为基形，即雕饰以构件为基形进行构思、创作，是建筑的构成对象，同时又具有独立的审美价值。

如岳阳楼的斗拱，其外檐斗口上均有插卯，卯头从下至上分别饰有靴头、龙头、凤头、云头，是结构与装饰结合的最好例子。

以木构架为结构体系的岳阳楼建筑，其主要构件几乎都是露明的。这些构件在制造的过程中大都进行了美的加工。

如向上拱起呈富有弹性曲线的月梁，下端呈尖瓣形的瓜柱，上、下梁枋之间的龙头垫木。这些构件都是在不损坏原有构件基本形状的基础上进行造型，显得自然而不勉强。

岳阳楼格扇门裙板上以花卉翎毛为题材的26幅木

月梁 就是房梁的意思。在北方的木结构建筑中，多做平直的梁，而南方的做法则将梁稍加弯曲，形如月亮，故称为月梁。月梁是月亮的一种形状，梁高呈弧形，梁底略向上凸。

雕作品运用的是浮雕的基本技法。其线条是浮雕造型的主要元素。

绵密流利的线条和缜密的布局使得岳阳楼木雕散发出浓浓的浪漫主义气息。工匠没有被装饰面有限的空间所束缚，而是充分利用与装饰面相适应的造型元素，发挥了装饰面本身的空间特点。

岳阳楼木雕艺术还利用建筑构件隔出的空间进行造型。源于采光需要，这类木雕技法上以透雕为主。

透雕有两种镂空形式。一种为"穿雕"，即用锯子将雕版镂空后，再在表面施以浮雕的造型手段。另一种为多层次镂刻，多则六七层，是技术要求很高的一种雕刻技法。体块是透雕主要的造型手段。

不同形态的体块，厚的、薄的、大的、小的，处于不同的层次上，前后穿插，相互交织，其丰富的内容使人目不暇接，其技艺的高超使人为之惊叹。

> **透雕** 一种雕塑形式。它是在浮雕的基础上，镂空其背景部分，大体有两种：一是在浮雕的基础上，一般镂空其背景部分，有的为单面雕，有的为双面雕。一般有边框的称"镂空花板"。二是介于圆雕和浮雕之间的一种雕塑形式，也称凹雕、镂空雕或者浮雕。

■ 岳阳楼前的洞庭湖

■ 岳阳楼内范仲淹蜡像

中国人深受古代太极阴阳哲学观念的影响，形成了根深蒂固的人生宇宙观和时空观。反映在岳阳楼雕饰上，就是其造型的重要特征之一，即崇尚完美。

岳阳楼雕饰中的人物、动物、花鸟等形象的造型讲究完整，避讳残缺的形象出现。人物一般刻出全身、四肢等部位，免得出现不周全的形象；叶片、花朵绝不出现因前后相遮挡而残缺的形状；鸟雀不管是飞在空中，栖息枝头，还是嬉戏于花丛中，其形象都追求完整。

岳阳楼雕饰也讲究构图的完整，有不少阴阳相对的格局和两两成双的造型。两只凤鸟、两条龙、一对蝴蝶、一对白鹤、一对喜鹊或两只蝙蝠，常常是一上一下、一左一右巧妙地互相对置在一个方形中，或追逐嬉戏，或翩翩起舞，舒展自如，相辅相成，给人许多美的联想。

对完整的追求还体现在偶数的使用上，花的朵数、鸟的只数等都是或二、或四、或六，绝不出现一、三、五这样的单数。

工匠出于质朴的思想感情和审美需求，在造型上追求完整的同时也求美。如表现女性时，极尽婀娜秀美之态；描绘武将时，大胆夸张,突出表现男子的阳刚美。

为了达到完美的造型,他们甚至可以把不同节气的花草,不同属性的题材内容,天上的、现实的、想象的东西,全都统一于一件作品中,构成和谐美好的画面,给人以无穷的回味和隽永的魅力。完整与美好的有机结合,达到了和谐与统一的美学境界。

另外,岳阳楼的雕饰形象地宣扬了儒家思想忠、孝、节、义,而且是以隐喻的表达方式表现出来的。

岳阳楼雕饰在空间分布上呈现出严整的秩序感,确立了尊卑、上下的顺序。这种严整的秩序一方面体现在不同的建筑物之间。如主楼和辅亭的尊卑区别。另一方面体现在同一建筑物内部。岳阳楼脊饰从上至下按尊卑秩序依次排列着,如象征神权的如意云纹、象征皇权的龙凤。又如木雕空间分布,楼西面木雕数量众多且刻工讲究,是重点装饰部分。

然后为南北面,东面就只有简单的几何纹饰了。雕饰在空间分布上呈现出来的整个秩序,形象地反映出儒家"礼乐"精神对建筑造型的限制。

岳阳楼雕饰空间分布上整体的秩序感以及内容上对儒家思想的宣扬,正是文化理念通过对雕饰形式和内容的渗透,而对居游其间的人起到造就人

如意云纹 如意是自印度传入的佛具之一,柄端为"心"形,用竹、铜、玉制作,如意云纹,即是用这种吉祥物为图形画的画纹图像。云纹在我们传统吉祥图案中应用甚广,它不仅是宗教、神话传说中的吉祥物,还是民间彩画、刺绣、雕刻、什器等处必不可少的装饰。

■ 范仲淹雕像

■岳阳楼顶层的装饰

生、化育性灵的作用。

岳阳楼雕饰造型的主题还体现在造型时缘物寄情手法的运用。这种手法从作品的创作观念到形象构成以及作符号，都寄托了民众的理想和祝福。

如吉祥动物图案："龙凤呈祥""喜鹊登梅"等；吉祥植物图案：春天的富贵之花牡丹、秋天的菊；各种传统纹样：平安如意、万字符等。雕饰造型的隐喻性反映了人文意识，体现了人文精神。

总之，岳阳独特的地理、人文环境及深厚的历史文化底蕴，使岳阳楼雕饰吸收了历代雕饰艺术的精华，成为一份宝贵的文化遗产。

阅读链接

岳阳楼在其漫长的历史长河中，有数不胜数的文人骚客慕名而来，在这里留下了许多佳诗、佳词和佳话。

新中国成立后，为了展现岳阳楼的历史风貌，展现其浓厚的文化氛围，中国当地政府在重建岳阳楼时，还特地在岳阳楼的周边修建了碑廊、牌楼、双公祠、小乔墓、吕仙祠、点将台、历代名人蜡像馆等。

这些景点的添加，让岳阳楼更加闻名，吸引了很多人前往观光。

湖北名楼 黄鹤楼

黄鹤楼位于中国湖北武昌蛇山,与湖南的岳阳楼、江西的滕王阁一道并称为中国江南三大名楼,并以其独特的地理位置和深厚的人文背景雄踞三大名楼之首,有"天下江山第一楼"的美誉。

黄鹤楼始建于223年,开始是三国时的吴国出于军事目的在此建军事瞭望台,50多年后,吴为晋所灭,失去了作为军事目的作用,成为人们登临游憩的场所。

历史上,黄鹤楼屡毁屡建,仅清代就遭到3次火灾,最后一次重建于清同治年间。

因神话传说而得名的楼阁

很久以前,在武昌(属湖北武汉)的黄鹄山上,有一个姓辛的人,他以卖酒为生,并在黄鹄山上开了一家很小的酒店。

一天,有一个身材魁伟但衣衫褴褛的老道来到酒店,向辛氏讨酒喝。辛氏的生意虽本小利微,但他为人忠厚善良、乐善好施,见这位老道非常可怜,就慷慨地为他盛了一大碗酒。

■ 黄鹤楼及周边建筑

■ 黄鹤楼周边的亭台楼阁

哪想到，这位老道喝了酒，并不付给辛氏酒钱。不过辛氏又是个心软之人，他并没有追问一定要道士付钱。

这天以后，这位老道每天都来辛氏的店里要酒喝，而辛氏则总是有求必应。

如此过了半年，辛氏并不因为这位客人付不出酒钱而显露厌倦的神色，依然每天请这位客人喝酒。

有一天，这位老道突然来向辛氏告别，他告诉辛氏说："我欠了你很多酒钱，没有办法还你，但我有一件礼物送给你！"说着，他从篮子里拿出橘子皮，画了一只鹤在墙上，因为橘皮是黄色的，所以画的这只鹤也呈黄色。

画完后，老道对辛氏说："只要你拍手相招，黄鹤便会跳舞，为酒客助兴。"说完后，老道不见了。

老道走后，辛氏拍手一试，墙上的黄鹤果然一跃而下，跳起舞来。

酒店内有此神奇之鹤的消息传开后，辛氏酒店吸

道士 是道教的神职人员。他们因信仰道教而皈依之，履行入教的礼仪，自觉自愿地接受道教的教义和戒律，过那种被俗世视为清苦寂寞而他们却视为神圣超凡的宗教生活。同时，道士作为道教文化的传播者，布道传教，为其宗教信仰尽职尽力，从而在社会生活中也扮演着引人注目的角色。

■ 黄鹤楼模型

引了很多人前来观看黄鹤起舞。从此，辛氏酒店的生意也越来越好，辛氏也因此发了财。

10年后的一天，老道又出现在辛氏的酒店，他取下铁笛，对着墙上的黄鹤吹起一支奇妙的曲子，黄鹤闻声而下，载着老道飞走了，从此再也没有回来。

辛氏为了纪念老道和仙鹤，便将自己多年积攒的钱拿出来，在酒店旁盖起了一座高楼，起初，人们称之为"辛氏楼"，后来便称为"黄鹤楼"。

但是，神话毕竟是神话，其实，黄鹤楼的真正来历，是在三国时期，东吴出于军事上的需要，于223年修建的。在唐代《元和郡县图志》中有这样的记载：

孙权始筑夏口故城，城西临大江，江南角因矶为楼，名黄鹤楼。

《元和郡县图志》写于806年至820年，这是中国唐代一部地理总志，对古代政区地理沿革有比较系统的叙述。该志在魏晋以来的总地志中，不但是保留下来的最早的一部，也是编写得最好的一部。此书的作者为李吉甫。

由此可见，黄鹤楼最初是为了军事目的而兴建的。当时，这座著名的楼阁修建在形势险要的夏口城，也就是后来的武昌城西南面朝长江处。

尽管如此，人们还是习惯相信仙鹤神话的故事。为此，后人在重建的黄鹤楼的第一层建筑中，还专门以仙鹤的故事为前提，制作了一幅高9米、宽6米的大型彩色瓷壁画《白云黄鹤图》。

这幅壁画由756块彩陶板镶嵌而成。画面上黄鹤楼居中矗立，上有黄鹤飞舞，下有郁郁山林和滚滚波涛，悠悠白云，在水天之间，产生了一种"水从天降，云从脚下升"的意境。

有一位仙人驾着黄鹤腾空而起，他口吹玉笛，俯视人间，似有恋恋不舍之情。底下是黄鹤楼前聚集的百姓们，他们或把酒吟诗，或载歌载舞。整个画面表现出一派黄鹤归去的欢乐景象，洋溢着神奇而浪漫的气氛。此外，黄鹤楼的下面还盛开了许多梅花。

那么，黄鹤楼到底是因为仙鹤而命名，还是其他原因呢？

关于这个疑问，人们认为它因山得名的真实性最大。

黄鹤楼所在的蛇山，是

> **夏口城** 是武汉建城最早的有明确文字记载的城池。位于汉水下游入长江处，由于汉水自沔阳以下古称夏水，故名。夏口在江北，三国时吴置夏口督屯于江南，北筑城于武汉黄鹤山上。赤壁之战后，孙权自南京移治于鄂州，改名武昌。

■ 黄鹤楼壁画《白云黄鹤图》

黄鹤楼胜像白塔

由东西排列而首尾相连的七座山组成。自西而东为黄鹄山、殷家山、黄龙山、高观山、大观山、棋盘山、西山，全长2 000余米，因其形同伏蛇，故名蛇山。

黄鹤楼建在黄鹄山顶，在古汉语中，"鹄鹤"两字同音，故又名黄鹤山，黄鹤山上的楼阁，当然就叫黄鹤楼了。

阅读链接

关于黄鹤楼的来历，还有另一个版本的神话故事：

相传，一位仙人在黄鹤楼中饮酒，不料仙人袋中银两不多，但店主并没有深究。仙人感谢店家的大度，就在墙上画了一只鹤。

他告诉店主，为了报答店主留下一只黄鹤，店主只需拍手四下，黄鹤便可在空中起舞供大家娱乐，但是切记的是，黄鹤只为大家而舞。说完，仙人离去。

店家按仙人的留下方法一试，果然黄鹤起舞，大家纷纷欣赏。有一大官闻讯，包下整个地方，命令店家让黄鹤起舞。无奈，店家拍手四下，黄鹤从墙上浮现出来，步履沉重地飞舞。

接着，金光一现，店家看见当年那位仙人回来，仙人说道："黄鹤起舞，不能只为独乐。"

说完，乘云离去，黄鹤也跟随离去。

三国时期军事活动的重地

据说，黄鹤楼最初是作为军事瞭望和指挥之用的楼阁而修建的。此楼阁建成时，正是赤壁之战以后，此楼第一作为军事活动时使用源自一则"黄鹤楼设宴"的故事：

三国鼎立时的政治家刘备久借东吴君主孙权的领土荆州不还，周瑜便在黄鹤楼上摆酒设宴，特邀刘备赴宴，想乘机扣下刘备，逼他写下交还荆州的文书。

刘备知道有诈，不敢接受邀请，但拒绝赴宴又会被周瑜抓住把柄而挑起冲突，荆州仍旧保不住。

正在左右为难之时，刘备的军师诸葛亮当即回复来使：届时赴宴。临行前，诸葛亮派刘备的大将赵云一人护送并给竹简一根，嘱其危难之时打开。

雄伟壮观的黄鹤楼

草船借箭 是中国古典名著《三国演义》中的一个故事,其中主要描述周瑜为陷害诸葛亮,要诸葛亮在10天之内造好10万支箭。诸葛亮用计向曹操"借箭",挫败了周瑜的暗算,表现了诸葛亮有胆有识,才智过人。但正史上,诸葛亮借箭的事并不存在。

刘备带着赵云去黄鹤楼赴宴时,在宴会中间,周瑜借故下楼,派兵把黄鹤楼围住,并通知刘备交还荆州,又吩咐守候在黄鹤楼下的手下:"若无本督令箭,不得放走刘备……"

周瑜喜滋滋地想着:子龙性命在我手,刘备难下黄鹤楼。然后回到军帐中静候佳音。

这时,刘备焦急万分,赵云想起诸葛亮给自己的竹筒,打开一看,竟是周瑜的令箭一支。两人忙持令箭混下楼来,逃回营寨。

原来,这支令箭是诸葛亮"草船借箭"时领下的,趁周瑜一时疏忽带走了,在这关键时刻发挥了作用。这则有趣的故事,从元代起,就登上了民间舞台,一直流传着。

■ 黄鹤楼壁画

后来,人们为了纪念三国时始建黄鹤楼事件以及"黄鹤楼设宴"的故事,便在重建的黄鹤楼二楼大厅内,绘制了两幅《周瑜设宴》和《孙权筑城》的大型壁画。

其中,《周瑜设宴》便是以壁画的方式讲述的前面那个有趣的故事,这个故事反映了黄鹤楼在建成最初的活动情形。

而《孙权筑城》壁画

则是再现了1 700多年前的三国时期孙权筑城和始建黄鹤楼的历史场面。

黄鹤楼壁画

这幅画由上下四个层次构成。孙权大将吕蒙用计杀了关羽,刘备急于报杀弟之仇,亲自率军南下。当时孙权也知这一仗必打不可,所以第一层是"士兵出征",描写三国作战的情景;第二层是"孙权审定计划";第三层是始建黄鹤楼的场面,表现出工匠们为筑城建楼进行艰苦的劳动;第四层是士兵执戈监督着工匠劳动。

整幅画反映了当时黄鹤楼是作为军事瞭望和指挥之用的。这些有趣的故事和后人们制作的壁画,进一步说明了黄鹤楼始建时期和它最初兴建的军事目的。

阅读链接

"黄鹤楼设宴"的故事,与建成这座阁楼的时间有冲突。据有关资料来看,在黄鹤楼还没有修建时,吴国大将周瑜便已经去世了,为此,后人们也觉得这个故事是古人捏造后流传下来的。

尽管如此,从元朝起,这则故事便被搬上了中国的戏剧舞台,并一直成为中国人民喜欢的古装戏剧。

唐代诗人到楼阁题诗作赋

223年,黄鹤楼建成时,只是夏口城一角瞭望守戍的"军事楼",晋灭东吴以后,三国归于一统,该楼在失去其军事价值的同时,随着江夏城的发展,这座楼阁逐步演变成官商行旅"游必于是""宴必于

黄鹤楼远景

■ 黄鹤楼诗刻

是"的观赏楼。

从唐代起，历代名人如崔颢、李白、白居易、贾岛、夏竦、陆游等都曾先后到这里吟诗、作赋。

唐代诗人崔颢登上黄鹤楼赏景时，便写下了一首千古流传的七律名作《黄鹤楼》：

> 昔人已乘黄鹤去，此地空余黄鹤楼。
> 黄鹤一去不复返，白云千载空悠悠。
> 晴川历历汉阳树，芳草萋萋鹦鹉洲。
> 日暮乡关何处是，烟波江上使人愁。

崔颢是唐代开元时期的进士，他一生郁郁不得志，曾经有入道的念头。他早年的诗多写闺情，后赴边塞，诗风转为慷慨豪迈。这首诗由神话传说写到现

开元时期 是唐玄宗李隆基统治时期。唐玄宗在位44年，前期，也就是开元年间政治清明，励精图治，任用贤能，经济迅速发展，提倡文教，使得天下大治，唐朝进入全盛时期，并成为当时世界上最强盛的国家，史称"开元盛世"，时间是713年至741年，前后共29年。

浮雕 是雕塑与绘画相互结合的产物，采用压缩的方法来对对象进行处理，展现三维空间，并且可以一面或者是两面进行观看。浮雕一般是附着在另一个平面上，所占空间小，所以经常用来装饰环境。浮雕的主要材料有石头、木头、象牙和金属等。

实感受，文辞流畅，景色明丽，虽有乡愁但不颓唐，被后世公认为题咏黄鹤楼的第一名篇。

后来，人们为了纪念这位诗人，在后来建成的黄鹤楼景区内的奇石馆内，还刻成了一块以崔颢题诗的浮雕石照壁，非常精美。

当然，唐代著名诗人非常多，与黄鹤楼有关的还有不少，除了崔颢为黄鹤楼作诗，唐代著名诗人李白也为此楼写了一些佳作。

传说，那是崔颢为黄鹤楼作诗后不久，一天，李白带着书童登上黄鹤楼后开怀畅饮，诗兴大发。书童指着楼内迎门光的最大的一面粉墙对李白说："先生，我觉得，您的诗题在那上面最合适。"

李白兴冲冲地走过去，刚提笔，突然看到了此门上还留着崔颢写下的《黄鹤楼》。

■ 黄鹤楼附近的搁笔亭

■ 黄鹤楼匾额

李白读完崔颢的诗，顿时觉得这首诗写出了连他自己也无法表达的感情，只好自愧不如，在崔颢的题诗旁边，作了一首打油诗：

一拳打碎黄鹤楼，一脚踢翻鹦鹉洲，
眼前有景道不得，崔颢题诗在上头。

李白写完，搁下笔后怅然而去。

"崔颢题诗李白搁笔"的故事后来被人们传为佳话，黄鹤楼也因此名气大盛。

因为有了这则故事，虽然那座题写了这两首诗文的黄鹤楼在后来被毁，但人们又在黄鹤楼的旁边，修建了一座亭子，并为这座亭子取了一个有趣的名字，名为"搁笔亭"。

在这座亭子入口正门上，挂着一块写有"搁笔

打油诗 是一种富于趣味性的俚俗诗体，相传由中国唐代的张打油而得名。打油诗最早起源于唐代的民间，以后瓜瓞绵绵，不断地发展，表现出了活跃的生命力。这类诗一般通俗易懂，诙谐幽默，有时暗含讥讽，风趣逗人。另外，有时作者作诗自嘲，或出于自谦，也称自己的诗为"打油诗"。

■ 黄鹤楼模型

亭"的匾额。在入口处的亭柱上,还写有一副对联:

楼未起时原有鹤
笔从搁后更无诗

再说李白为黄鹤楼题诗后的第二年春天,李白在黄鹤楼送好友孟浩然去广陵时,又作了一首《送孟浩然之广陵》的诗:

故人西辞黄鹤楼,烟花三月下扬州。
孤帆远影碧空尽,唯见长江天际流。

因为这首诗句饱含了李白对好友的真挚情感,又写出长江浩浩荡荡的气势,所以后来人们认为,崔颢和李白在为黄鹤楼作诗的过程中,两人"打"了个平

广陵 是魏晋南北朝时期长江北岸的重要都市和军事重镇。春秋末,吴于此凿邗沟,以通江淮,争霸中原。秦置县,西汉设广陵国,东汉改为广陵郡,以广陵县为治所,故址在今淮安。广陵郡辖境相当属今江苏、安徽交界的洪泽湖和六合以东、泗阳、宝应、灌南以南,串场河以西,长江以北地区。

手，于是这两首诗都成为中国唐诗中的著名诗篇。不仅如此，后来，李白还为这一著名建筑写下了《与史郎中钦听黄鹤楼上吹笛》：

> 一为迁客去长沙，西望长安不见家。
> 黄鹤楼中吹玉笛，江城五月落梅花。

这首诗让黄鹤楼更加出名，更是为武汉"江城"的美誉奠定了基础。

在唐代，除了崔颢和李白为黄鹤楼写过诗，还有杜牧、白居易、王维和刘禹锡等人，也为这座著名的楼阁写过诗。其中，杜牧写道：

> 黄鹤楼前春水阔，一杯还忆故人无。

笛 一种吹管乐器。笛子在中国历史悠久，可以追溯到新石器时代。那时先辈们点燃篝火，架起猎物，围绕捕获的猎物边进食边欢腾歌舞，并且利用飞禽胫骨钻孔吹之。当时，该物品最重要的用途是用其吹出来的声音诱捕猎物和传递信号，这就是出土于中国最古老的乐器——骨笛。

■ 天下江山第一楼

瓷画 又称瓷版画，它作为一种文化载体，发端于瓷都景德镇，由景德镇烧瓷艺术演绎而来，形成于南昌，主要流传分布在南昌、景德镇、九江等及邻近地方。它从中国传统瓷器基础上演变而来。最初瓷器只是为满足实用，到了唐朝才逐渐向装饰方面发展。

王维写道：

城下沧江水，江边黄鹤楼。
朱阑将粉堞，江水映悠悠。

这些诗文分别被刻写在当时黄鹤楼的门柱、大厅和墙壁上。不过，后来这些古老的墨宝都在黄鹤楼被毁时一起被毁，但这些诗歌被人们记录在古籍中，一直流传。

同时，后人为了纪念这些古人为黄鹤楼留下的诗文，在以后建成的黄鹤楼内，还制作了一组陶版瓷画，名为"人文荟萃"。

■ 黄鹤楼壁画中的人物

这是三幅连成的长卷绣像画，再现了历代文人墨客来黄鹤楼吟诗作赋的情景，上面分别画着唐宋时期13位著名诗人的形象和他们为黄鹤楼所作的诗句。

其中，第二幅和第三幅画，画的便是唐朝的贾岛、顾况、宋之问、崔颢、李白、孟浩然和王维以及刘禹锡、白居易和杜牧10位诗人。

这里的刘禹锡是唐朝中期的诗人，也是著名的思想家，他常用比兴的手法寄托自己的政治抱负，著名的《陋室铭》便是他所作。他为黄鹤楼作诗时，正是怀才不遇之时。

当年，在白居易为黄鹤楼写诗的时候，正好是此楼被烧毁的时候，同时也是白居易被贬到此的时候。在这两种心情下，这位著名的诗人便写下了一首颇为萧条的诗：

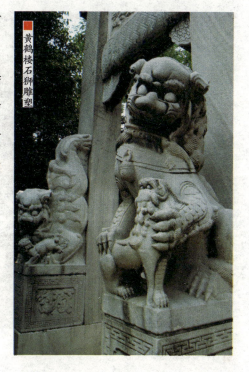

黄鹤楼石狮雕塑

> 江边黄鹤古时楼，
> 劳置华筵待我游。
> 楚思渺茫云水冷，
> 商声清脆管弦秋。

那么，这些诗人笔下唐代的黄鹤楼到底是什么样子呢？唐代大文豪阎伯理在《黄鹤楼记》中清楚地记载了唐代黄鹤楼的地理位置、命名的由来，黄鹤楼巍峨高大的景物描写和他登楼的所感，原文为：

> 州城西南隅，有黄鹤楼者，图经云："费祎登仙，尝驾黄鹤返憩于此，遂以名楼。"事列《神仙》之传，迹存《述异》之志。观其耸构巍峨，高标巃嵸，上倚河汉，下临江流；重檐翼馆，四闼霞敞；坐窥井邑，俯拍云烟：亦荆吴形胜之最也。何必濑乡九柱、东阳八咏，乃可赏观时物、会集灵仙者哉。
>
> 刺使兼侍御史、淮西租庸使、荆岳沔等州都团练使，河南穆公名宁，下车而乱绳皆理，发号而庶政其凝。或逶迤退公，或登车送远，游必于是，宴必于是。极长川之浩浩，见

■ 历代黄鹤楼模型

北京四合院 四合院建筑,是中国古老、传统的文化象征。"四"代表东、西、南、北四面,"合"是合在一起,形成一个口字形,这就是四合院的基本特征。四合院建筑之雅致,结构之巧,数量之众多,当推北京为最。北京的四合院,大大小小,星罗棋布,形成了一个符合人性心理、保持传统文化、邻里邻外关系融洽的居住环境。

众山之累累。王室载怀,思仲宣之能赋;仙踪可揖,嘉叔伟之芳尘。乃喟然曰:"黄鹤来时,歌城郭之并是;浮云一去,惜人世之俱非。"有命抽毫,纪兹贞石。

时皇唐永泰元年,岁次大荒落,月孟夏,日庚寅也。

阎伯理的这篇《黄鹤楼记》后来被人们刻写在重建的黄鹤楼第二层大厅内正中央的墙壁上,这是唐代文人对黄鹤楼描写得最全面的一篇,它偏重于写实景,非常珍贵。

根据这篇文章的描写以及古人留下的书籍,后来人们又在重建的黄鹤楼中,制作了一个唐代黄鹤楼的模型。

这是一座楼与城相连,纵横轴对称地将建筑物置于城墙之内，颇有北京四合院味道的建筑群。此楼阁的颜色是以绿色为主，红、黄色为次，这种色调搭配以及唐楼中轴线对称的结构布局，给人以端庄、大方的感觉。

同时，唐代可以说是黄鹤楼从军事楼向观赏楼转换的一个重要时期。可以说，唐代的黄鹤楼应该也是一座非常壮观的建筑。

阅读链接

阎伯理的《黄鹤楼记》一文的意思是：

鄂州城的西南角上，有一座黄鹤楼。《图经》上说："三国时代蜀汉大将费祎成了仙人，曾经骑着黄鹤返回这里休息，于是就用'黄鹤'命名这座楼。"有关这件事记载在《神仙传》和《述异志》中。观看这矗立着的楼宇，高高耸立，十分雄伟。它顶端靠着银河，底部临近大江；两层屋檐，飞檐像鸟翼高翘在房舍之上。四面的大门高大宽敞，坐在楼上，可以远眺城乡景色，低下头可以拍击云气和烟雾。这里也是荆吴之地山川胜迹中最美的地方。

刺史兼侍御史、淮西租庸使、荆岳沔等州都团练使，是河南的穆宁，他一上任就把政事治理得非常好，一发出号召老百姓就非常热情地拥护。有时在公务之余他来此小憩，有时他登车在此把客人送到很远的地方，他游览一定来这里，设宴也一定在这里。遥望滚浪而逝的长江和周围巍峨的群山，令人追思古人感叹人间沧桑。我奉命执笔，在这坚硬的石头上写下了这段文字。

皇唐永泰元年，这一年是大荒落年，孟夏之月庚寅日写。

宋代诗人留下著名诗词

■ 黄鹤楼近景

959年,赵匡胤建立了宋朝,宋朝的百姓过上了一段安定的生活,有利于发展生产。

于是,在这一时期,湖北武昌的百姓又在被战乱所毁的黄鹤楼原址上,重新修建了一座比唐代黄鹤楼更胜一筹的楼阁。

这样一来,黄鹤楼便引来了众多文人的游览,并作诗。在宋代,最早为这座楼阁作诗的是北宋官员张咏,他在《寄晁同年诗》中便提

■《黄鹤楼记》碑刻

到了黄鹤楼的美景：

桃花江上雪霏霏，
黄鹤楼中风力微。

后来，张咏还专门在登黄鹤楼的时候，作了一首《登黄鹤楼》的诗：

重重轩槛与云平，一度登临万想生。
黄鹤信稀烟树老，碧云魂乱晚风清。
何年紫陌红尘息，终日空江白浪声。
莫道安邦是高致，此身终约到蓬瀛。

遗憾的是，到南宋时，黄鹤楼又遭遇了火灾，使其变得有些破旧，但这并不妨碍诗人们前来游览，为

赵匡胤（927—976），北宋王朝建立者。960年，他以"镇定二州"的名义，领兵出征，发动陈桥兵变，代周称帝，建立宋朝，定都开封，在位16年。在位期间，加强中央集权，提倡文人政治，开创了中国的文治盛世，是一位英明仁慈的皇帝，是推动历史发展的杰出人物。

它吟诗、作赋。

相传，黄鹤楼被烧毁后，"南宋四大家"之一的范成大来到了这座古建筑前，观赏了这座著名的楼阁，并留下诗句：

> 谁家玉笛弄中秋，
> 黄鹤飞来识旧游。
> 汉树有情横北斗，
> 蜀江无语抱南楼。

范成大的这首诗主要讲述的是黄鹤楼南面的景色，为此诗名为《鄂州南楼》。

那么，宋代的黄鹤楼建筑到底是怎么样的呢？这座宋代阁楼主要是由楼、台、轩、廊组合而成，是一个庭院式的建筑群体。它雄踞城墙高台之上，与唐代的楼阁相比，已经完全从城墙的一角分离出来了，形

范成大（1126—1193），字致能，号石湖居士，江苏苏州人。南宋诗人。他从江西派入手，后学习中唐、晚唐诗，继承了白居易、王建、张籍等诗人新乐府的现实主义精神，终于自成一家。风格平易浅显、清新妩媚。诗的题材广泛，以反映农村社会生活内容的作品成就最高。他与杨万里、陆游、尤袤合称南宋"中兴四大诗人"。

■ 武汉黄鹤楼公园

成了一个独立的建筑景观，人们登上主楼，可以眺望长江波涛。

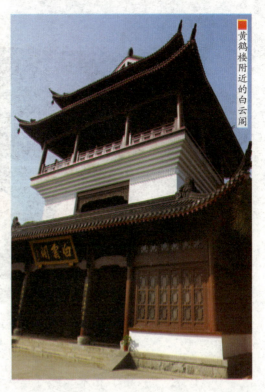

黄鹤楼附近的白云阁

同时，宋代的黄鹤楼还一改唐代楼阁的样式，使它更加具有清新雅致的风格，屋顶的瓦面由绿色改为黄色。宋代人这样做的目的，一方面说明了当时琉璃瓦的烧制技术的革新与提高；另一方面黄色也是"皇权"至上的象征。

据中国史料中记载，北宋末代皇帝宋钦宗曾御写崔颢的《黄鹤楼》以示风雅，这足以说明当时的封建帝王对黄鹤楼一改唐代风格的重视程度。

除此之外，这座精致的楼阁还多亏了当时那些能工巧匠的精心雕琢，才能使整个楼群重檐飞翼，错落跌宕而又浑然一体，显得繁而不乱，布局严谨。

宋代的黄鹤楼是历代黄鹤楼中规模最大最雄伟的一座。宋代著名的爱国诗人陆游，在他的《入蜀记》中曾赞叹此地为天下绝景。同时，他还专门作了一首《黄鹤楼》的诗：

手把仙人绿玉枝，吾行忽及早秋期。
苍龙阙角归何晚，黄鹤楼中醉不知。
江汉交流波渺渺，晋唐遗迹草离离。
平生最喜听长笛，裂石穿云何处吹？

■ 黄鹤楼青铜宝顶

儒者 指尊崇儒学、通习儒家经书的人。汉代以后泛指一般的读书人。儒者风范是中国古代许多文人学者非常推崇的一种人格倾向。所谓儒，实际上就是温文儒雅、谦恭礼让。古代的儒者就是传授六艺的人，六艺指的是礼、乐、射、御、书、数。

不过，宋代黄鹤楼兴废的情况，历史上并没有明确的记载，人们只能从古人留下的诗文中推测，它兴建于北宋，毁于南宋。

另外，当时的画家，还曾作过一幅界画《黄鹤楼》，真实地再现了宋代黄鹤楼的模样。

从界画上看，宋代黄鹤楼是由主楼、台、轩、廊组合而成的建筑群，建在城墙高台之上，四周调栏回护，主楼二层，顶层为十字形歇山顶，格外雄壮。周围的小亭画廊，主次分明，整个群体，层次不乱。

在宋代，除了有张咏、范成大和陆游为黄鹤楼作诗，另外还有游仪的佳作，如在《黄鹤楼》中写道：

长江巨浪拍天浮，城郭相望万景收。
汉水北吞云梦入，蜀江西带洞庭流。
角声交送千家月，帆影中分两岸秋。
黄鹤楼高人不见，却随鹦鹉过汀洲。

正是因为诗人对黄鹤楼的吟诗和歌颂,才使黄鹤楼的名气越来越大,为此,后人为了纪念诗人和他们的佳作,在后来重建的黄鹤楼内制成了以唐代和宋代诗人为主,名为"人文荟萃"的精美陶版瓷画。

在这些陶版瓷画中的第一幅画,便是三位宋代诗人。第一位身穿白衣,背着身子手拿玉笛的儒者便是著名诗人范成大。

那么,为什么只画了范成大的背面呢?据说,他来黄鹤楼观赏这座阁楼的事情,在史书上并没有明确的记载,历史上也不清楚他到底是怎么样的一个人,所以人们便只画了他的一个背面。

画中的范成大右手拿着玉笛,左手微微向上抬起,好像正在欣赏自己刚刚写出的佳句。在范成大的旁边,是一位目光炯炯的老者,他便是中国南宋末年伟大的爱国诗人陆游。

历史上,陆游的一生历经坎坷,至死不忘报效国家,终因壮志未酬含恨而去,为此,他的诗风雄浑豪放,感情真挚。

黄鹤楼人物壁画

这幅画上的最后一位人物是身穿战袍的岳飞,他是南宋著名的抗金将领。画中的他,手持金枪,牵着一只黑豹。在他旁边,则是他为黄鹤楼所作的词《满江红——登黄鹤楼有感》:

遥望中原,荒烟外,许多城郭。想当年,花遮柳护,凤楼龙阁。万岁山前珠翠绕,蓬壶殿里笙歌作。到而今,铁骑满郊畿,风尘恶。

兵安在,膏锋锷。民安在,填沟壑。叹江山如故,千村寥落。何日请缨提锐旅,一鞭直渡清河洛。却归来,再续汉阳游,骑黄鹤。

岳飞这首词的最后一句"何日请缨提锐旅,一鞭直渡清河洛。却归来,再续汉阳游,骑黄鹤"的意思是自己何时才能收复失地,然后回来骑黄鹤,游汉阳呢?可惜,他的愿望未能实现,便被害致死。

> **阅读链接**
>
> 岳飞的《满江红——登黄鹤楼有感》写出了他对当时南宋政府的无奈和感慨,这首词的意思是:
>
> 登楼远望中原,只见在一片荒烟笼罩下,仿佛有许多城郭。想当年,花多得遮住视线,柳多得掩护着城墙,楼阁都是雕龙砌凤。万岁山前,蓬壶殿里,宫女成群,歌舞不断,一派富庶升平气象。而现在,胡虏铁骑却践踏包围着京师郊外,战乱频仍,风尘漫漫,形势如此险恶。
>
> 士兵在哪里?他们血战沙场,鲜血滋润了兵刃。百姓在哪里?他们在战乱中丧生,尸首填满了溪谷。悲叹大好河山如往昔,却田园荒芜,万户萧疏。何时能有杀敌报国的机会,率领精锐部队出兵北伐,挥鞭渡过长江,扫清横行"郊畿"的胡虏,收复中原。然后归来,重游黄鹤楼,以续今日之游兴。

元明时期的楼阁和宝塔

历史上,由于兵火频繁,黄鹤楼屡建屡废,到元代时,由于当时的帝王崇信宗教,为此,这一时期的黄鹤楼也非常特别。

虽然元代建立的黄鹤楼并没有完整地保存下来,但是我们仍能从

■ 武汉黄鹤楼牌坊

当时诗人对这座楼阁的诗文描写中找到它辉煌的形象。如自号瀛洲洲客、怪怪道人的元代诗人冯子振在《题黄鹤楼》中写道：

鹤楼千尺倚晴阑，大别山头舞峻鸾。
昨日英雄无问处，依然江汉涌波澜。

除了这些著名的诗句，在后来山西永乐宫内的壁画上，我们还能够看出当时黄鹤楼的样子。

这座建筑群主楼是南方楼阁的形制，它综合了宋楼的十字脊歇山顶，并将宋楼的单层檐改为双层重檐，以绿瓦裹金边的形式展现在人们面前。

在古代建筑中，有"重檐为尊"的说法，而将黄鹤楼的主楼改为双层重檐，说明它在元代的建筑中占有极高的地位。

此外，这座楼阁在造型上还有它与众不同的地方，就是在主楼的面前，还建有一座具有北方特色的观景台，中间以一座旱桥连接。从整体的设计上看，既保持了汉民族的文化传统，又糅合了北方文化的元素，还充分表达了当时统治者的美好愿望：希望南北文化和人民之间能够和平共处，融合往来。

从保留下来的壁画中可以看出，元代的黄鹤楼具有宋代黄鹤楼的遗风，斗拱疏朗，飞檐大方，有两

■ 黄鹤楼碑刻

冯子振（1253—1348），元代散曲名家、诗人、书法家，字海粟，自号瀛洲洲客、怪怪道人。自幼勤奋好学，肄业于涟滨书院。1298年，登进士及第，时年47岁，人谓"大器晚成"。他生性嗜酒，每于酒酣耳热之际，诗兴大发，伏案即作，不论桌上有纸张多少，他都要一气写完而止。

层，两边的亭轩呈对称形，主楼前是瞭望高台。

但在布局与内容构成方面都有不小的发展，植物配置的出现，更是一大进步，使原来单纯的建筑空间发展成为浓荫掩映的庭院空间，达到远近皆景、游憩皆宜的效果。

此外，元代帝王崇信宗教，为此，在1343年，元威顺王宽彻普化太子还命人在黄鹤楼的旁边修建了一座用于供奉舍利和安葬佛法物的佛塔。

此塔又名胜像宝塔，塔高9.36米，座宽5.68米，采用外石内砖方式砌筑，以石为主，内部塔室使用了少量的砖。塔内向上逐渐收缩，尺度渐小，其轮廓线条大体呈三角形，看上去不大，但庄重持稳，具有浓厚的端庄美。

塔的外观分为座、瓶、相轮、伞盖、宝顶五部分。据史料记载，明、清两代，此塔与黄鹤楼均立于

> **山西永乐宫** 是中国道教三大组成之一，为纪念八仙之一吕洞宾而建，是中国最大的元代道教宫殿。它以建筑艺术及壁画艺术而驰名中外。占地面积24.8万平方米，地处山西芮城北郊的古魏殷遗址上，南临黄河，北依条山，气势雄伟，风景秀丽，距西安130千米，距洛阳200千米。

■ 黄鹤楼附近的凉亭

蛇山旧城墙上，塔楼并存，相映成趣。

在封闭的塔心发现一个雕刻精致的石幢，高一米余，下为圆座，幢身为八角形，顶部刻有各种莲花装饰。塔室内还发现一个瓶密封的铜宝瓶，摇动时瓶内沙沙作响，瓶底为凹形，平面刻双勾字两行，内容为"洪武二十七年岁在甲戌九月卯谨志"，瓶腹刻有"如来宝塔，奉安舍利。国宁民安，永乘佛庇"。

■ 黄鹤楼旁的胜像宝塔

石幢 是中国古代祠庙中刻有经文、图像或题名的大石柱。有座有盖，状如塔。幢即刻着佛号或经咒的幡布或石柱，如经幢、石幢。它用石头建造，上刻陀罗尼经文的柱形构筑物。幢身一般为八棱形。按佛教之说，在幢上书写经文，可以使靠近幢身或接触幢上尘土的人减轻罪孽，得到超脱。

由此可见，瓶内装的是"佛"的骨灰。此塔的密封室于洪武二十七年九月十八日，也就是1394年10月13日前曾经被打开或进行过修复。后来，此宝塔成为黄鹤楼古址保存最古老、最完整的建筑。

元代以后，明代修建的黄鹤楼更是多灾多难，据史书记载，明时的黄鹤楼毁建7次，最早建于明洪武年间，最后建成崇祯年间，其楼阁的特点以清秀为主。

根据后人在重建后的黄鹤楼内修成的明代黄鹤楼模型，我们可以知道，明代的黄鹤楼是皇家园林与江南园林相结合的建筑群。

黄鹤楼的主楼建在高台上，楼高三层，顶上加有两个小歇山，楼前有小方厅，再往前便是入口，入口两侧有粉墙环绕，门前道路一边临江，一边傍坡。

从明代的黄鹤楼建筑中，可以真切感受到集南北文化精髓的建筑风格。这座建筑群虽不及唐、宋楼的舒展开朗，但建筑群的布置更为成熟。

长廊、亭、台、轩、牌坊等附属景点的增加，与高大雄伟的主体建筑结合，既不失北方园林的雄浑壮观，又显现出江南园林的秀美。

在中国历史上，明代黄鹤楼的资料相对较多，其中描写当时楼阁的诗歌达250首左右，还有楼记、流记和歌赋等多类文字记载。其中，以姚广孝、夏原吉和王俜等人的诗歌尤为出名。

阅读链接

黄鹤楼旁边的胜像宝塔是西藏佛教密宗的佛塔，也是佛教从印度传入中国最初的塔形，它是黄鹤楼古址保存最古老、最完整的建筑。

关于这座宝塔的来历，还有一个故事：

传说，在三国时期，黄鹤楼下有一盏巨灯，就像悬在半空中的一轮明月，把江面照得通明透亮。关羽根据这盏灯，指挥兵船拐进长江，逆流而上，按期与诸葛亮会合，并与吴军联盟，火烧赤壁，大败曹操。

从火烧赤壁以后，黄鹤楼下的这盏灯一直不熄，天天为来往船只指航。道士发现，他们每拨一次灯芯，灯里就冒出油来，舀来炒菜吃。一次，一个道士想多舀些油卖了发财，就使劲儿拨灯芯，哪知用力过猛，把灯芯扯掉了，这时灯里不再冒油，连整盏灯都变成了葫芦形状的石塔。后来，人们就把这座石塔叫作"孔明灯"，也就是胜像宝塔。

清代重建及后来的建筑布局

1636年，清军入关，建立了清王朝。为了缓和同人民群众的矛盾，清廷有选择地保留了汉族的文化传统，因为黄鹤楼是闻名遐迩的传统名胜，所以这座楼阁在顺治初年便得到重建。

黄鹤楼内碑刻

从1656年到1884年，黄鹤楼屡建屡废，经过了多次的修整，有了"国运昌则楼运盛"的说法。

其中，最后一座黄鹤楼建于1868年，因黄鹤楼毁于1884年的大火。

那次大火，使得黄鹤楼内的文物荡然无存，在后来的遗址上只剩下唯一遗留下来的一个黄鹤楼铜铸楼顶。

不过，从清代留下的古籍中可以看出，总体来说，清代黄鹤楼的一次次重建和修葺，使它的建筑规模一次比一次宏大，并使中国的道教文化与建筑更加紧密地联系起来，使它从根本上达到了中国古典园林的极致。

在后来重修的黄鹤楼内，我们可以清楚地看到同治年间黄鹤楼的原形。这座建筑的特点是以三层八面为特征，主要建筑数据应合"八卦五行"之数，以求避凶趋吉。

如平面四方代表"四象"，即东、西、南、北；外出八角寓意"八卦"，明为三层法"天、地、人"三才，暗设六层合卦辞"六"之数；每楼翼角十二含"十二个月""十二个时辰"等概念；檐柱28根表示"二十八星宿"象；中柱4根代表"东、西、南、

■ 黄鹤楼景观

道教文化 道教是中国土生土长的宗教，在汉朝末年创立。道教集中国古代文化思想之大成，以道学、仙学、神学和教学为主干，并融入医学、巫术、数理、文学、天文、地理、阴阳五行等学问。内容讲求长生不老，画符驱鬼。道教创立后尊老子为教主。

■ 黄鹤楼匾额及题刻

北"思维；层檐360个斗拱合周天360度；全楼共有72条屋脊表示一年有72候。

楼内天花，一层绘八卦，二层绘太极，合日月经天，明阴阳之象；楼顶攒尖共五个，蕴"五行"之意。楼顶紫铜葫芦三层，表示受到"三元"之托等。

可以说，这座楼阁是道教文化与中国建筑最完美的结合。为此，有人说："岳阳胜景，黄鹤胜制。"应该说，黄鹤楼奇特的建筑风格，在中国古典园林建筑史上是独一无二的，堪称古典建筑上的一束奇葩。它是中国古代劳动人民辛勤劳动与聪明才智的象征。

由于清代的黄鹤楼非常壮观，令人向往，也有许多诗人和学者为这座阁楼留下了著名的诗篇。如清代诗人沈德潜在《黄鹤楼》中写道：

三元 "元"为始、开端的意思，农历正月初一这一天为年、季、月之始，故称"三元"。三元又是解元、会元、状元的合称。三元在道教教义中原指宇宙生成的本原和道经典产生的源流，隋唐以后又衍化为道教神仙和道教主要节日的名称，延续至今。

鹤去楼空事渺茫，楚云漠漠树苍苍。
月堤酒酌三杯晓，江水清流万古长。

不遇谪仙吹玉笛，曾闻狂客坐胡床。
登临此地怀京国，也似金台望故乡。

清代官员桑调元的《黄鹤楼》写道：

黄鹤飘飘不可留，凌虚长啸此登楼。
祢衡文字真为累，陶侃功名亦是浮。
帆影带回湖口月，笛声催散汉阳秋。
扶筇独往平生愿，是处江山作胜游。

清代中叶著名诗人宋湘在《黄鹤楼题壁》中写道：

笛声吹裂大江流，
天上星辰历历秋。
黄鹤白云今夜别，

> 宋湘（1757—1826），字焕襄，号芷湾，嘉应州人，即今广东梅县人。清代中叶著名诗人、书法家，政声廉明的清官。他出身贫寒，受家庭影响勤奋读书，年轻时便在诗及楹联创作中崭露头角，被称为"岭南第一才子"。

■ 黄鹤楼大钟

美人芳草古时愁。

我行何止半天下，

此去休论八督州。

多少烟云都过眼，

酒杯还置五湖头。

自从清同治年间建成的黄鹤楼在光绪年间被毁以后，这座建筑在百年时间里都未曾重修，直至后来，黄鹤楼旧址被兴建武汉长江大桥的武昌引桥时占用。于是，后来重建的黄鹤楼便建在距旧址约1 000米的蛇山峰岭之上。

这座新建的黄鹤楼是以清代黄鹤楼为蓝本，采取"外五内九"的形式，一改古楼为木质结构的建筑材料，用钢筋混凝土等现代材料建筑而成。

黄鹤楼为五层，高51.4米，楼为钢筋混凝土仿木结构，72根大柱拔地而起，60个翘角层层凌空，像黄鹤飞翔，每个翘角上的风铃在四面

黄鹤楼内部结构

来风的吹拂下发出浑厚深沉的音响。

五层飞檐斗拱，古朴典雅，色彩统一的琉璃瓦，彰显富丽堂皇，这是以清代同治楼为摹本重新设计的，既不失黄鹤楼传统的独特造型，又比历代的旧楼更加雄伟壮美。

黄鹤楼坐东朝西，楼顶为攒尖顶。四面各起一座歇山骑楼，呈五顶并立状。骑楼下的博风板之间各有一块黑底金字的楼匾。正面为"黄鹤楼"三个字，下面入口处门匾为"气吞云梦"，由唐代孟浩然诗句"气吞云梦泽，波撼岳阳城"演变而来，极言黄鹤楼气势之盛。

楹联传为吕岩旧题：

黄鹤楼藏品

由是路，入是门，奇树穿云，诗外蓬瀛来眼底；
登斯楼，览斯景，怒江劈峡，画中天地壮人间。

意思是由这条路走进这个门里，不但可以看到高耸的奇树，穿插云霄，而且蓬莱瀛洲，这两座仙山美景，也都进入眼底。

登上黄鹤楼，眺望楼外景色，长江的怒涛仿佛劈开山峡，一泻千里，直奔东海，这真是天地人间之壮观。

北面和南面两匾仍与清代的同治楼一样，北面是"北斗平临"。北斗即北斗七星，因起星座在北方，形状如斗，故名。意为站在黄鹤

阴阳 中国古代的自然观。古人观察到自然界中各种对立又相连的大自然现象，如天地、日月、昼夜、寒暑、男女、上下等，以哲学的思想方式，归纳出"阴阳"的概念。早至春秋时代的《易传》以及老子的《道德经》都提到阴阳。阴阳理论已经渗透到中国传统文化的方方面面，包括宗教、哲学、历法、中医、建筑等。

楼上，遥望北斗，感觉北斗星与自己一样高，一样平。形容该楼之高。下面入门匾额为"云横九派"。

这里的"九派"指长江许多支流汇集入海。古有"江分九派"的说法。

"云横九派"取自"云横九派浮黄鹤"，描写长江支流汇集汉江，云水苍茫、烟波浩瀚的气势。

阁楼南面是"南维高拱"。南维：指南方星宿；高拱：意为黄鹤楼面对南方群星璀璨，居高临下，犹如磐石一样安稳。

下面入门匾额为"势连衡月"。黄鹤楼气势雄伟，仿佛与千里之外的南岳连成一气，构成一种"拔地向天，耸翠如屏"的气势。

黄鹤楼及黄鹤雕塑

东面原为"远举云中",后改为"楚天极目"四字。这四个字源于"万里长江横渡,极目楚天舒",意为登上黄鹤楼,祖国的大好河山尽在眼前。

底下门匾为"廉卷乾坤"。古代指天地、阴阳的两个对立面,今泛指宇宙。这里用的是比拟,意为黄鹤楼以外开阔的大自然,全被卷入眼底,寓意深远,令人神驰。

楹联为:

■黄鹤楼壁画

龟伏蛇盘,对唱大江东去也;
天高地阔,且看黄鹤再来兮。

意思为:龟山伏在地上,蛇山盘成一个长形,它们隔水相望,好像高兴地唱着大江东去的歌;晴天高朗,大地开阔,看见黄鹤楼归来,好像老友重逢,心里感到无比的喜悦。

黄鹤楼主楼为攒尖楼顶,金色琉璃瓦屋面。全楼各层布置有大型壁画、楹联、文物等,楼外铸铜黄鹤造型、胜像宝塔、牌坊、轩廊、亭阁等一批辅助建筑,将主楼烘托得更加壮丽。

乾坤 八卦中的两爻,代表天地,衍生为阴阳、男女、国家等人生观和世界观,是中国古代哲人对世界的一种理解。《系辞上》认为,乾卦通过变化来显示智慧,坤卦通过简单来显示能力,把握变化和简单,就把握了天地万物之道。古人以此研究天地、万物、社会、生命和健康。

黄鹤楼四楼大厅内景

黄鹤楼外观为五层建筑,里面实际上是九层。中国古代称单数为阳数,双数为阴数。"九"为阳数之首,与汉字"长久"的"久"同音,有天长地久的意思,正所谓"九五至尊"。黄鹤楼这些数字特征,也表现出其影响之不同凡响。

黄鹤楼主楼的五层结构依次为:

一楼为大厅,有著名的《白云黄鹤图》,图上有仙人乘黄鹤离去的飘然景象。

二楼主要介绍黄鹤楼的历史,有题写于壁上的《黄鹤楼记》。

三楼大厅内是一组陶板瓷画,题名为"文人荟萃",再现了历代文人墨客来黄鹤楼吟诗作赋的情景,最有名的是崔颢的《黄鹤楼》。

四楼是文化活动场所,陈列后来书画家游览黄鹤楼的即兴之作。

五楼大厅内是一组题为《江天浩瀚》的组画,面积达99平方米,由10幅壁画、重彩画组成。

登顶五楼,武汉三镇尽收眼底,尽显长江的浩瀚美丽。长江大桥将武昌和汉阳相连，屹立在对岸龟山上的龟山电视塔，整个城市的高大建筑和风景都展现在眼前。与之交相辉映的白云阁，坐落在蛇山之巅，共四层，高29.7米。前楼后阁，构成"白云黄鹤"，成为武汉的标志物。

此外，除了这座黄鹤楼主楼外，在后来建成的黄鹤楼景区内，还有鹅碑亭、诗词碑廊、黄鹤归来铜雕、九九归鹤图浮雕和千禧吉祥钟等建筑。

鹅碑亭在黄鹤楼以东245米处，有清代流传下来在武昌蛇山黄鹄矶的一笔草成的"鹅"字刻石一方。传说，书圣王羲之在黄鹤楼下养过鹅群，有一次情不自禁写下此字。后来，人们将依据本重新制作的鹅字碑立于形如弯月的鹅池东端，在碑的北侧建一石拱桥，并以碑作为亭壁，建六角亭，亭以碑名。

九九归鹤图浮雕在黄鹤楼东南240米处，位于景

> **铜雕** 产生于商周，是以铜料为胚，运用雕刻、铸塑等手法制作的一种雕塑。铜雕艺术主要表现了造型、质感、纹饰的美，多用于表现神秘有威慑力的宗教题材。铜雕的制作一般都要经过金属冶炼、锻造、雕刻、镀金、磨光、上红等几个重要的工序。工序比较复杂，工艺也十分考究。

■ 黄鹤楼九九归鹤图浮雕

黄鹤归来铜雕

区白龙池边,是中国最大的室外花岗岩浮雕。整个雕塑呈红色,99只仙鹤呈现不同的舞姿。浮雕依蛇山的山势呈不等距"Z"形,全长38.4米,高4.8米,云蒸霞蔚,日月同辉,江流不息,生机盎然。

词诗碑廊位于黄鹤楼东南210米,环绕景区鹅池四周,碑刻内容为国内书画名家书写的历代名人吟咏黄鹤楼的诗词名句。碑墙上共嵌有石碑124通,根据真迹描摹镌刻。

黄鹤归来铜雕位于黄鹤楼以西50米的正面台阶前裸露的岸石上,由龟、蛇、鹤三种吉祥动物组成。龟、蛇驮着双鹤奋力向上,黄鹤脚踏龟、蛇俯瞰人间。该铜雕重3.8吨,系纯黄铜铸成。

这些特别的建筑和黄鹤楼主楼连成一体,将黄鹤楼景区打造得更加完美、动人。

阅读链接

1957年,中国在建长江大桥武昌引桥时,占用了黄鹤楼旧址,1981年重建黄鹤楼时,选址在距旧址约1千米的蛇山峰岭上。武汉是"百湖之市",如果把长江、汉水、东湖、南湖以及星罗棋布的湖看成连绵水域的话,城市陆地则是点缀在水面上的浮岛,武汉就是一座漂浮在水上的城市。

在这片壮阔的水面上,有一条中脊显得格外突出。从西向东,依次分布着梅子山、龟山、蛇山、洪山、珞珈山、磨山、喻家山等。这一连串的山脊宛如巨龙卧波,武汉城区第一峰喻家山是龙头,在月湖里躺着的梅子山则是龙尾。

这是武汉的地理龙脉,黄鹤楼恰好位于巨龙的腰上,骑龙在天,乘势而为,黄鹤楼的这种选址似乎透露出某种玄机。

江南名楼 滕王阁

滕王阁,素有"西江第一楼"之誉。雄踞江西南昌抚河北大道,坐落于赣江与抚河故道交汇处。

滕王阁建于653年,因唐太宗之弟李元婴始建而得名,因初唐诗人王勃诗句"落霞与孤鹜齐飞,秋水共长天一色"而流芳后世。

滕王阁被古人誉为"水笔",在世人心目中占据着神圣的地位,历朝历代备受重视。滕王阁也是古代储藏经史典籍的地方,从某种意义上来说,它是中国古代的图书馆。

唐高祖后代始建最早楼阁

唐朝的开国皇帝唐高祖李渊，有个儿子名叫李元婴，当他长大成人以后，他的哥哥李世民当上了唐朝的皇帝。

639年，李世民把这位弟弟封为滕王，并封邑他到山东为官。李元

滕王阁正楼

■ 滕王阁风光

婴从小出生在帝王之家，脾气非常不好，他在山东当了10多年官以后，当地的老百姓非常不喜欢他，对他的意见很大。

这时，李元婴的哥哥李世民已经去世了，李世民的儿子李治继承了皇位。当他听说山东百姓对自己的这位叔叔不满以后，便把李元婴派到了苏州担任刺史，后来，又把李元婴调到洪州担任都督。

当时的洪州便是后来的江西南昌，那是比较偏僻的荒僻之地，是安置递降官员之所在。李元婴从小受到宫廷生活熏陶，工书善画，而且喜爱音乐、戏曲、舞蹈。为此，当他从苏州来到洪州时，没有忘记带来一班歌舞乐伎。

但是，当时洪州城里没有一个合适的场所供他玩乐，他便只好在都督府里盛宴歌舞。可是，在自己的都督府内歌舞毕竟有许多美中不足之处。为此，这位

封邑 是中国古代君主对臣下的一种物质奖励。封就是分封，邑就是城市。也就是说君主把自己国土中的一部分的财政收入奖励给某一个人。封邑是一种权贵的象征，被封邑的人可以在封邑范围内自由制定一些不违背国家利益的政策。

精致典雅的亭台楼阁

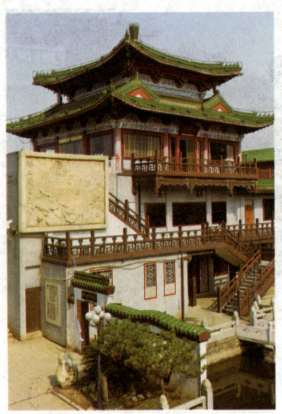

■ 滕王阁一角

滕王在空闲之时，便会定期到郊外山林中打猎取乐。

有一次，他逐猎到赣江东岸的南浦，即今南昌城西南的广润门外，章江至此分流。在这里，李元婴见西山横翠，南浦云飞，碧水如练，江上帆影绰绰，鸥鹭翔集，一派江南美景，不禁流连忘返。

后来，李元婴干脆带来自己的僚属和歌舞伎，来到章江门外的冈峦之上，摆开宴席，既眺望美景，又欣赏歌舞。

可是，城外的丘冈之上，遍地乱石杂草，歌舞伎们难以施展技艺。

这时，李元婴的一个手下便对他建议说："都督，你既然这么喜欢听歌赏舞，何不在江边筑一高阁，这样既可以饱览江山之秀，又可以享歌舞之乐，何乐而不为呢？"

李元婴听了之后，觉得这个意见非常好，于是就采纳了。李元婴便以亲王的权力和财力，命人在数月的时间里，在江边的丘冈之上，修建了一座雄伟的楼阁。这一年是652年。

这座楼阁修成后，李元婴便常常在此饮酒赋诗，

章江 章水即赣江、赣水，为赣江的古称。中国的章江一称被看作赣江的支流，与赣江的另一支流在赣州城下汇合成赣江。章江水系共有大小河流1 298条，主要支流为章水和上犹江。章水发源于崇义聂都山，流经大余、南康等地，流程176.85千米。

歌舞作乐。当然，这位滕王自己万万没有想到，他的建阁之举，竟然为后来的江西南昌留下了一笔宝贵的文化遗产，对南北文化交流以及江南歌舞的发展和繁荣起到了重要的作用。

此楼阁建成后，因为李元婴又被称为滕王，为此，洪州官员便以滕王的封号冠以阁名，所以称为"滕王阁"。

这座楼阁在后来的日子里，几经兴废，唐代初建时的样子已经再也看不见了，后来重建的楼阁主体建筑净高57.5米，建筑面积13 000平方米。其下部为象征古城墙的12米高台座，分为两级。

台座以上的主阁是根据"明三暗七"的形式而建造的，为此，人们在外面只看得到三层，而里面却有七层，三层明层，三层暗层，再加一层设备层。

楼阁的瓦件全部采用宜兴产碧色琉璃瓦，因唐宋

鸱吻 是龙生九子中的儿子之一，平生好吞，即殿脊的兽头之形。这个装饰一直沿用下来，在古建筑中，"五脊六兽"只有官家才能拥有。它是泥土烧制而成的小兽，被请到皇宫、庙宇和达官贵族的屋顶上，俯视人间，真有点儿"平步青云"和"一人得道，鸡犬升天"的意味。

■ 滕王阁旁的亭阁

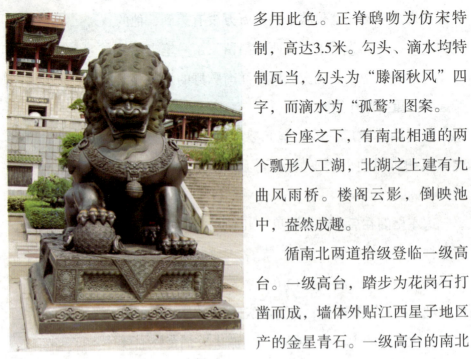

■ 滕王阁旁的铜狮

多用此色。正脊鸱吻为仿宋特制，高达3.5米。勾头、滴水均特制瓦当，勾头为"滕阁秋风"四字，而滴水为"孤鹜"图案。

台座之下，有南北相通的两个瓢形人工湖，北湖之上建有九曲风雨桥。楼阁云影，倒映池中，盎然成趣。

循南北两道拾级登临一级高台。一级高台，踏步为花岗石打凿而成，墙体外贴江西星子地区产的金星青石。一级高台的南北两翼，有碧瓦长廊。

长廊北端为四角重檐"挹翠"亭，长廊南端为四角重檐"压江"亭。

从正面看，南北两亭与主阁组成一个倚天耸立的"山"字；而从天上向下俯瞰，滕王阁则有如一只平展两翅，意欲凌波西飞的巨大鲲鹏。

李元婴兴建滕王阁后，他又建造了一艘青雀舸，并常常率领僚属狎客乘青雀舸游弋江中，漫步洲渚。当他见到洲上五彩缤纷上下翻飞的蝴蝶时，不禁欣喜若狂。

李元婴本来工书善画，再经过师法自然，李元婴的画技日益长进，所画蝴蝶分"大海眼""小海眼""江夏斑""村里来""菜子花"等。

其蝶、花莫不栩栩如生，终于渐成自家体系，他

磨漆画 主要是以漆为颜料，运用漆器的工艺技法，经逐层描绘和研磨而制作出来的画。磨漆画在借鉴传统漆器技法的基础上，融入现代绘画艺术手法，将"画"和"磨"有机地结合起来，使制作出来的画具有色调明朗、深沉，立体感强，表面平滑光亮等特点。

画过许多蝴蝶图,最有名的一幅是《百蝶图》,并从此在画坛留下了"滕派蝶画"的美名。有诗道:

滕王蛱蝶江都马,一纸千金不当价。

据说,当年,滕王在自己的楼阁里,还挂有一幅磨漆画《百蝶百花图》。后人为了纪念喜好艺术的李元婴,在后来重建的滕王阁内,也制作了一幅磨漆画《百蝶百花图》。

这幅蝶画制作考究,工艺精湛。它以三合板为底,贴金箔为底色,用细铜丝勾勒蝴蝶的线条,将贝壳碾成粉末,敷成翅膀,花瓣儿用蛋壳拼成。

这幅画独具一格,自成一派,是艺术林苑的一枝奇葩。其材取于自然,无一丝做作之笔,完全是手工

正脊 又叫大脊、平脊,位于屋顶前后两坡相交处,是屋顶最高处的水平屋脊,正脊两端有吻兽或望兽,中间可以有宝瓶等装饰物。庑殿顶、歇山顶、悬山顶、硬山顶均有正脊,卷棚顶、攒尖顶、盔顶没有正脊,十字脊顶则为两条正脊垂直相交,盝顶则由四条正脊围成一个平面。

■ 南昌滕王阁建筑

唐三彩 是一种盛行于唐代的陶器，以黄、褐、绿为基本釉色，后来人们习惯地把这类陶器称为"唐三彩"。唐三彩吸取了国画、雕塑等工艺美术的特点，采用堆贴、刻画等形式的装饰图案，线条粗犷有力。它以造型生动逼真、色泽艳丽和富有生活气息而著称。

剪切粘贴而成，任何一件作品都是举世无双的，具有很高的欣赏价值。

另外，因为滕王李元婴初建此楼阁的目的是饮酒赋诗、歌舞作乐，所以后人在重建的滕王阁内，还分别绘有唐代歌舞伎的《唐伎乐图》浮雕和唐三彩壁画《大唐舞乐》等。

其中，唐三彩壁画在滕王阁最高层大厅内南、北、东三面的墙上。

南面为"龙墙"，以男性歌舞乐伎为主，画面以《破阵乐舞》为大框架。据《新唐书·礼乐志》记载：唐太宗李世民为秦王时，征伐四方，破叛将刘武周，军中遂有《秦王破阵乐舞》之曲流传，歌颂其功德。李世民即位后，亲制《破阵乐舞》，其舞形及音乐"发扬蹈厉，声韵慷慨"。

■ 滕王阁壁画《大唐舞乐》

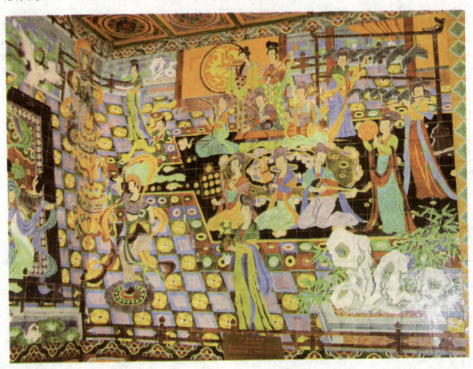

■ 滕王阁全貌

在重建的滕王阁内，壁画中舞蹈者披甲执戟，以作战武士打扮，具有浓厚的战斗气息和粗犷雄伟的气势。

《破阵乐舞》的队列当中，有两组舞蹈的表演者。在右边，两名胡人表演以跳跃动作为主的《胡腾舞》，这种舞蹈为唐代西北少数民族舞蹈，出自石国，由唐属安西大都护府管辖，也就是后来的乌兹别克塔什干一带。舞蹈者头戴珠帽，穿长衫，腰系宽带，足蹬黑色软靴，有诗道：

扬眉动目踏花毯，红汗交流珠帽偏。

在队列左边，两名舞者执剑跳起，表演的是《剑器舞》。唐代著名舞蹈艺人公孙大娘善舞剑器，诗人杜甫在《观公孙大娘弟子舞剑器行》一诗中描绘道：

戟是一种中国独有的古代兵器。实际上戟是戈和矛的合成体，它既有直刃又有横刃，呈"十"字或"卜"字形，因此戟具有钩、啄、刺、割等多种用途，其杀伤能力胜过戈和矛。戟在商代即已出现，西周时也有用于作战的，但是不普遍。到了春秋时期，戟已成为常用兵器之一。

> 霍如羿射九日落，矫如群帝骖龙翔。来
> 如雷霆收震怒，罢如江海凝清光。

画面中后部，舞者身披狮皮表演《五方狮子舞》。五名舞者装扮成五头不同颜色的狮子，各立一方，表演狮子"俯、仰、驯、狎"等各种形态，有两人扮成"昆仑像"，就是戏狮的人，牵着绳，拿着拂尘彩球逗弄狮子，场面雄伟壮观。

这幅画与前面的《破阵乐舞》队形有机地联系在一起。画面后部是乐台上下的伴奏乐伎。

大厅北面为"凤墙"，以女性歌舞乐伎为主，画面以唐代著名宫廷乐舞《霓裳羽衣舞》为主体。

传说，唐朝的第六位皇帝唐玄宗曾听得月宫仙乐，玄宗默记下一半，后来西凉节度使杨敬述献上《婆罗门曲》，与玄宗记下的仙乐相符，玄宗将此曲润色并重新填写歌词，改名"霓裳羽衣曲"。其音

节度使 是中国从唐代开始设立的地方军政长官，因受职之时朝廷赐以旌节而得名。节度使一词出现甚早，意为节制调度。唐代节度使源于魏晋以来的持节都督，北周及隋改称总管，唐代称都督。贞观以后，又设置行军元帅或行军大总管，统领诸总管。

■ 滕王阁牌匾

滕王阁石雕

乐、舞蹈和服饰都着力描绘虚无缥缈的仙境和仙女形象。

据说,唐代诗人白居易欣赏完滕王阁内的《霓裳羽衣舞》壁画后,在诗中描绘其服饰:

> 案前舞者颜如玉,不着人间俗衣服。
> 虹裳霞帔步摇冠、细璎累累佩珊珊。

其舞姿:

> 飘然转旋回雪轻,嫣然纵送游龙惊。
> 小垂手后柳无力,斜曳裾裙云欲生。

在《霓裳羽衣舞》的左边,两名女童踩莲对舞,表演的是《柘枝舞》。此舞为唐代西北少数民族舞蹈。

《柘枝舞》画面的中后部,两名舞伎在圆形地毯上快速轻盈地旋

滕王阁宫灯

转,表演的是《胡旋舞》,此舞是唐代西北少数民族舞蹈,出自康国,唐代属安西大都护府管辖。其舞姿动作轻盈,急速旋转,节奏鲜明,主要以鼓伴奏。

《胡旋舞》的画面后部是伴奏乐伎。整个舞蹈场面设置在满塘春水、绿荷粉芙蓉的水榭之上,旁边有两只仙鹤,一左一右,上下翻飞,烘托了轻歌曼舞、飘飘欲仙的气氛。

除了这幅大型的唐三彩壁画,在后来修建的滕王阁内,还有一幅长2.65米、宽1.85米的大型铜浮雕《唐伎乐图》。它位于滕王阁三层西大厅的东墙上,画面着力塑造了三位唐代舞伎,表演的是《霓裳羽衣舞》。三名舞伎周围,分别雕刻有马术、摔跤、斗牛、横吹等一系列民间游艺竞技场面以及星相等,两侧是操持各种乐器奏乐的艺人。整个画面体现了唐代国富民强、盛世升平之景象。

阅读链接

在中国,不仅南昌有一座滕王阁,在四川的阆中地区,也有一座滕王阁,而这座滕王阁的始建人也是滕王李元婴。

原来,当年在李元婴修成南昌滕王阁的27年后,唐高宗李治又把李元婴调到四川阆中地区接任其兄鲁王灵夔,出任刺史。

李元婴一到阆中,就以"衙役卑陋"为名,在阆中修建宫殿和高楼,又在阆中玉台山建玉台观和滕王亭,供自己游乐。这样一来,在中国的土地上,便出现两个滕王阁。

王勃为楼阁作千古名序

761年,唐代诗人王勃从山西老家出发,千里迢迢去看望因他而被贬官的父亲。当他坐船来到了江西与安徽交界的马当山时,突然遇上风浪,不得前行,只能靠岸。

于是,王勃就到马当山庙里观赏里面的佛像,当他赏玩够了,正想回到船上去时,突然看见一位头发花白的老人家坐在岸边的一块巨石上。

王勃刚想走上前去与老人打招呼,老人就问他:"来的是王勃吗?"

王勃非常惊讶对方居然认识自己,便说:"正是,不知老人家怎么认识我?"

滕王阁院内的王勃塑像

■ 滕王阁牌匾

重阳节 为农历九月初九。《周易》中把"九"定为阳数，九月初九，两九相重，故而叫重阳，也叫重九。重阳节早在战国时期就已经形成，到了唐代，重阳被正式定为民间的节日，此后历朝历代一直沿袭。重阳这天所有亲人都要一起登高"避灾"，插茱萸、赏菊花。

那老人说："明天是九九重阳节，滕王阁上有聚会，如果你能前往赴宴，并且作一文章，定能够永垂不朽！"

王勃笑着说："老先生您有所不知，这里离洪都的滕王阁有六七百里远，我在明天根本就不可能赶得到啊？"

老者对王勃神秘地一笑，便接着说："只要你愿意去，老朽我愿意助你一阵清风，让你明天早上就能到达洪都。你看如何？"

王勃不禁疑惑地看了看老者，问："拜问老先生，您是神，还是仙？"

老者笑笑不说话，只是轻轻地把王勃一推，王勃便被老者推上了船。

王勃一上船，那船便自己向前驶去。却听见那老者在王勃的后面说："吾即中源水君，适来山上之庙，便是我的香火……"

等王勃再向岸边望去时，岸上的老者已经不在了。王勃进入船舱休息了一夜，等他第二天一早醒来时，发现自己已经来到了洪州滕王阁旁的江边。

原来，此前，由滕王李元婴主持兴建的那座滕王阁早已破败不堪，于是洪州现任的都督阎伯屿便自己出钱请来工匠维修了这座楼阁。楼阁维修完成后，为了让大家看到自己的修筑功劳，阎伯屿都督便在重阳节这天，请来了各界有名的才子，让大家为这座楼阁作记。

这天，等各位才子都就座了，阎伯屿便对他们说："大家都知道，这滕王阁是洪都的一大绝景，在座的各位，如果能为滕王阁作一篇记，那就是再好不过的事情了。"

其实，阎伯屿早就叫他的女婿吴子章提前写好序文，所以在座各位都假装写不出来，想推让吴子章，好让阎伯屿翁婿名利双收。

可是，由于王勃是刚到这里的，他不了解这其中的内情，接过笔就立即写了起来。

这个时候，阎伯屿自然就不高兴了，他悄悄地退回到屏风的后面，让一个仆人向自己报告王勃所写的序文。

> **屏风** 是古时建筑物内部挡风用的一种家具。屏风作为传统家具的重要组成部分，由来已久。屏风一般陈设于室内的显著位置，起到分隔、美化、挡风、协调等作用。它与古典家具相互辉映，相得益彰，浑然一体，成为家居装饰不可分割的整体，呈现出一种和谐之美、宁静之美。

■ 滕王阁模型

郡 中国古代的行政区划单位之一。始见于战国时期。秦统一天下设三十六郡。后汉起，郡成为州的下级行政单位，介于州刺史部和县之间。隋朝废郡制，以县直隶于州。唐朝分为道、州、县，武则天时曾改州为郡。明清时称府。

一会儿，仆人向阎伯屿悄声说："南昌故郡，洪都新府……"

阎伯屿一听，说："这是老生常谈，谁人不会！"

一会儿，仆人又来报："星分翼轸，地接衡庐……"

听到这里，阎伯屿便不说话了。

接着，仆人又进来说："物华天宝，龙光射牛斗之墟；人杰地灵，徐孺下陈蕃之榻……"

阎伯屿笑道："这个人把我当作知音。"

后来，仆人又一次地进来说："落霞与孤鹜齐飞，秋水共长天一色……"

阎伯屿听到这里，顿时眉开眼笑，大声叫好，

■ 滕王阁的宝鼎

■ 滕王阁侧影

说："这个人下笔如有神助，真是天才啊！"

一根香的工夫过去后，王勃终于完成了著名的《滕王阁序》。

阎伯屿接过王勃作的序，高兴得合不拢嘴了，立即邀王勃喝酒。此时，这位阎都督早已经忘记了自己女婿的序文，趁着酒兴，阎伯屿对王勃说："这滕王阁，有了你的好文章，一定能够流传千古，我赏你千金！"

后来，阎伯屿果然赏给了王勃千两银子。

不仅如此，在王勃离开都督府前，又在自己的《滕王阁序》后面作了一首诗：

滕王高阁临江渚，佩玉鸣鸾罢歌舞。
画栋朝飞南浦云，珠帘暮卷西山雨。

王勃（649—676），唐代诗人，字子安，绛州龙门人。王勃与杨炯、卢照邻、骆宾王齐名，并称"初唐四杰"，其中王勃是"初唐四杰"之冠。

■ 仰望滕王阁

闲云潭影日悠悠，物换星移几度秋。
阁中帝子今何在？槛外长江空自流。

汉白玉 是一种名贵建筑材料，它洁白无瑕，质地坚实而又细腻，其上非常容易雕刻，古往今来的名贵建筑多采用它作原料。据传，中国从汉代起就用这种宛若美玉的材料修筑宫殿，装饰庙宇，雕刻佛像，点缀堂室。因为是从汉代开始用这种洁白无瑕的美玉来做建筑材料的，所以也就顺口说成了汉白玉。

从这一天起，阎伯屿新修的滕王阁便因为王勃为楼阁作的序和诗而越来越出名了，而王勃本人的序和诗呢，也因为滕王阁而闻名。

后来，因为王勃作的这个序，还让滕王阁成为中国三大名楼中最早名扬天下的楼阁，因此，此楼又被誉为"江南三大名楼"之首。可以说，滕王阁之所以能够闻名，这与王勃为它作的《滕王阁序》是分不开的。

正是因为如此，人们在后来建成的滕王阁一层大厅中，便特意制作了一幅名为《时来风送滕王阁》的汉白玉浮雕，上面描述的就是当年王勃作序的故事。

浮雕主体部分，王勃昂首立于船头，周围波翻浪涌，表现王勃借神力日趋七百里赶赴洪都的英姿。画面右部为王勃被风浪所阻，幸得"中源水君"相助的情景，左部为王勃赴滕王阁宴会，挥毫作序的场景。

整个构图采用时空合成的现代观念，将不同的时间、地点、人物、故事融合在同一个画面，以传统雕塑手法，并通过朦胧灯光的处理，将人们带入幽远迷人的意境中。

在这幅浮雕的右部下方，还有几只飞翔的海鸥，这些鸟名叫"王勃"。王勃后来是溺水死的，据说从那之后，这些鸟每天就在这赣江上飞来飞去，好像在寻找王勃的踪影。

不仅如此，人们为了纪念王勃所作的《滕王阁序》，还专门在后来建成的滕王阁第五层中厅的正中屏壁上，镶置了一块近10平方米，用黄铜板制作的《滕王阁序》碑，上面的碑文乃是北宋书法家苏东坡亲自手书，后人经复印后放大，由工匠手工镌刻而成。《滕王阁序》

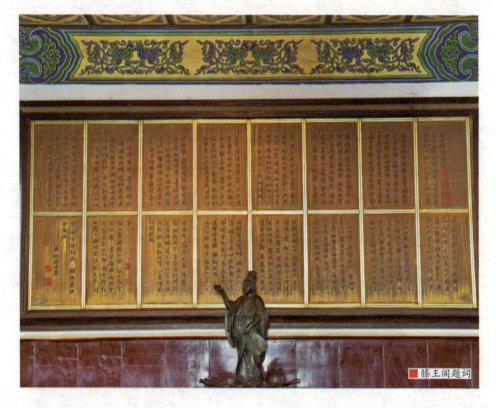

滕王阁题词

的全文为：

南昌故郡，洪都新府。星分翼轸，地接衡庐。襟三江而带五湖，控蛮荆而引瓯越。物华天宝，龙光射牛斗之墟；人杰地灵，徐孺下陈蕃之榻。雄州雾列，俊采星驰，台隍枕夷夏之交，宾主尽东南之美。都督阎公之雅望，棨戟遥临；宇文新州之懿范，襜帷暂驻。

十旬休假，胜友如云；千里逢迎，高朋满座。腾蛟起凤，孟学士之词宗；紫电青霜，王将军之武库。家君作宰，路出名区；童子何知，躬逢胜饯。

时维九月，序属三秋。潦水尽而寒潭清，烟光凝而暮山紫。俨骖騑于上路，访风景于崇阿。临帝子之长洲，得仙人之旧馆。层台耸翠，上出重霄。

鹤汀凫渚，穷岛屿之萦回；桂殿兰宫，列冈峦之体势。披绣闼，俯雕甍，山原旷其盈视，川泽盱其骇瞩。闾阎扑地，钟鸣鼎食之家；舸舰迷津，青雀黄龙之轴。虹销雨霁，

滕王阁壁刻

彩彻区明。落霞与孤鹜齐飞，秋水共长天一色。渔舟唱晚，响穷彭蠡之滨；雁阵惊寒，声断衡阳之浦。

壮观的滕王阁

遥襟俯畅，逸兴遄飞。爽籁发而清风生，纤歌凝而白云遏。睢园绿竹，气凌彭泽之樽；邺水朱华，光照临川之笔。四美具，二难并。穷睇眄于中天，极娱游于暇日。

天高地迥，觉宇宙之无穷；兴尽悲来，识盈虚之有数。望长安于日下，指吴会于云间。地势极而南溟深，天柱高而北辰远。关山难越，谁悲失路之人？萍水相逢，尽是他乡之客。怀帝阍而不见，奉宣室以何年？

嗟乎！时运不济，命运多舛。冯唐易老，李广难封。屈贾谊于长沙，非无圣主；窜梁鸿于海曲，岂乏明时。所赖君子安贫，达人知命。老当益壮，宁移白首之心？穷且益坚，不坠青云之志。酌贪泉而觉爽，处涸辙以犹欢。北海虽赊，扶摇可接；东隅已逝，桑榆非晚。孟尝高洁，空怀报国之心；阮籍猖狂，岂效穷途之哭！

勃，三尺微命，一介书生。无路请缨等终军之弱冠；有怀投笔，慕宗悫之长风。舍簪笏于百龄，奉晨昏于万里。非谢家之宝树，接孟氏之芳邻。他日趋庭，叨陪鲤对；今晨捧袂，喜托龙门。杨意不逢，抚凌云而自惜；钟期既遇，奏流水以何惭？呜呼！胜地不常，盛筵难再。兰亭已矣，梓泽丘墟。临别赠言，幸承恩于伟饯；登高作赋，是所望于群公。敢竭鄙诚，恭疏短引。一言均赋，四韵俱成。请洒潘江，各倾陆海云尔！

这篇长800多字的序文，字字珠玑，句句生辉，章章华彩，在《滕王阁序》中，最著名的两句是"落霞与孤鹜齐飞，秋水共长天一色"。这著名的句子后来被人们刻写在重建的滕王阁主阁正门两边，成为一副巨大的对联。

每当暮秋之后，鄱阳湖区就有成千上万只候鸟飞临，构成一幅活生生的"落霞与孤鹜齐飞，秋水共长天一色"的图画，成为滕王阁的一大胜景。

阅读链接

当年，王勃写完序以后，又立即写了诗：闲云潭影日悠悠，物转星移几度秋。阁中帝子今何在？槛外长江□自流。

不过，王勃在此诗的最后一句空了一个字未写，而是将序文和诗呈上就走了。

在座的人看到这里，有人猜是"水"字，有人猜是"独"字，阎伯屿都觉得不对，便立即派人追回王勃，请他补上。

仆人赶到驿馆，王勃的随从对来人说："我家主人吩咐了，一字千金，不能再随便写了。"

阎伯屿知道，又派人包了千两银子，亲自率文人们拜见王勃。王勃接过银子后，故作惊讶地问道："我不是把字都写全了吗？"

大家都说："那不是个'空'字吗？"

王勃说："对呀！就是'空'字呀！"

"是'槛外长江空自流'嘛！"众人恍然大悟。

唐时对楼阁的维修和诗赞

滕王阁自唐代初年创建以来,在漫长的岁月中,既经历了歌舞升平的年代,又饱尝了满目疮痍的风霜。

790年,滕王阁第一次被焚毁,唐代中丞御史王仲舒组织工匠按照初唐时楼阁的原样进行重建。

没想到,820年,滕王阁又一次被毁,王仲舒再次组织人员重修。经过这次重修后,滕王阁的规模比初创时有所扩大。

重修之阁,平面呈方形,东西长约23.33米,南北宽约24.88米。阁高约14.31米,包括底层高约4米,二层高约3.34米,中柱上通屋脊约8米,共六开间。此外,楼阁旁边的附属建筑亦不少。

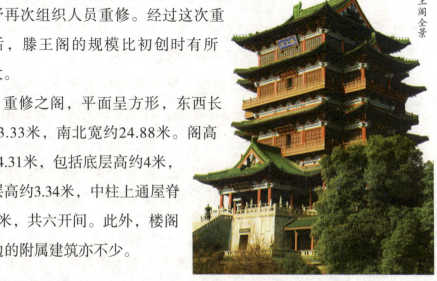

滕王阁全景

滕王阁牌匾

这座楼阁建成以后，王仲舒请来了自己的好友王绪作《滕王阁赋》，接着王仲舒自己又作《滕王阁记》。如此一来，滕王阁便传出了"三王记滕阁"的佳话。

不仅如此，在王仲舒第二次重修滕王阁之后，唐代大文学家韩愈来到了滕王阁，情不自禁地称赞说："江南多临观之美，滕王阁独为第一。"在感慨之余，韩愈又挥笔写成了著名的《新修滕王阁记》。他在文中写道：

愈少时则闻江南多临观之美，而滕王阁独为第一，有瑰伟绝特之称；及得三王所为序、赋、记等，壮其文辞，益欲往一观而读之，以忘吾忧；系官于朝，愿莫之遂。

十四年，以言事斥守揭阳，便道取疾以至海上，又不得过南昌而观所谓滕王阁者。其冬，以天子进大号，加恩区内，移刺袁州。

袁于南昌为属邑，私喜幸自语，以为当得躬诣大府，受约束于下执事，及其无事且还，傥得一至其处，窃寄目偿所愿焉。

至州之七月，诏以中书舍人太原王公为御史中丞，观察江南西道；洪、江、饶、虔、吉、信、抚、袁悉属治所。

八州之人，前所不便及所愿欲而不得者，公至之日，皆罢行之。大者驿闻，小者立变，春生秋杀，阳开阴闭。令修于庭户数日之间，而人自得于湖山千里之外。

吾虽欲出意见，论利害，听命于幕下，而吾州乃无一事可假而行者，又安得舍己所事以勤馆人？则滕王阁又无因而至焉矣！

其岁九月，人吏浃和，公与监军使燕于此阁，文武宾士皆与在席。酒半，合辞言曰："此屋不修，且坏。前公为从事此邦，适理新之，公所为文，实书在壁；今三十年而公来为邦伯，适及期月，公又来燕于此，公乌得无情哉？"

公应曰："诺。"

于是栋楹梁桷板槛之腐黑挠折者，盖瓦级砖之破缺者，赤白之漫漶不鲜者，治之则已；无侈前人，无废后观。

滕王阁曲桥池水

■ 滕王阁藻井

工既讫功,公以众饮,而以书命愈曰:"子其为我记之!"

愈既以未得造观为叹,窃喜载名其上,词列三王之次,有荣耀焉;乃不辞而承公命。其江山之好,登望之乐,虽老矣,如获从公游,尚能为公赋之。

观察使 中国古代官名,唐代后期出现的地方军政长官,全称为观察处置使,原称采访使。唐玄宗设,原为一种监察官,近于御史,后变成军事、行政的官职。后人雅称明清的道员为观察使。因观察使大多不持节,故权力略低于节度,其幕府官兵亦略少于节度使。

当时,韩愈是个了不得的人,他不仅是"唐宋八大家"之一,而且是"文坛霸主",为此,他能为滕王阁写文章那是非常不容易的。

这样一来,在他的美文佳句的渲染之下,滕王阁越来越出名,历任洪州的官员也都不得不看重滕王阁,把它精心保护起来,并不断地维修和扩建。

848年夏天,滕王阁又一次被毁,江西观察使纥干在楼阁被毁的第二天便鸠工庀材，在原址上重建，并于同年秋八月竣工。

这次重建后，滕王阁的阁基又比以前扩大，东西长约28.67米，南北阔约30.67米，高约20米，设房7间，上下共分三层。同时，还增加了厅、轩、楼、榭、亭、津、馆等附属建筑。当时的文学家在《重建记》中有"飞天累榭""回廊并抱"等说法。

此时的滕王阁已扩大为赏花纳凉、登高吟诗、观灯赏雪、饮酒品茶、抚琴观画等各种高雅的文化娱乐场所了。经过此次重建，滕王阁甚为坚固，历经风雨360年左右。

从这次重建以后，唐代众多诗人来到这座楼阁上，欣赏这座壮观的楼阁，并留下一些著名的诗篇，如大诗人白居易的《钟陵饯送》、杜牧的《怀钟陵旧游三首》、李涉的《重登滕王阁》和张九龄

> **张九龄**（678—740），唐开元尚书丞相，诗人，字子寿，一名博物。长安年间中进士，官至中书侍郎同中书门下平章事。后罢相，为荆州长史。据说，他是一位有胆识、有远见的著名政治家、文学家、诗人、名相。他为"开元之治"做出了重要贡献。

■ 仰视滕王阁

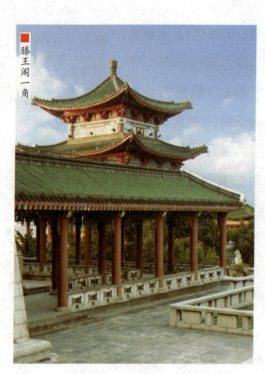
滕王阁一角

的《登豫章郡南楼》《登城楼望西山作》等。

其中，白居易在《钟陵饯送》中写道：

翠幕红筵高在云，
歌声一曲万家闻。
路人指点滕王阁，
看送忠州白使君。

杜牧在《怀钟陵旧游三首》之《滕王阁》中写道：

滕阁中春绮席开，柘枝蛮鼓殷情雷。
垂楼万幕青云合，破浪千帆阵马来。
未掘双龙牛斗气，高悬一榻栋梁材。
连越控巴知何事，珠翠沉檀处处催。

李涉在《重登滕王阁》中写道：

滕王阁上唱伊州，二十年前向此游。
半是半非君莫问，西山长在水长流。

这些诗人用精练的诗句把在滕王阁上看到的风景完整地叙述出来，这不仅让更多的人想来了解这座壮丽的楼阁，也为南昌古城平添不少文采风流。

另外，韩愈的《新修滕王阁记》也是非常闻名的，所以后人在重建的滕王阁一级高台朝东的墙面上，还镶嵌了五通石碑。

其中，人们把韩愈的《新修滕王阁记》用隶书刻写在了这五通碑正中的一块长卷式石碑

滕王阁景物

上，此碑由8块汉白玉横拼而成，约10米长、1米高，外围以玛瑙红大理石镶边，宛如一幅装裱精工的巨卷。

阅读链接

据说，韩愈在年轻的时候就听说江南有很多值得登高游玩的地方，但只有滕王阁排在第一位。特别是当他看到"三王"所写的序、赋、记等文章后，韩愈更觉得他们的文章言辞很壮美，更想去那里看一看，然后阅读前人文章，来忘记他的忧愁。

但是，由于韩愈一直在朝廷做官，没有机会去参观滕王阁。直到848年冬天，因为皇帝改变年号，在国内施加恩德，韩愈转任袁州刺史。而袁州便是南昌的附属地方，为此，当韩愈去袁州做官的时候，顺便去观赏了滕王阁。

与此同时，正好是王仲舒对滕王阁的第二次重修，于是，王仲舒当即宴请了韩愈，并请韩愈作了著名的《新修滕王阁记》。

宋代重建后进入全盛时期

滕王阁自从848年在唐末年间修成后,一直到北宋的1108年以前,滕王阁一直没有重修过。

因年代久远,这座古老的楼阁因失修而塌毁。于是,当时担任洪州知府的侍郎范坦又对这座楼阁进行了重建。

这次重建后,整个楼阁的阁基反而比唐阁增高了不少,东西长度扩大了,南北宽延长了,同时,在主楼的南北两侧,还增建了"压

■ 滕王阁"雄州雾列"方庭

江"和"挹翠"两亭，呈对称布局，逐渐形成以阁为主体的建筑群。

新建成的滕王阁华丽堂皇，宏伟壮观，被誉为"历代滕王阁之冠"，从此，滕王阁进入了它的全盛时期。

这次滕王阁建成后，龙图阁大学士、丞相范致虚为之作了《重建滕王阁记》，他在文中写道：

■ 滕王阁外观

阁"崇三十有八尺，广旧基四十尺，增高十之一。南北因城以为庑，夹以二亭：南溯大江之雄曰'压江'，北擅西山之秀曰'挹翠'"。

从这篇文章中，我们可以看出当时的滕王阁是非常壮观的。

人们为了记住宋代这座最为华丽的楼阁，还在《天籁阁旧藏宋人画册》中记录了这座楼阁当时的样子。

从遗留下来的《滕王阁图》中可以看出，宋代重建的滕王阁共分三层，层支都用"如意"斗拱层叠相衬。一层、二层有回廊，廊上有雕栏，下有台阶，可

龙图阁大学士 中国古代官名。是皇帝身边侍从的荣衔，掌管御书、御制文集、典籍、属籍、世谱等事。中国宋代著名的清官包拯就是龙图阁学士之一。在中国古代，大学士原本不是官职，而是一种学位。因从隋唐开始以科举取官，所以当官的总要显示一下自己的学问水平高，而大学士就是最高学位。

拾级而上。第三层为假楼。

  阁下有基，此阁依山傍河，河中扁舟一叶，对面西山一抹。主阁十字脊的歇山式顶下有檐，与下部的抱厦、腰檐、平坐、栏杆等相组合，从而组成富于变化的外观。

  阁的飞檐的尖端还以龙凤雕饰，显得极为华美。在主阁的周围还配有一些较低的建筑，有假山点缀期间，与葱茏的树木相映，从而形成一个游观群体。

  从北宋至南宋共有300多年的历史，其间修建滕王阁的次数恐怕不止一次。

  据陈宏绪的《江城名迹记》记载，宋廷南渡后，因赣江的江岸坍塌，宋阁曾移建于城上，但重建时间及规模却无文字记载，不可定论。可以肯定的是，宋阁乃是滕王阁历史上的极盛时期。

  如此壮观、华丽的楼阁，自然也就引来了宋代众多的文人雅士为它作诗，其中有北宋的王安石、王安国和苏辙以及南宋的朱熹、辛弃疾和文天祥等，这些文人为大家留下了许多美文。

抱厦 建筑术语。是指在原建筑之前或之后接建出来的小房子。顾名思义，在形式上如同搂抱着正屋、厅堂。宋代称这样的建造形式的殿阁为"龟头屋"，清代叫法是"抱厦"。

赣江 是江西最大的河流，长江下游最重要支流之一。位于长江以南、南岭以北，西源章水出自广东毗连江西南部的大庾岭，东源贡水出自江西武夷山区石城的赣源崇，在赣州汇合，称赣江。

■ 滕王阁景色

■ 滕王阁牌匾

其中,王安国的《滕王阁感怀》写道:

滕王平日好追游,高阁魏然枕碧流。
胜地几经兴废事,夕阳偏照古今愁。
城中树密千家市,天际人归一叶舟。
极目烟波吟不尽,西山重叠乱云浮。

苏辙的《题滕王阁》写道:

客从筠溪来,奇侧舟一叶。
忽观章贡馀,晃荡天水接。
霜风出洲渚,草木见毫末。
气奔西山浮,声动古今业。
楼观却相倚,山川互开阖。
心惊鱼鸟会,目送凫雁灭。
遥观客帆久,更悟江流阔。

苏辙(1039—1112),字子由。1057年,与兄苏轼同登进士科。1072年,出任河南推官。1085年,被召回,任秘书省校书郎、右司谏,进为起居郎,迁中书舍人、户部侍郎等职,直至崇宁三年。苏辙是唐宋八大家之一,与父苏洵、兄苏轼齐名,合称"三苏"。

徽式大理石牌坊 徽式石牌坊是中国著名的牌坊建筑之一，著名的牌坊制作样式有徽式牌坊、鲁式牌坊、官式牌坊、苏式牌坊、滇式牌坊等。徽式牌坊以石质为主，有四柱五楼式、四柱冲天式、八柱式、口字形式等多种，造型雅致，散缀于各乡镇，是古代徽州人文景观的重要组成部分。

使君东鲁儒，府有徐孺榻。
高谈对宾旅，确论精到骨。
余思属洲山，登临寄遗堞。
骄王应笑滕，狂客亦怜勃。
万钱罄一饭，千金买丰碣。
毫气相凌荡，俳语终仓卒。
事往空长江，人来逐飞楫。
和篇亦无陋，抱恨费弹压。
但当倒瓶罂，一醉沧江月。

这些精美的诗句，不仅点出了当年滕王阁居高临远之势，又写出了滕王阁在宋代的壮丽形象，为后人研究宋代楼阁提供了可观的文字资料。

宋代建成的滕王阁是所有朝代中兴建的最为壮观的，规模也是最大的，为此，后人在重建滕王阁时，

■ 滕王阁建筑

■ 滕王阁附近的牌坊

基本保持了宋代建筑的样式，楼阁艺术造型达到极高成就。

同时，在后来修成的滕王阁建筑群中，人们还专门修建了两座仿宋式大牌楼。

一座位于滕王阁正门榕门路口，是高大的二柱七楼彩绘大牌楼，跨度15米，牌楼正中是青石贴金横匾两方，东为"滕阁秋风"，西为"胜友如云"，华美的彩画显示滕王阁独具的魅力。

另一座位于滕王阁南门入口处，是白色四柱五檐徽式大理石牌坊，牌坊正中嵌两方贴金横匾，朝南为"荣戟遥临"，朝北为"美尽东南"。

阅读链接

唐、宋一脉相承，宋代建筑是唐代建筑的继承和发展。宋代的楼阁建筑窈窕多姿，建筑艺术造型达到极高成就。

古建筑大师梁思成先生偕同其弟子莫宗江根据"天籁阁"旧藏宋宫廷画《滕王阁》绘制了8幅重建滕王阁计划草图。

在后来重建之时，建筑师们以此作为依据，并参照宋代李明仲的《营造法式》，设计了中国后来的仿宋式的雄伟楼阁。

元代经历的两次修建

滕王阁饱经沧桑,历史上屡毁屡建,元代的滕王阁,自忽必烈于1279年建立元朝后,在近100年的时间里,先后经历过两次重建。

第一次是1294年。当时,滕王阁几经战乱而破败不堪,大有倾塌之势。这一年,元世祖忽必烈将南昌改名为龙兴,并封裕皇前来江西。裕皇便是元裕宗,名真金,是世祖忽必烈的嫡子。

滕王阁内的大钟

裕皇在1261年被封为燕王,1273年被封为皇太子,之后元世祖便把他派到了封地龙兴。

1294年,裕皇到滕王阁游玩,发现这座古老的楼阁非常破败,他便立即向奶奶隆福皇太后要银子,想要重建这座楼阁。

■ 滕王阁一角

隆福皇太后在大家的请求之下,由隆福官拨出5 000缗银子,重新修成了一座漂亮的楼阁。

此楼阁修成后,元代文学家姚燧在《滕王阁记》中专门介绍了修建情况:

> 国朝分建行中书省,其镇乎江西者,即龙兴而治焉。郡城之上,有曰滕王阁者,府临章江,面直西山之胜。自唐永徽至元和十五年百七十余年之间,其重修而可知者,昌黎韩文公记,之后五百四十九年,当我朝之至元三十有一年,省臣以兹郡贡赋之出,隶属东朝,乃得请隆福皇太后赐钱而修之,记其事者,柳城姚文公也。
>
> ……非若今出钱隆福宫,一瓦一木,不阶其旧,悉毁而新之如是。不变其名,犹曰"滕王阁"。

元世祖忽必烈(1215—1294),字儿只斤·忽必烈,蒙古族,元朝的创建者,是监国托雷的第四子,蒙古尊号"薛禅汗"。青年时代,便"思大有为于天下"。他在位期间,建立了统一的多民族国家元朝,是蒙古族卓越的政治家、军事家。

■ 滕王阁牌匾

……深以五筵，崇以七寻，其势则出而云飞矣。

从姚燧的文章中，可以知道，这次滕王阁不是重修，而是重建，其规模不一定超过前代，气势却不逊色，宋代时留下的旧砖瓦等一律都没有使用。

除了姚燧的《滕王阁记》，元代著名散文家贡师泰也为这座新建的楼阁作了一首《题滕王阁图》：

雄地控华甸，杰阁临芳洲。
飞甍起千仞，曲阑围四周。
丹碧何辉煌，文采射斗牛。
帝子去不返，俯仰几经秋。
江黑帘雨卷，山青栋云收。

奎章阁侍读大学士 奎章阁又称宣文阁。元代文宗帝"建奎章阁于大内"，陈列珍玩，储藏书籍，是上都皇城的重要宫殿。后改为学士院，汇集著名学者文士，成为学术艺术的殿堂。侍读大学士则是在奎章阁内，陪侍帝王读书论学或为皇子等授书讲学的人。

孤舟天际来，扬帆在中流。
狂飙薄暮起，坐觉增烦忧。
何当扫重翳，白日耀神州。
开图发长叹，天地一浮沤。

行御史台 元代官署。元朝中央设御史台，掌纠查百官善恶、政治得失。各重要地区设行御史台，以监察诸省。行御史台是元代独创的监察官署。它作为御史台的派出和分设机构，对元帝国监察制度的发展和监察网络构建，具有特别重要的意义。而在其他朝代，一般设置的监察机构都是御史台。

从古人留下的这些资料描写可以看出，1294年新修建的滕王阁气势不凡，气甍千仞，曲阑回护，丹碧辉煌。

在元代，滕王阁的第二次重修是在40年后，也就是1334年。当时，江南行御史台大夫塔夫帖木儿来到南昌，游登滕王阁，见阁破旧将倾，便采纳当地的最高官平章马合睦的建议，于同年12月兴工，第二年7月竣工，阁址仍在城墙之上。

重建后的滕王阁，其规模虽比宋阁缩了一些，但"材石坚致，位置周密，檐宇虚敞，丹刻华丽，有加于昔"。新阁落成，塔夫帖木儿遣使请奎章阁侍读大学士、礼部尚书虞集撰写《重建滕王阁记》：

■ 滕王阁牌匾

今天子即位，改元元统，其明年甲戌，江南行御史台大夫塔失帖木尔，时以丞相来镇兹省，尝登斯阁，而问焉，追惟裕皇先后之遗德，期有以广圣上之孝心。

平章马合睦赞之曰："重熙累洽之余，民力亦既纾息，名迹弗治，将无以致执事之恪恭也。"

集众思于僚佐，请于朝而作新之。是年十二月丙子，授工庀役，越明年乙亥，仍改元至元之岁，其五月之吉柱立梁举。

属吏之来受事者，相与登临览观于斯阁，优游雍容以歌颂国家之盛，而发挥其尊主庇民之心，不亦伟乎。

在此文章中，虞集还认为，可以将江西的文物瑰宝汇集陈列在阁上，一则可供游人观赏，炫耀南昌的确是"物华天宝，人杰地灵"；二则可让四方宾客"登临览观，优游雍容，以歌颂国家之盛，而发挥尊主庇民之心"。

不仅如此，虞集还为滕王阁写了几首著名的诗，他在《题滕王

滕王阁飞檐

阁》中写道：

豫章城上滕王阁，不见鸣銮佩玉声。
唯有当时帘外月，夜深依旧照江城。

从虞集的描述中，我们可以知道，元代第二次修建的滕王阁是在原旧址上重修的，基座就是郡城的城墙，背负城市，俯瞰赣江，直面西山。

人们为了纪念元代重建的这座楼阁，还专门留下了元代的《滕王阁图》，从这幅图中，我们可以看到，元代的滕王阁在建筑艺术上，雄浑壮观，雕饰简朴，粗犷有力。这幅元代的古图一直保存着，后来被完整地收藏在重建后的滕王阁内。

滕王阁雕像

阅读链接

历史上，裕皇真金并未继位，他与元世祖忽必烈同在1294年去世。裕皇的儿子成宗铁穆耳即位，追谥裕宗为文惠明孝皇帝，尊其母阔阔真为隆福皇太后。

在姚燧的文章中提到的隆福皇太后，可能是裕皇的妻子，如此一来，那么真正在元代第一次号召修建滕王阁的人，可能是裕皇的儿子铁穆耳。

明代经历的七次修建

明太祖朱元璋画像

1368年8月的一天，是明太祖朱元璋大快人心的日子，他经过18年的浴血奋战，终于在鄱阳湖的泾江口，得到他的老对手陈友谅死去的消息。

于是，在那一天，朱元璋和他的部下到了洪都，为了庆祝胜利，他便传令在滕王阁上大摆庆功宴，犒赏三军。

因为楼阁地方有限，当时的宴席铺满了滕王阁左右的各个亭子和空敞的地坪，朱元璋的宴席设在三楼。

在这一天，南昌城里鼓乐

喧天，鞭炮齐鸣；滕王阁上张灯结彩，一片辉煌。这时，红光满面的朱元璋端着酒杯，在刘伯温、胡大海、宋濂等一班文臣武将的簇拥下，一边向两旁的将士致意，一边健步登上滕王阁的三楼。

在这之前，因为忙于战事，朱元璋曾几次路过这座名楼，而没有登楼静心赏景。

今天，却不一样，当他登上三楼，凭栏远眺，江西烟云朦胧，章江之水滔滔北去，南浦上空流云飞渡，真是令人赏心悦目。

■ 滕王阁正面

观赏完毕，文武官员，二字排开等朱元璋入座后，相继入席坐定。

朱元璋高举酒杯朗声说道："吾与友谅大战鄱阳湖十有八载，全靠诸位出生入死，浴血奋战，才有今日之胜利，才有大宴名阁，望诸位一口而尽，一醉方休。"说罢，朱元璋一饮而尽。

几天后，朱元璋又带着自己的部队，回到南京，在那里建立了明朝。

自从滕王阁受到明朝第一位帝王朱元璋的厚爱以后，至明末崇祯年间270余年的时间里，出于兵燹战乱、水患火灾等各种原因，滕王阁迭废迭兴达7次

鞭炮 起源至今2 000多年的历史。最早称为"爆竹"，是指燃竹而爆，因竹子焚烧发出噼里啪啦的响声，故称爆竹。鞭炮最开始主要用于驱魔避邪，而在现代，在传统节日、婚礼喜庆、各类庆典、庙会活动等场合几乎都会燃放鞭炮，特别是在春节期间，鞭炮的使用量超过全年用量的一半。

滕王阁牌匾

之多。

滕王阁的第一次修建是在1436年至1438年。当时，滕王阁在大水冲击下，江岸坍塌，阁基松动，渐沦于江。

于是，江西布政使吴润在遗址上重建，作为"迎拜制诏之所"。重建以后，吴润将滕王阁改名为"迎恩馆"，又称"迎恩堂"。

明代对滕王阁的第二次修建，是在1452年。当时，都御史韩雍巡抚江西，"适值馆毁于火"，他遂率三司诸僚在旧址上重建。

第三次是在1465年，"西江第一楼"自景泰三年落成后，仅13年便再一次被毁。布政使翁世资看见后，便慷慨出资，并号召身边的同僚一起出资，于1468年农历五月鸠工兴建，同年十月落成。

此次修建规模甚壮，建成后，翁世资将此楼阁重新命名为"滕王阁"。翰林学士、工部尚书谢一夔为它作《重修滕王阁记》。

第四次是在519年。当时，滕王阁毁于兵乱。直至1526年，都御史陈洪谟才组织人员重建。

重建后，吏部尚书罗钦顺撰《重建滕王阁记》道："阁凡七间，高四十有二尺，视旧有加。"阁之

翰林学士 中国古代官名。学士始设于南北朝，唐初常以名儒学士起草诏令而无名号。唐玄宗时，翰林学士成为皇帝心腹，常常能升为宰相。北宋翰林学士承唐制，仍掌制诰。此后地位渐低，然相沿至明清，拜相者一般皆为翰林学士之职。清以翰林掌院学士为翰林院长官，无单称翰林学士官。

前"堂凡五间,大门前峙,其壮皆与阁称"。

阁之后为堂三间,名为"二忠祠",以纪念抗元英雄文天祥、谢叠山二公。

第五次是在1599年,阁自嘉靖五年重建,已逾70余年,"楹础欹圮,阶除湫隘"。江西巡抚王佐、都御史夏良心重又修葺一新。

第六次是因滕王阁于1616年又一次毁于火,新任江西左布政使王在晋与大中丞王佐以滕王阁是"千年古迹也,何忍当吾世遂废之"而发起同僚捐资重建,他在募捐时说:"凡我同事,捐金缔构。"

第七次是在1633年,江西巡抚解石帆捐俸重修滕王阁,并在旧阁遗址上另建一楼,名为"环漪楼"。

重建工程于农历五月动工,八月落成。邹维琏撰《重造滕王阁记》,记中赞美此阁有"高山流水之韵,明月清风之致"。

从明代时对滕王阁的七毁七建中可以看出,明代的滕王阁不仅是江南著名的风景游览胜地,也是标榜"太平盛世"的象征。

从古人留下的历史记录中可以知道,明代的滕王阁在建筑艺术风格上讲究秀雅、小巧、精致,但在建筑规模上则比以前缩小了。

因为在明代建立时滕王阁最初是受到了开国皇帝朱

> **三司** 明朝的"三司"是:承宣布政使司,提刑按察使司,都指挥使司,主要是加强中央集权。在地方上,明朝在各地设立布政司,其中左、右布政使各一人,是本地区的最高行政长官;提刑按察使一人,负责司法之事;本地区军事防务的责任就落到了都指挥使肩上。三司权责分明。

■ 滕王阁铜狮子

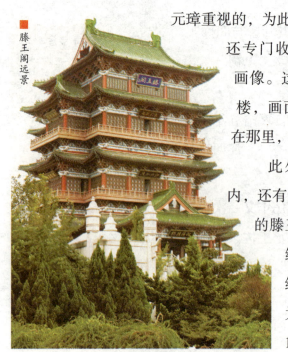

滕王阁远景

元璋重视的，为此，后人在重建的滕王阁内，还专门收藏了一幅明太祖朱元璋的画像。这幅画像收藏在滕王阁的三楼，画面上的朱元璋身穿皇袍端坐在那里，一副踌躇满怀的样子。

此外，在后来重建的滕王阁内，还有一幅记录明代嘉靖年间重建的滕王阁古画，画中的建筑形式继承了宋、元之风。据明代绘画考证，屋顶有所变化，为盔顶式。阁楼阔23米，高13米。

阅读链接

在明代，古人对滕王阁的多次重建历史中，有三个明显的变化：

一是阁名的变化。明代以前一直叫"滕王阁"，而明初却改名为"迎恩馆"，第二次重建改名为"西江第一楼"，其后再次重修又复名为"滕王阁"。

二是阁址的变化。在明代，滕王阁由江滨移建于城墙之上，后又由城上改移至城外。

三是功能的变化。共有三种变化：（1）明代以前的滕王阁主要是歌舞游观，赏景吟诗，送客别友，庆典宴饮。然而明代第一次重建后，便成了以"迎拜诏制"为主的"迎恩"之所。后来虽已改回，但从此以后"迎诏"便成了滕王阁的功能之一。（2）从个人的吟诗作赋，发展为文人结社、探讨诗文、议论时政的场所。（3）由歌舞表演进而发展成为戏剧演唱了。

清代经历的十余次修建

在清代,滕王阁兴毁极为频繁,达13次之多。先后经历了顺治、康熙、雍正、嘉庆、道光、咸丰、同治、光绪、宣统等10个皇帝,平均约20年一次,其兴废之频繁,乃是修建楼阁史上所没有的。其兵火战乱殃及滕王阁数次之多,也是阁史上历朝历代所罕见的。

究其毁因,除嘉庆年间的两次重修和乾隆五十二年的一次重建属于年久失修而自然损坏坍塌外,有两次毁于兵燹战乱,八次焚于大火。

1648年,滕王阁焚于兵燹战火,1654年,巡

嘉庆皇帝画像

■ 滕王阁飞檐

抚蔡士英重建，改明代阁基面向正南而为面向正西，恢复唐阁、宋阁面对西山之旧观，以览江山之胜。

清代康熙年间，从1679年至1702年，在短短的23年里，滕王阁四毁四建，毁因皆为火灾。

清代雍正至乾隆年间，滕王阁二毁二建。1731年毁于火。5年后，也就是1736年，江西总督赵宏恩、巡抚俞兆岳重建。1743年，江西布政使彭家屏重修，复旧额为"西江第一楼"。

1788年，滕王阁再次倒塌。第二年，江西巡抚何裕成在旧址上重建。

清代嘉庆年间，阁因年久失修，"榱角日已圮，丹雘日以剥"，大中丞、江西巡抚秦承恩和江西巡抚先福于1805年和1812年两次重修一新，并由江西布政使陈预作记。

至清代道光年间，滕王阁再次经历重修重建两次。第一次是在1847年，楼阁内部分被火毁，旋即修

> **小篆** 是在秦始皇统一后，推行"书同文，车同轨"，统一度量衡的政策，由宰相李斯负责，在秦国原来使用的大篆籀文的基础上，进行简化，取消其他六国的异体字，创制的统一文字的汉字书写形式。一直在中国流行到西汉末年，才逐渐被隶书所取代。

复；第二次是此次修建的第二年，楼阁再一次的遭火焚被毁，江西巡抚傅绳勋重建。

清代咸丰至同治年间，滕王阁毁建各一次。1853年农历五月，楼阁毁于兵火。1872年，湘军宿将刘坤一担任江西巡抚以后，便立即主持集资重建。这次重建后，楼阁为二层，并恢复了"迎恩亭"。

不仅如此，刘坤还亲自为楼阁作记，并在上层前楼题额"西江第一楼"，后层还刻有小篆，书韩愈的《重建滕王阁记》，门匾上为"仙人旧馆"。

清光绪至宣统年间，滕王阁毁建各一次。1908年，滕王阁复遭火焚，并在第二年重建。此次重建后，楼阁的牌楼上书"棨戟遥临"。阁上有楹联："大江东去；爽气西来。"

总体来看，清代滕王阁的规模和形制以清初蔡士英重建为最。其后历次重修重建，大都沿袭清形制。

> **刘坤**（1830—1902），湘军宿将，字岘庄，湖南新宁人。廪生出身，1855年参加湘军楚勇与太平军作战。累擢直隶州知州，赏戴花翎。1862年，升广西布政使。1864年，升江西巡抚。1874年，调署两江总督。1875年，授两广总督，次年兼南洋通商大臣。1891年，受命"帮办海军事务"，并任两江总督。

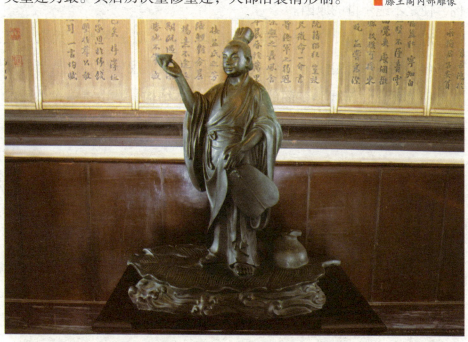

■ 滕王阁内部雕像

滕王阁城墙

清代滕王阁的兴废盛衰，与明代一样，不但是标榜"太平盛世"的一种标志，而且是用来炫耀"政绩"的一种象征。清初著名大臣蔡士英在滕王阁第一次重建后写下的《重建滕王阁自记》中道：

江流不改，景物犹存。第时有盛衰，故事有兴废，主持在人。安见衰者不可使复盛，而废者不可使复兴耶？

蔡士英的寥寥数语，既可见其之感叹与苦衷，又道出了重建滕王阁，使之不绝于世的原因。

清代的滕王阁，从1648年清军围攻南昌，滕王阁毁于兵火，至1909年最后一次重建为止，每次重修均不如前，规模较小。从当时留下的照片看出，清代滕王阁的建筑特色是木结构，歇山重檐，黑瓦木柱，无彩绘。有牌坊式的入阁正门，颇似南方寺观。楼阁共有二层。

阅读链接

1926年10月，在北伐军进攻南昌之际，滕王阁被反动军阀烧毁了。

南昌人民无不义愤填膺，要求惩办凶手。同年11月成立了以江西人民裁判逆犯委员会，并于1927年1月举行宣判大会，把罪犯绳之以法了。纵火罪犯不仅得到了应有下场，而且留下了千古骂名。

第二十九次重建后楼阁新貌

　　滕王阁自唐代修成后，经历了千余载的历史，历经宋、元、明、清四朝，滕王阁历次兴废，先后修葺达二十八次之多，唐代五次，宋代一次，元代两次，明代七次，清代十三次，建筑规制也多有变化。

　　后来在南昌重建滕王阁委员会的组织下，这座楼阁的第二十九次重建终于拉开了序幕。重建的滕王阁负城临江，傍依南浦，遥对西

滕王阁牌匾

滕王阁牌匾

梁枋 房子的木结构。其中,梁是木结构屋架中专指顺着前后方向架在柱子上的长木,枋是两柱之间起联系作用的方柱形木材。梁枋是指支撑房屋顶部主要构件的统称。

拱眼壁 古建筑的房檐下斗拱和斗拱之间的部分,用古建筑行业的术语来说,叫作"拱眼壁"。拱眼壁上可作彩画。宋代的《营造法式》规定斗拱及拱眼壁上全都绘花卉,绘其他的很少见,绘饕餮纹的在建筑上不多见,如蓟县白塔拱眼壁绘有饕餮纹,而拱子无雕饰,两塔可以互相印证。

山,使人联想到王勃《滕王阁序》中所描绘的意境。

其主阁,是根据遗留下来的重建滕王阁计划草图,参照"天籁阁"旧藏宋人彩画《滕王阁》以及宋代的《营造法式》一书,重新设计的大型仿宋式古建筑。

占地4.7平方千米,阁身净高57.5米,建筑面积9 400平方米。取"明三暗七"格局,基座象征古城墙,碧色琉璃瓦顶,彩画斗拱梁柱,具有唐代"层台耸翠,上出云霄;飞阁流丹,下临无地"之宏伟壮观的气势和风格。

滕王阁主体下部为象征古城墙的高台阁座,高12米,分为两级。一级高台的南、北两翼,有碧瓦长廊。长廊北端为四角重檐"挹翠亭",长廊南端为四角重檐"压江亭"。

在一级高台的上面,便是象征城墙的台座的二级高台。这两级高台共有89级台阶。二级高台的墙体及地坪,均为江西峡江所产花岗石。高台的四周,为按宋代式样打凿而成的花岗石栏杆，古朴厚重，与瑰丽的主阁形成鲜明的对比。

二级高台与石作须弥座垫托的主阁浑然一体。由高台登阁有3处入口，正东登拾级经抱厦入阁，南、北两面则由高低廊入阁。

其中，正东抱厦前，有青铜铸造的"八怪"宝鼎，鼎座用汉白玉打制，鼎高2.5米左右，下部为三足古鼎，上部是一个攒尖宝顶圆亭式鼎盖。此鼎乃仿北京大钟寺"八怪"鼎而造。此鼎之设，寓有金石永固之意。

滕王阁的主阁色彩，绚烂而华丽。其梁枋彩画采用宋式彩画中的"碾玉装"为主调，辅以"五彩遍装"及"解绿结华装"。室内外斗拱用"解绿结华装"，突出大红基调，拱眼壁也按此色调绘制，底色用奶黄色。

室内外所有梁枋各明间用"碾玉装"，各次间用"五彩遍装"，天花板每层图案各异，支条深绿色，大红井口线，十字口栀子花。椽子、望板均为大红色，柱子油朱红色，门窗为红木家具色。室外平坐栏杆油古铜色。

主阁一层檐下有四块横匾，正东为"瑰伟绝特"九龙匾，内容选自韩愈的《新修滕王阁记》。正西为"下临无地"巨匾。南北的高低廊檐下分别为"襟江""带湖"二匾。内容

滕王阁全景图

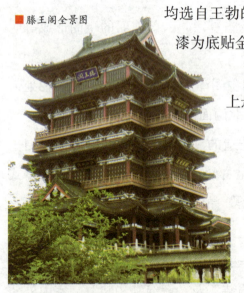
■ 滕王阁全景图

均选自王勃的《滕王阁序》，以上四匾均是生漆为底贴金匾额。

由东抱厦的正门入阁，门前红柱上悬挂着一副4.5米长的楹联：

落霞与孤鹜齐飞
秋水共长天一色

在第一层的大厅内，便是那块"时来风送滕王阁"汉白玉浮雕。

一楼西厅是阁中最大厅堂，西梁枋正中挂有"西江第一楼"金匾。此厅陈放了一座滕王阁铜制模型，又叫"阁中阁"。它是按1比25的比例制作。台座乃是采用桂林白矾石打制。厅内丹柱上悬挂多副出自名家手笔的楹联。

主阁的第二层是一个暗层，采光和通风均靠人工解决。此层的陈设，体现的是"人杰"的主题。正厅的墙壁上，是大型壁画《人杰图》，画高2.55米，长20多米。

画面上生动地描绘了自先秦至明末的江西历代名人，这些人虽然时代不同，服饰不同，地位不同，年龄不同，职业不同，素质不同，性格不同，但是和谐统一在同一画面之中。

这是一幅由江西历史上众多名杰组成的辉煌长卷，展示了伟大的华夏民族之雄风。画面人物造型生动，格调雅逸，线条组织富有韵味。

在这一层的正厅两侧，设有贵宾接待室和小会议室，进入西厅的门楣上，横挂"俊彩星驰"金匾，与《人杰图》浑然一体。

主阁的第三层是一个回廊四绕的明层，也是阁中一个重要层次。在廊檐下有四块巨型金字匾额，规格都是长4.5米、宽1.5米。东匾上写着"江山入座",西匾上写着"水天空霁",南匾上写着"栋宿浦云",北匾上写着"朝来爽气"。

这些匾额的内容是清顺治时期蔡士英重修滕王阁所拟。

这一层的东厅两侧陈列了"銮驾"礼器,取材于"戟""帷"等古仪仗,有朝天镫、月牙戟、判官手、仪仗扇、龙凤屏、金爪等。

面北耳厅陈列以"物华天宝"著称的江西工艺展品,北耳厅为一茶座,是阁中品茗、小憩之地。

此外,在这一层的中厅处,还有一幅长5.5米、宽2.8米的壁画屏壁,这幅壁画的主要内容是《临川梦》,取材于明代戏剧家汤显祖在滕王阁排演《牡丹

仪仗扇 是中国古代帝王出巡时遮阳蔽日、纳凉去暑的物品。它作为中国封建王朝统治的产物,其使用可追溯到战国、两汉时期。随着封建中央集权的不断加强,仪仗扇在唐代得到了进一步的完善和发展。较前朝而言,其种类较为丰富,政治功用的特征也日益明显。

■ 滕王阁牌匾

弋阳圭峰 位于江西弋阳城区西南部，总面积136平方千米。圭峰集自然之精华，纳人文风采，聚天下名山之雄、奇、秀为一体，熔五千年历史、宗教、养生、民俗文化于一炉，是一处不可多见的人间胜境，一个魅力无穷的旅游区，使历代名人接踵而来。

亭》的故事。

《牡丹亭》剧本写成于1598年，第二年，汤显祖首次在滕王阁上排演了这出戏，开创了滕王阁上演戏曲之先河。滕王阁由此从一座歌舞楼台逐渐演变成戏曲舞台。

画面以灰蓝色为基调，采用装饰手法，刻画戏剧人物，体现神灵感梦的故事情节，通过梦幻来体现汤公对黑暗现实的抨击，对理想社会的憧憬，表现出强烈的爱憎。

第三层的西大厅为"古宴厅"，西边梁枋挂一金匾，上书"临江一阁独秀"。东墙上便是一幅《唐伎乐图》的铜浮雕。

主阁的第四层与第二层在建筑上看是相似的，也是一个暗层。此层主要体现"地灵"的主题。正厅的

■ 滕王阁远景

滕王阁亭台

墙壁上是《地灵图》，集中反映了江西名山大川的自然景观精华。

画面从南往北依次是大庾岭梅关、弋阳圭峰、上饶三清山、鹰潭龙虎山、井冈山、庐山、鄱阳湖、石钟山等。画面严谨，功力深厚，充分表现了江西钟灵毓秀的壮丽山川。

在此层西厅的门楣上方悬挂着一块写有"雄峙"字样的金匾，西厅则为"滕王阁竹刻楹联堂"。

主阁的第五层与第三层相似。也是一个回廊四绕的明层，是登高览胜、披襟抒怀、以文会友的最佳处。廊檐下有四块金匾，内容出自《滕王阁序》。正东为"东引瓯越"，南为"南溟迥深"，西为"西控蛮荆"，北为"北辰高远"。

在这一层的东厅中央，陈列着滕王阁规划全景模型。西墙上镶嵌着两幅大型陶瓷壁画，规格都是长2.6米、宽2米。这两幅画，一幅名为《吹箫引凤图》，取材于东汉刘向所作《神仙传》。

传说，在春秋时，有个名叫萧史的人，擅长吹箫，秦穆公之女弄

■ 壮观的滕王阁

玉对他非常仰慕，拜其为师。秦穆公曾专门修建一座"凤台"，供他们学习时使用。后来，师徒二人结为伉俪，弄玉在萧史指点之下，很快掌握吹箫技艺，她模仿凤凰之声，引来凤凰围绕她翩翩起舞。数年后，夫妇双双乘凤凰飞升天界成仙。

另一幅是临摹的五代画家关仝的《西山待渡图》。

第五层的东厅两侧，为"翰墨""丹青"两厅。两厅中有古色古香的根雕家具，有供书画家泼墨挥毫的书画案，是艺术家进行创作的极佳环境。

厅正中屏壁上，镶置着用黄铜板制作的王勃的《滕王阁序》碑，近10平方米，乃是苏东坡手书，经复印放大，由工匠手工镌刻而成。

西厅东壁悬挂磨漆画《百蝶百花图》，有东方油

> 箫 单管，竖吹，是一种非常古老的汉民族吹奏乐器。它一般由竹子制成，吹孔在上端。以"按音孔"数量区分为六孔箫和八孔箫两种类别。六孔箫的按音孔为前五后一，八孔箫则为前七后一。相传为舜所造。

画之誉。

五楼是滕王阁最高的明层。漫步回廊，眺望四周，江水苍茫，西山叠翠，南浦飞云，章江晓渡，山水之美，尽收眼底。高楼如林，大桥如虹，公路如织，人车如流，一派城市繁荣之景象。

第六层是滕王阁的最高游览层。其东、西重檐之间，高悬着两块长5米、宽2米的苏东坡手书"滕王阁"金匾各一块。

其内，虽是一个暗层，但设计者将中厅南北角重檐间的墙体改成了花格窗，故光线极好。

由台座之下的底层算起，这一层实为第九层，故大厅题匾为"九重天"。

大厅中央，有汉白玉围栏通井，下可俯视第五层，其上方对一圆拱形藻井，蕴含天圆地方之意。24组斗拱由大至小，由下至上，共12层，按螺旋形排列。取意一年12个月，24个节气。斗拱采用的是明、清民间木作处理手法。彩绘采用五彩装，金碧辉煌。

最顶端的彩绘，则是参照西安钟楼的彩绘式样精心绘制而成。这一螺旋式藻井，在中国古建中是不多见的，能给人以动感，凝神仰视，仿佛在不断旋转，不断变化，又给人以

> **根雕** 是以树根，包括树身、树瘤、竹根等的自生形态及畸变形态为艺术创作对象，通过构思立意、艺术加工及工艺处理，创作人物、动物、器物等艺术形象作品。根雕艺术是发现自然美而又显示创造性加工的造型艺术，在根雕创作中，大部分应利用根材的天然形态来表现艺术形象，少部分进行人工处理修饰。

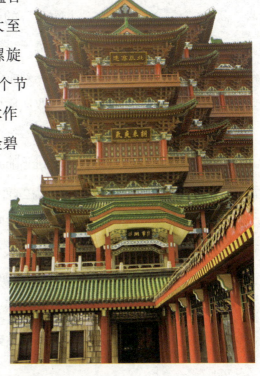

■ 滕王阁风光

■ 滕王阁题匾"九重天"

编磬 古代打击乐器,在木架上悬挂一组音调高低不同的石制或玉制的磬,用小木槌敲打奏乐,16面一组。它的音色,除黄钟、大吕、太簇、夹钟、姑洗、仲吕、蕤宾、夷则、南吕、无射、应钟等12正律外,又加4个半音,演奏打击时,发出不同音响。

时空无限之感,这也正是设计者的匠心之处。

藻井中央,悬挂着精雕细刻的"母子"宫灯,随着气流变化,宫灯不停地微微转动。

在"九重天"的西厅,有一仿古戏台凌霄,是一座小型戏台,每天进行古装歌舞表演。

戏台两侧陈列着楚国曾侯乙墓乐器的复制品,有编钟、建鼓、双凤虎座鼓、二十五弦古琴等,深寓歌舞兴阁之意。

其中,有湖北随州出土的"曾侯乙"编钟、编磬复制件。编钟为24件,可进行演奏,曾获得许多奖项。编磬为32件,其厚薄不同,敲击时发音各异。

此外,还有土乐"埙""竹乐""排箫",革乐"建鼓""双凤虎座鼓",匏乐、丝乐"瑟"及殷代的"虎纹磬""铙"等塑件,还有隋唐时代的乐俑。这些仿古乐器既是陈列品,又可利用它们进行小型的乐舞演奏。

在大厅的南、北、东三面墙上，便是大型的唐三彩壁画《大唐舞乐》。

总之，重建的滕王阁，布置成一座具有唐宋时代文化渊源和浓厚气氛并给人真实感的文化荟萃之地，成为文人墨客以文会友、吟诗作对、雅集抒怀和饮宴歌舞的高雅典丽场所。

滕王阁，这座瑰玮绝特的千古名阁，在长达1 300多年的时间里，除了1436年江西布政使吴润重修时，曾改名"迎恩馆"，1452年江西巡抚韩雍取韩愈"江西多临观之美，而滕王阁独为第一"之意，改名为"西江第一楼"和1743年南昌布政使彭家屏重修滕王阁时再次恢复"西江第一楼"旧称外，历代重修重建均叫"滕王阁"。

纵观1300多年来滕王阁的29次重建和重修，阁址虽有所变动，但均沿袭了唐阁的初旨，保持了唐阁的

虎纹磬 磬是古代一种片状石制打击乐器，使用时悬挂在架上，用锤敲击发声。中国最早的石磬出现于新石器时代，在中国的打击乐器中，它的起源较早。石磬在商代是重要的礼乐之器，商人用以祭天地山川和列祖列宗。在此磬上，正面刻有雄健虎纹，则为虎纹磬，寓意非常珍贵。

■ 滕王阁内的编钟

特有风格。历朝历代重建的滕王阁及其附属建筑，规模与规格虽不一样，但基本上是官用。

滕王李元婴当年创建这座"瑰伟绝特"的江南名楼，其主观上不过是"极亭榭歌舞之盛"。也许，这位亲王怎么也想不到，自己所创建的这座名楼，自才子王勃一序后，声名远播，成了一座文化大殿堂，一座不朽之阁，而且其功能大大超出了他的初衷。

千百年来，历朝历代多少文人雅士慕名而来，以登临题咏、高吟俯唱、挥毫泼墨为幸事和快事，留下了丰厚的艺术瑰宝和文化积淀。它既是一座多临观之美的千年古阁，又是一座闻名遐迩的文化高阁。

历经风雨沧桑的滕王阁，是历史盛名盛衰、国家治乱的标志。从滕王阁存亡兴废的历史中，我们可以感悟到古人所谓的"乱世则废，治世则兴"的深刻内涵。

阅读链接

1983年初，南昌市做出了重建滕王阁的决议，于同年3月29日发出了《关于成立重建滕王阁筹备委员会的通知》，并进行了大量的筹备工作。

1985年5月，滕王阁重建进入实施阶段。就在当年，工人们完成了抚河故道拦截堵口工程及客运码头拆迁工作，拉开了人民期盼已久的重建工程的序幕。此后，3年施工进展顺利，于1988年10月19日重阳佳节举行了隆重的封顶仪式。至此，滕王阁第二十九次重建，终于有了皆大欢喜的结果。

1989年10月9日的重阳佳节，一座盛世重建的滕王阁，以世间少有的雄姿，在赣江与抚河汇合处，距唐代阁址仅百余米的赣江之滨重新矗立起来。

今天的滕王阁，已走过了历史的风风雨雨，江天风月贮一楼，自然美与人文美集一身。它正以历史上最辉煌的雄姿屹立在赣江之滨，以中华文明之灿烂光辉永久地照耀未来。